T0255892

Lehren und Lernen mit digitalen Mathematikwerkzeugen

Matthias Müller

Lehren und Lernen mit digitalen Mathematikwerkzeugen

Berücksichtigung von institutionellen, individuellen und sprachlich-kulturellen Bezügen der instrumentalen Genese

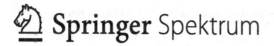 Springer Spektrum

Matthias Müller
Jena, Deutschland

Es handelt sich um eine Habilitationsschrift. Die Lehrbefähigung wurde am 20. April 2022 erteilt. Das Habilitationsverfahren wurde erfolgreich an der Friedrich-Schiller-Universität abgeschlossen.

ISBN 978-3-658-41114-5   ISBN 978-3-658-41115-2   (eBook)
https://doi.org/10.1007/978-3-658-41115-2

Die Deutsche Nationalbibliothek verzeichnet diese Publikation in der Deutschen Nationalbibliografie; detaillierte bibliografische Daten sind im Internet über http://dnb.d-nb.de abrufbar.

© Der/die Herausgeber bzw. der/die Autor(en), exklusiv lizenziert an Springer Fachmedien Wiesbaden GmbH, ein Teil von Springer Nature 2023
Das Werk einschließlich aller seiner Teile ist urheberrechtlich geschützt. Jede Verwertung, die nicht ausdrücklich vom Urheberrechtsgesetz zugelassen ist, bedarf der vorherigen Zustimmung des Verlags. Das gilt insbesondere für Vervielfältigungen, Bearbeitungen, Übersetzungen, Mikroverfilmungen und die Einspeicherung und Verarbeitung in elektronischen Systemen.
Die Wiedergabe von allgemein beschreibenden Bezeichnungen, Marken, Unternehmensnamen etc. in diesem Werk bedeutet nicht, dass diese frei durch jedermann benutzt werden dürfen. Die Berechtigung zur Benutzung unterliegt, auch ohne gesonderten Hinweis hierzu, den Regeln des Markenrechts. Die Rechte des jeweiligen Zeicheninhabers sind zu beachten.
Der Verlag, die Autoren und die Herausgeber gehen davon aus, dass die Angaben und Informationen in diesem Werk zum Zeitpunkt der Veröffentlichung vollständig und korrekt sind. Weder der Verlag, noch die Autoren oder die Herausgeber übernehmen, ausdrücklich oder implizit, Gewähr für den Inhalt des Werkes, etwaige Fehler oder Äußerungen. Der Verlag bleibt im Hinblick auf geografische Zuordnungen und Gebietsbezeichnungen in veröffentlichten Karten und Institutionsadressen neutral.

Planung/Lektorat: Marija Kojic
Springer Spektrum ist ein Imprint der eingetragenen Gesellschaft Springer Fachmedien Wiesbaden GmbH und ist ein Teil von Springer Nature.
Die Anschrift der Gesellschaft ist: Abraham-Lincoln-Str. 46, 65189 Wiesbaden, Germany

Prolog

Ein jedes Ding dringt in jedes andere ein, so dass,
dächte man sich eines entfernt oder verändert,
alles Derzeitige in der Welt
von diesem verändert werden würde.

G. W. Leibniz, 1701
(Pelletier, 2017, S. 73)

Zusammenfassung

Stichworte: *digitale Mathematikwerkzeuge, instrumentale Genese, Schülerzentrierung, Stadien der instrumentalen Genese, 4C Framework*

Der Einsatz digitaler Mathematikwerkzeuge (DMW) beim Lehren und Lernen von Mathematik gewinnt seit Jahren an Bedeutung. Die aktuellen Herausforderungen des Lehrens und Lernens auf Distanz legen weitere Bedarfe und Handlungsnotwendigkeiten offen. Aussagen zur Quantität des Einsatzes von DMW beim Lehren und Lernen von Mathematik können bisher treffsicherer formuliert werden als zur Qualität des Einsatzes.

Epistemologisch kann der Prozess der Werkzeug-Aneignung durch die instrumentale Genese gefasst werden. Die vorliegende Arbeit untersucht, inwieweit die Prozesse der Werkzeug-Aneignung auf die Institution Mathematikunterricht bezogen werden können, wenn DMW verbindlich eingesetzt werden (institutioneller Bezug). Weiterhin ist interessant, ob im Hinblick auf die instrumentale Genese Stadien ausgemacht werden können, zu denen sich Lernende in Abhängigkeit von DMW und Aufgabe zuordnen lassen (individueller Bezug). Die instrumentale Genese kann vor dem Hintergrund des Einsatzes von DMW in bilingualen Lernumgebungen um sprachlich-kulturelle Aspekte erweitert und eine theoretische Verknüpfung mit dem 4C Framework (Dimensionen Inhalt, Kognition, Kommunikation, Kultur) hergestellt werden (sprachlich-kultureller Bezug).

Zur Untersuchung der drei Zielstellungen, den drei Bezügen der instrumentalen Genese, wurden drei empirische Studien durchgeführt. Die Studien wiesen alle einen Mixed-Method-Ansatz als grundlegendes Studiendesign auf. Entsprechend der Zielstellung zum institutionellen Bezug wurden die Bedingungsfaktoren Schülerzentrierung und Akzeptanz gegenüber

DMW über die Zeit von sechs Schuljahren untersucht. Für die Analyse der Perspektive der Lernenden wurde u. a. eine multivariate Regressionsanalyse durchgeführt. Gemäß der Zielstellung zum individuellen Bezug erfolgte eine Beobachtung ausgewählter Lernender bei der Arbeit mit DMW an konkreten Aufgaben (mathematischen Experimenten). Zur tiefergehenden Auseinandersetzung mit der Verwendung der DMW bei der Durchführung der mathematischen Experimente wurde die Methode des lauten Denkens gewählt. Die empirische Studie zum sprachlich-kulturellen Bezug besitzt ein zweiphasiges Design. In der ersten qualitativen Phase wurde das Erhebungsinstrument entwickelt und in der zweiten quantitativen Phase wurde es angewandt. Entsprechend der Zielstellung wird die Beziehung zwischen dem Artefakt (instrumentale Genese) und der 4C Dimension Kommunikation untersucht.

Ein Ergebnis ist, dass ein institutioneller Bezug der instrumentalen Genese bedeutet, dass die Prozesse der Werkzeug-Aneignung der Lernenden und der Lehrenden parallel im Mathematikunterricht ablaufen. Es gibt Interaktionen und Feedback-Schleifen, moderiert durch die Mittler-Funktion der DMW. Damit Lehrende und Lernende gleichermaßen DMW im Sinne der instrumentalen Genese als Werkzeuge beständig nutzen können, bedarf es Zeit, wie die Studienergebnisse unterstreichen. Ebenso kann gezeigt werden, dass die Akzeptanz gegenüber den DMW die Werkzeug-Aneignung positiv beeinflusst. Aus modell-theoretischer Sicht ist die Schülerzentrierung eine wichtige Qualitätsdimension beim Lehren und Lernen von Mathematik mit DMW.

Der individuelle Bezug der instrumentalen Genese umfasst auf Seiten der Lernenden drei Stadien der Werkzeug-Aneignung in Abhängigkeit des DMW. Diese sind hierarchisch gestuft. Lernende können nicht das Stadium 3 erreichen, ohne vorher die Stadien 1 und 2 durchlaufen zu haben.

Die Lösungsschemata sind im Stadium 1 (DMW als Artefakt) eng mit einer Aufgabe verbunden. Im Stadium 2 (DMW als Instrument) beginnen Lernende, Schemata zwischen Aufgaben zu transferieren. Im Stadium 3 (DMW als Werkzeug) sind Lösungsschemata umfänglich übertragbar.

Der sprachlich-kulturelle Bezug der instrumentalen Genese beschreibt die Mediationen der DMW im Bereich der 4C Dimension Kommunikation und Kultur. Vor dem Hintergrund der Studienergebnisse zu zwei bilingualen Lernumgebungen erfährt die instrumentale Genese eine theoretische Erweiterung um die Verknüpfung mit den beiden Dimensionen des 4C Frameworks.

Abstract

The implementation of Mathematical Technological Tools in the teaching and learning of mathematics; an exploration of the institutional, individual, and linguistic-cultural aspects of the Instrumental Genesis

Keywords: *Mathematical Technological Tools, Instrumental Genesis, student centered learning, Levels of Instrumental Genesis, 4C Framework*

The use of Mathematical Technological Tools (MTT) in teaching and learning mathematics has been gaining in importance for years. The current challenges of teaching and learning at a distance have revealed further needs and requires action to meet these needs. Statements on how often MTT are used in mathematics education can so far be formulated more accurately than on the quality of the use.

Epistemologically, the process of mastering tools through acquisition can be explained by the theory of Instrumental Genesis. This work explores the extent to which the processes of such acquisition can be observed in institutionalised school mathematics education if MTT are used in a binding manner (institutional aspect). It also considers whether, in terms of Instrumental Genesis, levels can be identified to which learners can be assigned depending on specific MTT and tasks (individual aspect). Against the background of the use of MTT in bilingual learning environments, this paper also looks at how the Instrumental Genesis can be expanded to include linguistic-cultural aspects and whether a theoretical link can be established within the four dimensions of Content, Cognition, Communication and Culture identified in the 4C Framework (linguistic-cultural aspect).

Prolog

To investigate the three objectives (three recent aspects to the Instrumental Genesis), three empirical studies were carried out. The three studies had a similar approach and used a mixed-method design. In accordance with the objective of the institutional aspect, conditional factors (student centered learning and acceptance of MTT) were examined over time (six school years). To analyze the perspectives of the learners, a multivariate regression analysis was carried out. In accordance with the objective of individual aspect, selected learners were observed working with MTT on specific tasks (mathematical experiments). To evaluate the work processes, work products of the learners were studied. For a more in-depth discussion of the use of the MTT in the processing of mathematical experiments, the method of thinking aloud was chosen. The empirical study of the linguistic-cultural aspect had a two-phase design. A survey instrument was developed in the first qualitative phase and applied in the second quantitative phase. According to the objective, the relationship between the artifact (Instrumental Genesis) and the 4C dimension of Communication was examined.

The results indicate that an institutional reference of the Instrumental Genesis means that the processes of acquiring mastery of tools by both learners and educators run in parallel in mathematics lessons. There are interactions and feedback loops, moderated by the mediator function of the MTT. For educators and learners alike to be able to consistently use MTT as tools, it takes time, as the results of the study underline. Similarly, it is evident that acceptance of the MTT has a positive influence on acquiring mastery of the tool over time. From a model-theoretical point of view, student centered learning is an important quality dimension of mathematical education with MTT.

An individual aspect of the Instrumental Genesis means that learners can identify three levels of acquiring mastery of a tool depending on the MTT. These are hierarchical; a learner cannot reach the third level without going through levels one and two. The solution schemata are closely linked to a task on the first level (MTT used as an artifact). On the second level (MTT used as an instrument), learners begin to transfer schemata between tasks. On the third level (MTT used as a tool), solution schemata are extensively transferable.

A linguistic-cultural aspect of the Instrumental Genesis describes the mediation of the MTT in terms of the 4C Dimensions of Communication and Culture. Against the background of the study and the results from the two bilingual learning environments that were examined, the theory of Instrumental Genesis can be expanded to include a connection with the two dimensions of the 4C Framework.

Danksagung

Zunächst gilt mein Dank Herrn Prof. Dr. Michael Fothe für sein Mentoring und seine anhaltende Unterstützung im Laufe meiner wissenschaftlichen Tätigkeit. Weiterhin möchte ich Frau Prof. Dr. Anke Lindmeier, Herrn Prof. Dr. Hans-Georg Weigand und Herrn Prof. Dr. Frank Heinrich für die produktiven Diskussion und jeweils für das Erstellen eines Gutachtens danken.

Ich danke allen Kolleginnen und Kollegen der Abteilung Didaktik der Fakultät für Mathematik und Informatik der Friedrich-Schiller-Universität Jena für das kritisch-konstruktive Feedback während der gemeinsamen Forschungsseminare.

Außerdem möchte ich mich herzlich bei den vielen Lehrenden und Lernenden für die Teilnahme an den verschiedenen Untersuchungen bedanken, ohne deren Bereitschaft die Studien nicht hätten realisiert werden können.

Ich danke dem Thüringer Ministerium für Bildung, Jugend und Sport (TMBJS), welches seine Zustimmung zu den Untersuchungen an den Thüringer Schulen gab.

Danken möchte ich der Stiftung für Innovation und Forschung Thüringen (STIFT) und der Joachim Herz Stiftung (JHS), die mit ihrer Unterstützung die Projekte Schülerforschungszentrum Mathematik mit digitalen Werkzeugen und MISTI Global Teaching Lab (MISTI GTL) ermöglicht haben.

Ein besonderes Dankeschön gilt meiner Familie, die mich im Arbeitsprozess begleitet, bestärkt und unterstützt hat.

Prolog

Persönlich möchte ich mich bei all jenen bedanken, die in sonstiger Weise zum Gelingen meiner Arbeit beigetragen haben.

Zusammengefasste Publikationen

Auszüge der vorliegen Arbeit basieren auf folgenden Veröffentlichungen; alle Auszüge sind kenntlich gemacht, vgl. Fußnoten in Klammern in der Reihenfolge des Auftretens:

Breitsprecher, L., & Müller, M. (2020). *Mathe.Schülerforscherguide. Mathematische Schülerexperimente*. Bamberg: C. C. Buchner.   (3)

Müller, M. (2020). Bilingual math lessons with digital tools. challenges can be door opener to language and technology. In B. Barzel, R. Bebernik, L. Göbel, M. Pohl, H. Ruchniewicz, F. Schacht, & D. Thurm (Hrsg.), *Proceedings of the 14th International Conference on Technology in Mathematics Teaching – ICTMT 14* (S. 312-319). doi: 10.17185/duepublico/70791   (8)

Müller, M. (2021a). Distanzlernen am Beispiel des Schülerforschungsclubs Mathematik mit digitalen Werkzeugen - Theoretische Ausgangspunkte zur Rahmung und Entwicklung einer onlinegestützten Fern-Lernumgebung. *Mitteilungen der GDM, 110*, 33-38.   (1)

Müller, M. (2021b). Digitale Mathematikwerkzeuge als Mittler im bilingualen Mathematikunterricht im MISTI GTL Germany und an der GISB – Theoretische Rahmung aus Instrumentaler Genese und 4C Framework. *mathematica didactica, 44*(2), 1-25.   (7)

Müller, M., & Poljanskij, N. (2021). Gibt es mehr als einen Pólya-Stöpsel? Verschiedene Zugänge zu einer geometrischen Problemstellung. In J. Sjuts, & É. Vásárhelyi (Hrsg.), *Theoretische und empirische Analysen zum geometrischen Denken* (S. 227-242). Münster: WTM. doi: 10.37626/GA9783959872003.0.13 (5)

Müller, M., & Thiele, R. (2021). Monopoly – Mathematische Anmerkungen zu einem polarisierenden Gesellschaftsspiel. *Mathematische Semesterberichte, 5,* 1-17. doi: 10.1007/s00591-021-00302-x (4)

Müller, M., Weber, A., Seifried, A., Kohnert, S., & Radke, M. (2020). Ein Schulspezifisches Integratives Medienkonzept für die German International School Boston. In G. Pinkernell, & F. Schacht (Hrsg.), *Digitale Kompetenzen und Curriculare Konsequenzen* (S. 97-108). Hildesheim: Franzbecker. (2)

Schmidt, S., & Müller, M. (2020). Students learning with digital mathematical tools – three levels of instrumental genesis. In B. Barzel, R. Bebernik, L. Göbel, M. Pohl, H. Ruchniewicz, F. Schacht, & D. Thurm (Hrsg.), *Proceedings of the 14th International Conference on Technology in Mathematics Teaching – ICTMT 14* (S. 378-383). doi: 10.17185/duepublico/70778 (6)

Akronyme

AgCAS Akzeptanz gegenüber CAS

BMBF   Bundesministerium für Bildung und Forschung

CAS   Computeralgebra-System

CLIL   Content Language Integrated Learning

DGS   dynamische Geometriesoftware

DMW   digitales Mathematikwerkzeug

GaO   Grad an Offenheit

GDM   Gesellschaft für Didaktik der Mathematik

GI   Gesellschaft für Informatik

GISB   German International School Boston

GTL   Global Teaching Lab

KMK   Kultusministerkonferenz der Länder

MANOVA   multifactorial Analysis of Variance

MINT   Mathematik, Informatik, Naturwissenschaften, Technik

MISTI   MIT Science and Technology Initiative

MNU   Deutscher Verein zur Förderung des mathematischen und
            naturwissenschaftlichen Unterrichts e. V.

sCAS-K   selbstwahrgenommene CAS-Kompetenz

SAM   Schülerakademie Mathematik des Wurzel e. V.

Prolog

SFG	Schülerforscherguide
SFZ	Schülerforschungszentrum
SIM	Schulspezifisches integratives Medienkonzept
SJ	Schuljahr
TK	Tabellenkalkulationssoftware
TMBJS	Thüringer Ministerium für Bildung, Jugend und Sport
TMBWK	Thüringer Ministerium für Bildung, Wissenschaft und Kultur

Inhalt

Inhalt

Inhalt

Kapitel 1

Digitale Mathematikwerkzeuge und instrumentale Genese

© Der/die Autor(en), exklusiv lizenziert an
Springer Fachmedien Wiesbaden GmbH, ein Teil von Springer Nature 2023
M. Müller, *Lehren und Lernen mit digitalen Mathematikwerkzeugen*,
https://doi.org/10.1007/978-3-658-41115-2_1

1.1 Lehren und Lernen von Mathematik mit digitalen Medien unter aktuellen Herausforderungen[1,2]

Die Bildungslandschaft ist in Bewegung. Insbesondere die Digitalisierung stellt die unterschiedlichen Akteure vor die verschiedensten Herausforderungen. Die Kultusministerkonferenz der deutschen Länder hat in einem Grundsatzpapier *Bildung in der digitalen Welt – Strategie der Kultusministerkonferenz* (KMK, 2016) verbindliche Kompetenzerwartungen zum Lehren und Lernen mit digitalen Medien formuliert. Zum einen schafft das einen gewissen Rahmen für die medienpädagogische Arbeit, zum anderen müssen materielle, strukturelle und organisatorische Voraussetzungen geschaffen sein, damit die formulierten Ziele auch erreicht werden können. Mit der *Bildungsoffensive für die digitale Wissensgesellschaft – Strategie des Bundesministeriums für Bildung und Forschung* (BMBF, 2016) wird ein Weg beschrieben, wie der Bund die Schulen bei der digitalen Grundausstattung unterstützen kann. In einer gemeinsamen Stellungnahme der Gesellschaft für Didaktik der Mathematik und des Deutschen Vereins zur Förderung des mathematischen und naturwissenschaftlichen Unterrichts haben die beiden Fachverbände schon 2010 klar herausgestellt, dass digitale Bildung kein Selbstzweck sein kann, sondern das Primat der Pädagogik gilt (GDM & MNU, 2010). Der Einsatz digitaler Medien muss sich an

---

1) Das Kapitel basiert in Auszügen auf der Veröffentlichung **Müller, M. (2021a).** Distanzlernen am Beispiel des Schülerforschungsclubs Mathematik mit digitalen Werkzeugen - Theoretische Ausgangspunkte zur Rahmung und Entwicklung einer onlinegestützten Fern-Lernumgebung. *Mitteilungen der GDM, 110*, 33-38. Auszüge sind kenntlich gemacht.
2) Das Kapitel basiert in Auszügen auf der Veröffentlichung **Müller, M., Weber, A., Seifried, A., Kohnert, S., & Radke, M. (2020).** Ein Schulspezifisches Integratives Medienkonzept für die German International School Boston. In G. Pinkernell & F. Schacht (Hrsg.), *Digitale Kompetenzen und Curriculare Konsequenzen* (S. 97-108). Hildesheim: Franzbecker. Auszüge sind kenntlich gemacht.

den Lernzielen orientieren und vor dem Hintergrund des fachlichen Kompetenzerwerbes rechtfertigen lassen. Die Tragfähigkeit von Konzepten für den Unterricht ist aus fachlicher, fachdidaktischer und medienpädagogischer Perspektive zu bewerten (Müller, Weber, Seifried, Kohnert, & Radke, 2020, S. 97).

> Worldwide, the use of technology in all fields of education is at a historical high. In Germany, though, we face a special situation. Germany is a world-leading developer and producer of high-tech products in many domains. And while the medical sector seems relatively well equipped to face the epidemic, educational system seems to be lagging in the use of digital technology for teaching and learning.
>
> (Kerres, 2020, S. 1)

Wissenschaftliche Untersuchungen legen nahe, dass viele Lehrende kaum digitale Medien im Mathematikunterricht einsetzen, und fordern daher höhere Anstrengungen zur Unterstützung der Integration digitaler Medien im Unterricht (Mammes, Fletcher, Lang, & Münk, 2016; Ostermann et al., 2021a). In den neuen Bundesländern bleibt der effiziente Einsatz von digitalen Medien im Mathematikunterricht hinter den Erwartungen zurück, was eventuell auf die Besonderheiten der Regionen (z. B. Durchschnittsalter der Lehrkräfte) zurückzuführen ist (Gispert & Schubring, 2011). Wie eingangs beschrieben, wollte die KMK schon vor der Offenlegung der digitalen Schwächen des deutschen Bildungssystems durch das pandemiebegründete Aussetzen des Präsenzunterrichts im März 2020 den Einsatz digitaler Medien im Unterricht forcieren und versuchte zumindest die finanziellen Voraussetzungen dafür zu schaffen. Im Rahmen des sogenannten Digitalpakts wurden 2019 fünf Milliarden Euro für die Anschaffung digitaler Medien den Schulen in Aussicht gestellt. Zunächst ist es allerdings erforderlich, pädagogische und didaktische Kriterien zu formulieren, nach denen Auswahl, Erwerb und Implementierung der digitalen Medien erfolgen sollte (Kerres, 2020). Diese Kriterien sollten insbesondere in Bezug auf die Herausforderungen eines digitalen Distanzunterrichtes (oder möglicher Hybridformen) anwendbar sein.

> After closing public schools in early 2020 to slow the spread of Covid-19, attempts to provide continuity of education in Germany by means of digital tools faltered in variety of ways, with insufficient competence and inadequate technology leading to inequitable access and uneven implementation. [...] German teachers were caught unprepared in this time of crisis, especially in comparison with their European neighbors.
>
> (Blume, 2020, S. 879)

Die Auswahl digitaler Medien für den Mathematikunterricht in Präsenz-, Distanz- oder Hybridform sollte kriteriengeleitet erfolgen. Der Einsatz muss fortlaufend überprüft und mit den didaktischen und pädagogischen Zielen abgeglichen werden (Müller, 2021a, S. 33). Um diesen Ansprüchen gerecht zu werden, muss zunächst geklärt werden, was unter digitalen Medien zu verstehen ist und worin sich ein digitales Mathematikwerkzeug auszeichnet.

1.2 Begriffsklärung Digitale Mathematikwerkzeuge[2]

Um sich den Begriff eines digitalen Mathematikwerkzeuges zu nähern, muss man die digitalen Mathematikwerkzeuge als Medien einordnen. Allgemein sind Medien einerseits kognitive und anderseits kommunikative Werkzeuge zur Verarbeitung, Speicherung und Übermittlung von zeichenhaften Informationen (Petko, 2014, S. 13). Das betrifft analoge und digitale Medien in gleicher Weise. Entscheidend ist die Eigenschaft des Mediums als Mittler, zwischen Inhalt und Lernenden zu fungieren. Dies kann sowohl physisch als auch digital erfolgen (Rink & Walther, 2020, S. 7). Nach Rauh (2012, S. 39) bezeichnen digitale Medien technische Geräte zur Darstellung von digital gespeicherten Inhalten. Konkreter handelt es sich um elektronische Geräte, die Informationen digital speichern oder übertragen und in bildhafter oder symbolischer Darstellung wiedergeben (Pallack, 2018, S. 28). Spezielle digitale Medien sind digitale Mathematikwerkzeuge, deren primärer Zweck es ist, mathematisches Arbeiten zu unterstützen. Das umfasst insbesondere die Medien, die mathematikspezifisch an Beruf und Alltag oder didaktisch orientiert sind (Barzel, 2019, S. 2). Eine Übersicht mit konkreten Beispielen gibt Tab. 1.1. In diesem Sinne sind digitale Mathematikwerkzeuge mathematikspezifische digitale Medien.

Der Begriff der mathematikspezifischen Medien wird auch von anderen Autoren in diesem Kontext verwendet (Ostermann et al., 2021a). In Analogie zu den mathematikspezifischen digitalen Medien kann man die informatikspezifischen Medien beispielhaft fassen (Müller et al., 2020, S. 98). Bei der Fokussierung auf den Medien-Begriff unterstreicht man die Funktion als Mittler zwischen Inhalt und Lernenden. Die Funktion des Mittlers ist ein zentraler Bestandteil eines digitalen Mediums (Rink & Walther, 2020, S. 7f.) und kann wie eben beschrieben als Ansatz für die Begriffsbestimmung herangezogen werden.

Die Funktion des Mittlers von mathematikspezifischen digitalen Medien kann dabei in beide Richtungen untersucht werden (Müller, 2018). Um die beiden Richtungen genauer untersuchen zu können, ist ein Verständnis zum Prozess der Werkzeug-Aneignung durch den Lernenden notwendig. Diesen Prozess beschreibt die instrumentale Genese. Damit wird der zweite wichtige Aspekt der Begriffsbestimmung hervorgehoben. Um die Schwerpunktsetzung deutlich zu machen und dem theoretischen Ansatz der instrumentalen Genese zu entsprechen, wird der Begriff der digitalen

Mathematikwerkzeuge (DMW) im Folgenden verwendet. Eine spezielle Gruppe der DMW bilden die didaktisch-orientierten mathematikspezifischen digitalen Medien (vgl. Tab. 1.1). Dazu zählen didaktisch-orientierte Computeralgebra-Systeme (CAS).

Medien	Allgemein	Mathematik-spezifisch	Informatik-spezifisch
An Beruf und Alltag orientiert	Kommunikation (Internet- und Netzwerkforen), Präsentation (PPT, Prezi, …), Dokumentation (in: Wort/ Audio/ Foto/ Video), Recherche (Internet)	Tabellenkalkulation (z. B. Excel), Computeralgebra-Systeme (z. B. Maple, Mathematica), Statistiktools (z. B. SPSS, R), Tools zur Messwerterfassung (z. B. C-LAB)	Programmiersprachen (Java, Java Script, Python 3, C++), Web-Development (z. B. HTML)
Fach-didaktisch orientiert	Digitale Schulbücher, Erklär-Videos, Tutorielle Systeme, Lernpfade, Lernumgebungen, Apps, Lernplattformen (z. B. Moodle), Audience Response Systeme	Dynamische Geometriesoftware (z. B. GeoGebra, TI-Nspire, CASIO ClassPad), Funktionenplotter, Schulcomputeralgebra-Systeme (z. B. GeoGebra, TI-Nspire, ClassPad), Stochastiktools (z. B. Fathom, Tinkerplots, TI-Nspire)	Grafische Programmierumgebungen (z. B. Scratch, Puck), First-Steps-App-Development (z. B. MIT App Inventor), Educational-Robotik (z. B. Lego Mindstorms)
		Digitale Mathematikwerkzeuge	**Digitale Informatikwerkzeuge**

Tab. 1.1: *Übersicht zu digitalen Medien und Beispielen für digitale Mathematik- und Informatikwerkzeuge* (Barzel, 2019, S. 2; Müller et. al., 2020, S. 99).

1.2.1 Computeralgebra-Systeme als spezielle digitale Mathematikwerkzeuge

Im strengen Sinne ist ein CAS eine Software, die symbolische Manipulationen mathematischer Ausdrücke ausführen kann. Eines der ersten CAS war das Programm *Schoonship*, das von Veltman 1963 entwickelt wurde. Er schrieb dieses Programm zur Berechnung von Feynman-Diagrammen in der Elementarteilchenphysik (Veltman, 2003, S. 299). Das Hauptmerkmal eines CAS ist die symbolische Manipulation mathematischer Ausdrücke. Dadurch werden exakte algebraische und symbolische Rechnungen möglich. Zum Beispiel können Gleichungen algebraisch korrekt umgeformt werden. Entscheidend ist, dass die Lösung exakt und nur bei Bedarf als numerische Näherung angeben wird (Müller, 2015, S. 16). Das heißt, wenn die Lösung einer Gleichung π ist, dann lautet die Ausgabe auch π und nicht etwa 3.141592654 (Barzel, 2012, S. 9). Allerdings kann ein CAS auch eine numerische Approximation ausgeben. Bei einigen Berechnungen muss das System sogar gänzlich auf implementierte numerische Näherungsverfahren zurückgreifen. Wie bei anderen Computerprogrammen sind der Arbeit mit CAS Grenzen gesetzt. Es können nur Probleme bearbeitet werden, deren Lösung eine endliche Anzahl an Rechenschritten umfasst. Es müssen Abbruchbedingungen formuliert sein, damit keine Endlosschleife ausgeführt wird. Eine Definition des Begriffs CAS im engeren Sinne lautet:

> Ein Computeralgebra-System (CAS) ist ein interaktives System, das imstande ist, auf der Basis von in Softwaresystemen implementierten algebraisch ausgeführten Algorithmen, algebraische Operationen sowohl mit Zahlen als auch mit Zeichen und Symbolen durchzuführen.
>
> (Unger, 2000, S. 10)

Die meisten CAS sind mit weiteren Softwareapplikationen wie Funktions-
plottern, dynamischer Geometriesoftware (DGS), Tabellenkalkulations-
software (TK) und sogar Messwerterfassungssoftware verknüpft. Dabei
sind diese Applikationen so gut untereinander verlinkt, dass Hybrid-Sys-
teme entstehen. Damit ist gemeint, dass sich bei einer veränderten Eingabe
in einer Softwareapplikation die Darstellungen und Ausgaben in den ver-
linkten Applikationen automatisch mit verändern. Des Weiteren sind die
modernen CAS an keine bestimmte Hardware gebunden. Sie können als
Emulationsprogramme auf Laptops, Notebooks und Tablets installiert werden. Verbreitet sind Handheld-Systeme, in denen neben CAS die angesprochenen Softwareapplikationen integriert sind (Müller, 2015, S. 17).

In den Basisdokumenten zum Thüringer Mathematikunterricht wird explizit der Begriff CAS verwendet (TMBJS, 2018). Diese Verwendung orientiert sich nur zum Teil an der engen Definition nach Unger (2000) und umfasst viele Nutzungseigenschaften von DGS oder TK. Software-Beispiele,
die diese Multifunktionalität repräsentieren sind u. a. GeoGebra, TI Nspire
CX CAS oder CASIO ClassPad II Manager. Diese Beispiele sind DMW
(vgl. Tab. 1.1). Damit ist die Verwendung der Abkürzung CAS als Synonym für didaktisch-orientierte DMW anzusehen.

1.2.2 Digitale Mathematikwerkzeuge in den Basisdokumenten zum Mathematikunterricht[2]

Auf nationaler Ebene nimmt das Institut zur Qualitätsentwicklung im Bil-
dungswesen (IQB), welches im Auftrag der KMK einheitliche Bildungsstandards entworfen hat, Stellung zum Einsatz der DMW im Mathematikunterricht. In den Bildungsstandards für die Allgemeine Hochschulreife
wird der Einsatz umrissen:

Die Entwicklung mathematischer Kompetenzen wird durch den sinnvollen Einsatz digitaler Mathematikwerkzeuge unterstützt. Das Potenzial dieser Werkzeuge entfaltet sich im Mathematikunterricht
• beim Entdecken mathematischer Zusammenhänge, insbesondere durch interaktive Erkundungen beim Modellieren und Problemlösen,
• durch Verständnisförderung für mathematische Zusammenhänge, nicht zuletzt mittels vielfältiger Darstellungsmöglichkeiten,
• mit der Reduktion schematischer Abläufe und der Verarbeitung größerer Datenmengen,
• durch die Unterstützung individueller Präferenzen und Zugänge beim Bearbeiten von Aufgaben einschließlich der reflektierten Nutzung von Kontrollmöglichkeiten.
Einer durchgängigen Verwendung digitaler Mathematikwerkzeuge im Unterricht folgt dann auch deren Einsatz in der Prüfung.

(KMK, 2012, S. 13)

Die Gesellschaft für Informatik spricht sich bereits im Jahr 2000 in dem Basispapier *Empfehlungen für ein Gesamtkonzept zur informatischen Bildung an allgemeinbildenden Schulen* deutlich für ein Pflichtfach Informatik aus (GI, 2000, S. 7). Ebenso liegen ausgearbeitete Empfehlungen zu Bildungsstandards für solch ein Schulfach Informatik vor (GI, 2008; GI, 2016; GI, 2019). Ein verbindliches Schulfach Informatik, das in den Sekundarstufen verortet ist, ermöglicht den Lernenden informatische Grunderfahrungen in originärer Weise (Fothe & Bethge, 2014) und entspricht klar einem fachspezifischen Medienkonzept. Diesem Standpunkt ist immanent, dass bestimmte (informatische) Inhalte nur in einem eigenen Fach vermittelt werden können. Fächerverbindender oder fächerübergreifender Unterricht würde zu kurz greifen und der Notwendigkeit einer informatischen Bildung nicht gerecht werden.

Dem gegenüber stehen integrative Medienkonzepte, die nicht nur das Arbeiten mit digitalen Medien in allen Fächern beleuchten, sondern einen übergreifenden medienpädagogischen Ansatz verfolgen. Nach Hischer (2002, S. 55) ist Medienpädagogik integrativ, wenn sie erstens in ihrer Ganzheit bei Planung, Durchführung und Evaluation von Unterricht berücksichtigt und zweitens aufgrund der Komplexität des Gegenstandes nicht von einem Unterrichtsfach allein übernommen wird. Kurzum sind alle Unterrichtsfächer gefordert. In diesem Zusammenhang ist es interessant zu erwähnen, dass Papert (1993, S. 55) seine neue Geometrie klar als Art des mathematischen Arbeitens beschrieb und sie im Mathematikunterricht verortete. Das Arbeiten mit einer grafischen Programmiersprache (wie z. B. Logo) würde aus seiner Sicht nicht ein neues Schulfach bedeuten, sondern kann im Mathematikunterricht erfolgen. Es ist festzuhalten, dass ein Pflichtfach Informatik nicht die medienpädagogische Arbeit in anderen Fächern in Gänze ersetzen kann, genauso wenig wie eine integrative Medienpädagogik ein Schulfach Informatik ausschließt.

Die beiden teilweise kontroversen Auffassungen erzeugen ein Spannungsfeld, in dem weitere Medienkonzepte, die einen fächerverbinden oder fächerübergreifenden Ansatz haben, verortet werden können (vgl. Abb. 1.1). So kann das *Profilfach Informatik-Mathematik-Physik* (Höfer, 2020) oder auch ein handlungsorientiertes Unterrichtskonzept wie die *MicroBerry-Lernumgebung* (Schnirch, 2020) zwischen den beiden Polen eingeordnet werden (Müller et al., 2020, S. 98f.).

Fachspezifische
Medienkonzepte

integrative
Medienkonzepte

(GI, 2000)   *(Hischer, 2002)* *(Papert, 1993)* **SIM**

<u>Abb. 1.1</u>: *Spannungsfeld zwischen fachspezifischen und integrativen Medienkonzepten.* Eigene Darstellung (Müller et al., 2020, S. 101).

Ein schulspezifisches integratives Medienkonzept (SIM) kann klar dem einem Pol zugeordnet werden (vgl. Abb. 1.1) und fußt damit auf allgemeineren integrativen Medienkonzepten (Hischer, 2002) sowie den Überlegungen von Papert (1993). Der Kompetenzerwerb mit und über digitale Medien kann im SIM auf drei Stufen erfolgen. Abb. 1.2 zeigt dazu eine Übersicht.

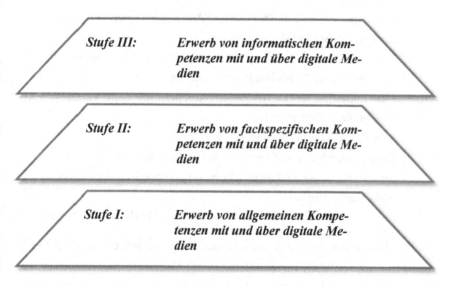

Stufe III: *Erwerb von informatischen Kompetenzen mit und über digitale Medien*

Stufe II: *Erwerb von fachspezifischen Kompetenzen mit und über digitale Medien*

Stufe I: *Erwerb von allgemeinen Kompetenzen mit und über digitale Medien*

<u>Abb. 1.2</u>: *Schulspezifisches integratives Medienkonzept (SIM): Allgemeiner Aufbau in drei Stufen.* Eigene Darstellung (Müller et al., 2020, S. 101).

Der aktuelle Thüringer Lehrplan für Schulen mit Oberstufe bezieht sich unmittelbar auf die oben genannten Bildungsstandards und konkretisiert den Einsatz der DMW im Mathematikunterricht. Dabei werden explizit die CAS als spezielle DMW eingeordnet. Insbesondere der verbindliche Einsatz der DMW im Thüringer Mathematikunterricht und in den zentralen Abschlussprüfungen wird damit formuliert.

> Der sinnvolle Einsatz digitaler Mathematikwerkzeuge (Taschenrechner, Computeralgebrasysteme (CAS), Tabellenkalkulationssoftware, dynamischer Geometriesoftware, Funktionsplotter) unterstützt die Entwicklung der mathematischen Kompetenzen. Dies betrifft u. a.:
> • das Erweitern der Möglichkeiten des Argumentierens mit selbst gewählten Beispielen und des selbstständigen Auffindens von Begründungen,
> • das experimentelle und heuristische Arbeiten bei inner- und außermathematischen Problemstellungen,
> • die Verständnisförderung für mathematische Zusammenhänge durch vielfältige Darstellungsmöglichkeiten,
> • die Entlastung des kalkülmäßigen Arbeitens sowie die Verarbeitung größerer Datenmengen,
> • vielfältige Kontrollmöglichkeiten.
> Die digitalen Mathematikwerkzeuge sind in technischen Systemen, die sich beständig weiterentwickeln, auf verschiedene Weise kombiniert und integriert.
>
> (TMBJS, 2018, S. 6)

Neben Thüringen geht auch Sachsen den Weg und schreibt den verbindlichen Einsatz von CAS für alle Schulen mit Oberstufe vor. Allerdings haben nicht alle Schulen in Thüringen und Sachsen gleichzeitig CAS einführen müssen. In beiden Bundesländern gibt es eine Tradition im Umgang mit CAS im Mathematikunterricht. So starteten bereits 1999 acht Schulen ein Modellprojekt in Thüringen und führten CAS im Unterricht ein. Folgerichtig war es 2002 für die betreffenden Lernenden möglich, das Abitur mit CAS zu wählen. Seitdem gab es in Thüringen die Möglichkeit, das Abitur mit oder ohne CAS zu absolvieren. Im Laufe der Zeit folgten weitere Thüringer Schulen mit Oberstufe dem Beispiel der Modellschulen und somit arbeitete im Jahr 2011 schon ein Drittel aller Schulen mit CAS im Mathematikunterricht (Moldenhauer, 2007, S. 26f.). Außerdem werden in regelmäßigen Abständen fachdidaktische Tagungen und Kolloquien zum CAS-Einsatz im Mathematikunterricht in Thüringen organisiert, auf denen sowohl die Erfahrungen aus dem Projektversuch als auch internationale Forschungsergebnisse vorgestellt werden (Fothe, Hermann, & Zimmermann, 2006; Fothe, Skorsetz, & Szücs, 2018). Die Erfahrungen und Ergebnisse der Projektschulen flossen bei der Entscheidung zu einer verbindlichen Einführung der Systeme mit ein. Im Schuljahr 2011/2012 (SJ 11/12) informierte das Thüringer Ministerium für Wissenschaft, Bildung und Kultur (TMBWK) in einer Medieninformation über die verpflichtende Einführung der Systeme im mathematisch-naturwissenschaftlichen Unterricht an allen Thüringer Schulen mit Oberstufe (Müller, 2015, S. 13).

1.2.3 Leitthesen für die Forschung zu digitalen Mathematikwerkzeugen

Fachdidaktische Forschung zum Einsatz von DMW beim Lehren und Lernen von Mathematik umfasst ein breites und vielseitiges Forschungsgebiet. Es gibt eine Vielzahl an Veröffentlichungen mit theoretischen Überlegungen und empirischen Studien zu diesem Gebiet (Thurm, Barzel, & Weigand, 2020; Greefrath, 2020). Neben Fragen zum Einsatz von DMW zum tieferen Verständnis konkreter mathematischer Konzepte wie z. B. dem Ableitungs-Begriff (Hoffkamp, 2011) rücken vermehrt die digitalen Kompetenzen von Lehrkräften in den Fokus der Betrachtung (Ostermann, Ghomi, Mühling, & Lindmeier, 2021b).

Allgemeiner geht es in der Mathematikdidaktik um die Bedeutung von Medien für das Lehren und Lernen von Mathematik. Dabei treten in der mathematikdidaktischen Forschung zwei Sichtweisen von Medien auf: Medien sind einerseits Werkzeuge oder Anschauungsmittel für die Darstellung und das Arbeiten mit mathematischen Objekten; andererseits gilt es aber auch, die Medien selbst als Gegenstand oder eigenständige Objekte im Hinblick auf Möglichkeiten und Grenzen der Repräsentation von Mathematik zu untersuchen. So kann etwa ein DMW mathematische Prozesse nur diskret darstellen, was insbesondere im numerischen oder graphischen Bereich auf die Frage nach der Darstellungsgenauigkeit und damit den Grenzen der Darstellung mathematischer Begriffe führt (Schmidt-Thieme & Weigand, 2015, S. 462).

Obwohl der Einsatz von Medien und speziell von DMW beim Lehren und Lernen in verschiedenen deutschen Ländern eine lange Tradition hat, erscheinen digitale Arbeitsweisen überwiegend als Substitution analoger Arbeitsweisen beim Lehren und Lernen. Speziell für den Mathematikunterricht gibt es konkrete Empfehlungen und in einzelnen Ländern Verbindlichkeiten (vgl. Kapitel 1.2.2). Dennoch kann in der Breite ein umfassender Einsatz von DMW im Sinne der Quantität nicht beobachtet werden (Ostermann et al., 2021a). Die Qualität des Einsatzes im MINT-Bereich ist generell schwierig zu beurteilen. Digitale Medien werden vor allem für Arbeitsweisen wie Präsentieren oder Recherchieren von Inhalten genutzt. Eine entscheidende Rolle kommt der Lehrkraft im Lernprozess zu, da geschulte Lehrende einen größeren Effekt auf die Lernleistung von Lernenden haben als Kollegen, die im Umgang und Einsatz von DMW nicht geschult sind. Des Weiteren spielt die organisatorische Strukturierung des Einsatzes von DMW in Abstimmung mit den individuellen Lernprozessen von Lernenden eine entscheidende Rolle (Eickelmann, Gerick, & Koop,

2017; Hillmayr, Ziernwald, Reinhold, Hofer, & Reiss, 2020). Gerade auf dem Gebiet der Forschung zu digitalen Medien beim Lehren und Lernen von Mathematik hat sich in den letzten Jahren gezeigt, dass es vor allem an langfristigen empirischen Untersuchungen im Klassenraum fehlt. Mittlerweile ist hinlänglich bekannt, dass von Medien nur dann eine positive Auswirkung auf das Verständnis und die Inhalte (gemeint ist ein inhaltlicher Mehrwert) zu erwarten ist, wenn den Interventionen und Unterrichtsversuchen theoretische und konzeptionelle Überlegungen zugrunde liegen und diese auch in das Unterrichtsprojekt aktiv einfließen. Die alleinige Verwendung sowohl von analogen als auch von digitalen Medien wird keinen positiven Effekt im Unterricht haben (Schmidt-Thieme & Weigand, 2015, S. 486). Als Orientierung für das Forschungsgebiet sollen fünf Thesen hervorgehoben werden (Weigand, 2018, S. 12f.):

These 1: Der Einsatz digitaler Technologien muss vor allem im Hinblick auf die angestrebte kognitive Aktivierung von Lernumgebungen beurteilt werden.

These 2: Es ist die zentrale Aufgabe des Mathematikunterrichts, die Beziehung zwischen realen und mentalen Darstellungen bewusst (weiter) zu entwickeln.

These 3: Darstellungen von Lösungen bei der Verwendung von Taschenrechnern bzw. -computern müssen zeigen, wie und wann das digitale Werkzeug bei Problemlösungen eingesetzt wurde.

These 4: Beziehungshaltigkeit wird ein Schlüsselwort in der Zukunft sein. Die Akzeptanz und der gewinnbringende Einsatz digitaler Technologien erfordert ein globales Konzept des Lehrens und Lernens.

These 5: Wir benötigen visionäre Ideen, die auf empirischen Resultaten gestützt sind, die sich aber auch an theoretischen Analysen und Betrachtungen orientieren, und schließlich benötigen wir auch Visionen, die „lediglich" auf kreative Ideen aufbauen.

Der ersten und speziell der zweiten These lässt sich mit dem theoretischen Ansatz der instrumentalen Genese entsprechen, welche die theoretische Grundlage für eine tiefere (epistemologische) Auseinandersetzung mit der Werkzeug-Aneignung beim Lehren und Lernen von Mathematik ermöglicht. Auf dem theoretischen Ansatz aufbauend eröffnet die fünfte These methodische Zugänge, um sich in diesem Forschungsgebiet zu bewegen. Die Wahl der Forschungsmethoden erfolgt gemäß der Zielstellung und wird im Kapitel 1.4 Ziele erläutert. Die gewählte Methodik steht in unmittelbarem Bezug zu These 5.

Der These 4 entsprechend ist die Akzeptanz gegenüber den DMW entscheidend für das Lehren und Lernen. Sie ist daher als Bedingungsfaktor für eine Werkzeugkompetenz von Bedeutung (Ostermann et al., 2021a, S. 211). Dies spiegelt die Schwerpunktsetzung in Kapitel 2 wider. Die These 3 stellt den Einsatz der DMW beim Problemlösen heraus, wo sie besonderes Potenzial entfalten (Heinrich, Bruder, & Bauer, 2015, S. 297). Kapitel 3 wird die Begrifflichkeiten einordnen. Speziell die These 4 fordert ein umfassendes Konzept zum Lehren und Lernen von Mathematik mit DMW, insofern soll eine theoretische Erweiterung der instrumentalen Genese um zwei weitere Dimensionen einen Beitrag dazu leisten. Die Verknüpfung mit dem 4C Framework wird in Kapitel 4 thematisiert. Es wird deutlich, dass die Thesen eine Rahmung für den fachdidaktischen Forschungsprozess zum Einsatz von DMW beim Lehren und Lernen bieten. Die vorliegende Arbeit orientiert sich daher an den Leitthesen.

1.3 Instrumentale Genese

Um den Leitthesen zu entsprechen und die Prozesse der Werkzeug-Aneignung fassen zu können, soll, wie in den vorangegangenen Kapiteln angekündigt, die instrumentale Genese herangezogen werden und auf verschiedene Ebenen und Akteure beim Lehren und Lernen von Mathematik mit DMW bezogen werden. *Instrumental* meint im linguistischen Sinne als Mittel oder Werkzeug dienend (DUDEN, 2019, S. 943) und ist die (empfohlene) international-einheitliche Form des Adjektivs instrumentell, dass deutschsprachige Veröffentlichungen in diesem Zusammenhang verwenden (Randenborgh, 2015; Rieß, 2018). *Genese* meint Entstehung oder Entwicklung (DUDEN, 2019, S. 716). In der Philosophie bezeichnete Leibniz mit Genese einen erkenntnistheoretischen Ansatz. Zentral ist die Frage nach der Entstehung und Entwicklung von Erkenntnissen bzw. Erkenntnisprozessen (Pelletier, 2017, S. 70-84). Die instrumentale Genese kann als eine anthropologische Theorie zur Werkzeug-Aneignung im Sinne von Chevallard (1982, S. 167ff.) verstanden werden (Barzel, 2012, S. 33). Dabei geht es um den Prozess, der ein Gerät oder *Artefakt* im Rahmen einer Aufgabenstellung zu einem hilfreichen *Instrument* werden lässt. Hierzu ist es notwendig, dass eine Wechselbeziehung zwischen dem Artefakt und dem Subjekt entwickelt wird. In der Entwicklung der Wechselbeziehungen zwischen Subjekt, Instrument und Objekt werden sowohl technisches Wissen oder Bedienschemata als auch Wissen über die adäquaten Verwendungen bzw. Verwendungsschemata vom Subjekt erlangt (Schmidt-Thieme & Weigand, 2015, S. 482). Die Unterscheidung in Artefakt und Instrument (Kieran & Drijvers, 2006, S. 206) kann zusammengefast werden:

> Whereas the artifact is the – often physical – object that is used as a tool, the instrument involves also the techniques and schemes that the user develops while using it, and that guide both the way the tool

> is used and the development of the user's thinking. The process of
> an artifact becoming an instrument in the hand of a user – in our
> case the student – is called instrumental genesis.
>
> (Kieran & Drijvers, 2006, S. 207)

Da die Begriffe Artefakt, Instrument und Werkzeug im Sprachgebrauch
verschiedene Bedeutungen haben, ist eine eingehende Begriffsbestimmung im Rahmen der instrumentalen Genese notwendig, anhand derer die
Theorie deutlich wird (Wartofsky, 1979; Rabardel, 2002).

1.3.1 Artefakt und Instrument

Die Theorie zur instrumentellen Methode beschreibt, wie ein psychisches
Werkzeug den Verhaltensprozess beeinflusst und stellt Analogien zu technischen Werkzeugen her (Wygotski, 1985, S. 310). Dabei versteht man
unter einem *Stimulus* alle sinnlich wahrnehmbaren Gegenstände im weiteren Sinn. Bei diesen Stimuli unterscheidet man Objekt und psychisches
Werkzeug (vgl. Abb. 1.3), wobei sich letzteres nicht durch physische Eigenschaften, sondern durch das Einwirken auf die Psyche und das Verhalten des Subjekts auszeichnet (Rieß, 2018, S. 20).

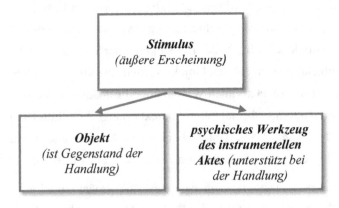

Abb. 1.3: *Einteilung der Stimuli.* Eigene Darstellung (Wygotski, 1985).

Die Theorie zur instrumentellen Methode umfasst auch die Mittler-Funktion in der Beschreibung als Modell zur Mediation zwischen Subjekt und Objekt. Diese trianguläre Beziehung bildet die Grundlage für die Theorie zur instrumentalen Genese (Rieß, 2018, S. 29). Das Medium vermittelt zwischen Subjekt und Objekt (Wygotski, 1985, S. 311). Als wichtiges Medium treten psychische Werkzeuge in Erscheinung, welche nach außen gerichtet sind und eine Veränderung im Objekt herbeiführen.

> The tool's function is to serve as the conductor of human influence on the object of activity; it is externally orientated; it must lead to changes in objects.
>
> (Wygotski, 1987, S. 55)

Zu den psychischen Werkzeugen zählen u. a. die Sprache, verschiedene Formen der Nummerierung und des Zählens, mnemotechnische Mittel, algebraische Symbole, Kunstwerke, Schrift, Diagramme, Karten und Zeichnungen (Wygotski, 1985, S. 310). Damit wird der haptische Werkzeugbegriff erweitert. Die instrumentelle Methode kann demnach auch auf Zeichen angewandt werden (Rieß, 2018). Diese sind nach innen gerichtet und führen zu keiner Veränderung im Objekt.

> The sign, on the other hand changes nothing in the object of a psychological operation. It is a means of internal activity aimed at mastering oneself; the sign is internally orientated.
>
> (Wygotski, 1987, S. 55)

Bei der Theorie zur instrumentellen Methode bleibt jedoch die Frage offen, wie ein Stimulus zum Werkzeug einer Handlung wird. Ein wichtiges Fundament bietet dafür in aktuelleren Werken die Abgrenzung zwischen den Begriffen Artefakt und Instrument (Schmidt & Müller, 2020, S. 379). Grundlegend hierfür sind die Theorien von Verillon & Rabardel (1995), Béguin & Rabardel (2000) und Rabardel (2002).

Rabardel (2002, S. 39) definiert den Begriff Artefakt als ein von Menschenhand hergestelltes materielles Objekt, das, wenn auch minimale, aber offensichtliche Transformationen (von Menschenhand) aufweist. Diese Definition zielt auch auf Hardware wie z. B. Tablets oder Laptops. Die Definition des Artefakts kann allerdings auf immaterielle Objekte erweitert werden (Rieß, 2018, S. 23). Dazu zählen Software wie z. B. Smartphone-Apps und Computerprogramme, welche erst mit der entsprechenden Hardware benutzbar sind. Als zweites Merkmal eines Artefakts nennt Rabardel (2002), dass es für einzelne, abgeschlossene Handlungen verwendbar ist und dafür entworfen wurde, ein Problem zu lösen. Ein Kunstobjekt stellt demzufolge kein Artefakt dar, obwohl es der Eigenschaft von Menschenhand geschaffen zu sein genügt. Dem Nutzungsziels wird in diesem Zusammenhang eine große Bedeutung zugemessen (Schmidt & Müller, 2020, S. 379).

> I take the artifacts (tools and languages) to be objectifications of human needs an intentions; i.e. as already invested with cognitive and affective content. The tool is understood both in its use, and in its production, in an instrumental fashion, as something to be made for and used for a certain end.
>
> (Wartofsky, 1979, S. 204)

Das Erschaffen und Benutzen zielgerichteter Artefakte ist daher Voraussetzung zielgerichteter Tätigkeiten. Der Einfluss der Artefakte ist womöglich sogar so groß, dass diese zur kulturellen Evolution beitragen (Rieß, 2018, S. 25). Artefakte können in drei Kategorien eingeteilt werden.

> *Primäre* Artefakte sind direkt an der Produktion beteiligt. *Sekundäre* Artefakte bewahren und übermitteln Fertigkeiten oder Handlungsweisen. *Tertiäre* Artefakte bilden „freie" und vorgestellte Welten, in denen unter Verwendung bestimmter (eventuell, aber

nicht notwendig mit den Regeln der tatsächlichen Welt übereinstimmen) Regeln gehandelt werden darf.

(Wartofsky, 1979; Rieß, 2018, S. 27)

Die Einteilung menschlichen Handelns oder auch menschlicher Praxis in
Kommunikation und Produktion sowie die Annahme, dass die Wahrnehmung, als auch die Praxis von den Artefakten auf verschiedene Arten beeinflusst werden, erzeugt Abhängigkeiten, die auch als Feedback-Schleifen bezeichnet werden (Rieß, 2018, S. 25f.). Neben den Feedback-Schleifen gibt es den *offline-Bereich*. Dabei nimmt die subjektive Wahrnehmung
mit Hilfe von tertiären Artefakten Einfluss auf die Sichtweise der subjektiven Praxis (Rieß, 2018, S. 26). Die Verknüpfung und die vielfältigen Beziehungen von Artefakten und Werkzeugen ist in Abb. 1.4 dargestellt. Verillon & Rabardel (1995) weisen dem Begriff *Instrument* zwei Bestandteile
zu. Zum einen das bereits beschriebene Artefakt und zum anderen Schemata, die erst von dem Subjekt gebildet werden müssen.

An instrument is formed from two sub-systems: first of all, from an
artifact, either material or symbolic, produced by the subject or by
others, secondly, from one or more associated utilization schemes
resulting either from the subject's own construction or from the ap-
propriation of SUSs [social utilization schemes]. Thus the instrument is not a "given" but must be elaborated by the subject.

(Verillon & Rabardel, 1995, S. 87)

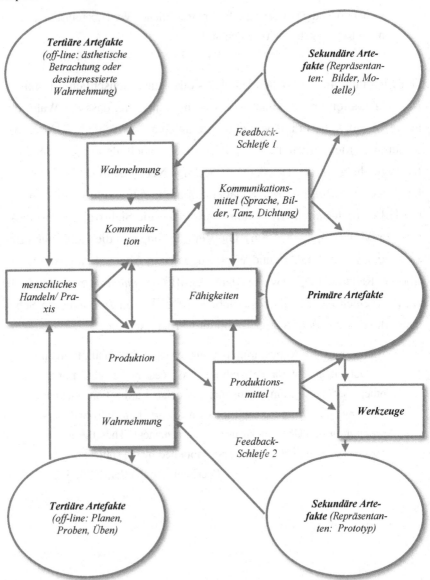

Abb. 1.4: *Einbindung des Artefakts in das menschliche Handeln.* Eigene Darstellung (Wartofsky, 1979, S. 204).

Also muss jedes Subjekt mit einem Artefakt individuell in Wechselwirkung treten, damit sich das Artefakt beim Gebrauch durch das Subjekt zum Instrument entwickelt. Dieser Entwicklungsprozess findet in jeder Situation statt, in der das Subjekt mit dem Artefakt in Kontakt kommt, da das Instrument mit der Situation verknüpft wird (Rieß, 2018, S. 31). Instrumente existieren nicht eigenständig. Demzufolge kann eine Maschine oder ein technisches System von einem Subjekt nicht unmittelbar als Werkzeug genutzt werden, selbst wenn es für diesen Zweck entwickelt worden ist. Das tritt erst ein, wenn das Subjekt das Artefakt für sich nutzbar gemacht bzw. erschlossen hat (Schmidt & Müller, 2020, S. 378f.).

> But it is important to stress the difference between two concepts: the artifact, as a manmade material object, and the instrument, as a psychological construct. The point is that no instrument exists by itself. A machine or a technical system does not immediately constitute a tool for the subject. Even explicitly constructed as a tool, it is not, as such, an instrument for the subject. It becomes so when the subject has been able to appropriate it for himself, has been able to subordinate it as a means to his ends, and in this respect, has integrated it with his activity. Thus, an instrument results from the establishment, by the subject, or an instrumental relation with an artifact, whether material or not, whether produced by other or by himself.
>
> (Verillon & Rabardel, 1995, S. 84f.)

Die Werkzeug-Aneignung meint den individuellen Prozess, bei dem ein Artefakt zum Instrument wird, welches permanent und flexibel für das Subjekt zur Verfügung steht. Die instrumentale Genese setzt die Begriffe Artefakt und Instrument in Beziehung und baut auf dem Dreieck der Mediation (Wygotski, 1985, S. 311) auf. Die instrumentale Genese ist die Methode der Transformation eines Artefakts zu einem Instrument (Rieß, 2018,

S. 19). Der Unterschied zwischen Werkzeug und Instrument besteht in der Permanenz der Nutzung.

> Die Begriffe des Instruments und Werkzeugs beinhalten nun die Tätigkeiten und Verwendungen von Artefakten. Die Unterscheidung der beiden Begriffe ist die Permanenz dieser Verwendungen: Während ein Instrument flüchtig, also zeitlich und räumlich begrenzt, eingesetzt wird, ist ein Werkzeug ein dauerhaftes Artefakt und Instrument.
>
> (Rieß, 2018, S. 28)

Der Prozess der Werkzeug-Aneignung läuft in zwei Richtungen ab, die im Folgenden erläutert werden. Die instrumentale Genese beschreibt die bilaterale Beziehung zwischen dem Instrument und dem Subjekt (Schmidt & Müller, 2020, S. 379). Das beinhaltet auch, dass das Werkzeug zielgerichtet durch das Subjekt mit Hilfe seines bisherigen Wissens eingesetzt wird. Bei der *Instrumentation* werden beim Subjekt mentale Schemata oder Modelle über Möglichkeiten und Grenzen des Werkzeugs entwickelt (Weigand, 2006, S. 91). Allerdings wird das Werkzeug aufgrund der Nutzung auch durch das Subjekt gestaltet; dieser Prozess wird als *Instrumentalisation* bezeichnet (Kieran & Drijvers, 2006, S. 207). Während des Lernprozesses laufen beide Vorgänge, die Instrumentation und die Instrumentalisation, nebeneinander ab und erzeugen damit den Prozess der instrumentalen Genese (Schmidt-Thieme & Weigand, 2015, S. 481).

1.3.2 Instrumentation

Die Instrumentation wirkt von dem Instrument in Richtung des Subjekts, indem das Subjekt während der Lernhandlung in Auseinandersetzung mit dem Artefakt bereits vorhandene Schemata weiterentwickelt und neue erwirbt.

Instrumentation process are relative to the emergence and evolution of utilization schemes and instrument-mediated action: their constitution, their functioning, their evolution by adaptation, combination, coordination, inclusion and reciprocal assimilation, the assimilation of new artifacts to already constituted schemes ect.

(Rabardel, 2002, S. 103)

Die Verwendung und Anpassung von Schemata können mit Theorien von Piaget (1977) in Einklang gebracht werden.

In [Piagets] Theorie bilden die Schemata die Grundbausteine des Denkens. Sie sind organisierte Verhaltens- oder Denksysteme, die uns erlauben, Objekte und Ereignisse aus der uns umgebenden Welt mental zu repräsentieren oder sie zum Gegenstand unseres Denkens zu machen. [...] Da die Denkprozesse organisierter werden, und sich neue Schemata entwickeln, wird das Verhalten differenzierter und besser an die Umwelt angepasst.

(Woolfolk, 2008, S. 39)

Neben der Organisation von Verhalten und Gedanken durch die Schemata erkannte Piaget (1977) in der Adaption die zweite Grundtendenz aller Arten. Diese gliedert sich in Assimilation und Akkomodation auf. Assimilation ist das Anpassen neuer Informationen an vorhandene Schemata. Akkomodation bezeichnet die Anpassung der vorhandenen Schemata respektive Bildung neuer Schemata aufgrund neuer Informationen (Woolfolk, 2008, S. 39f.). Bei den Schemata, die im Rahmen der Instrumentation erworben werden, handelt es sich um Verhaltensweisen, die nicht nur effektiv (im Sinne von Algorithmen) sein können, sondern sogar effizient sind. Das bedeutet, eine bestimmte Handlungsabfolge muss nicht, wie beispielsweise das Umstellen einer Gleichung in endlich vielen Schritten zum Ziel führen. Hat eine Handlung bei der Benutzung des Artefakts in einer bestimmten Situation funktioniert, kann diese in einer ähnlichen Situation erneut verwendet werden und zum Ziel führen (Vergnaud, 1998, S. 171). Schemata können in drei Arten eingeteilt werden. Zum Ersten gibt es Bedienschemata, die in direkter Beziehung mit dem Artefakt stehen, also im Falle der DMW die Bedienung betreffen. Zum Zweiten existieren Verwendungsschemata, die zur Lösung der vorhandenen Aufgabe beitragen. Diese beziehen die Bedienschemata mit ein. Die dritte Art zielt auf die Interaktion zwischen einem Artefakt und mehreren Subjekten ab. Dabei ist zu betonen, dass Schemata sowohl persönliche als auch soziale Dimensionen umfassen (Rieß, 2018, S. 33). Die erworbenen Schemata sind Fähigkeiten des Subjekts, stehen jedoch im Zusammenhang mit dem Instrument. Um die Funktion als Mittler zwischen dem Subjekt und dem Objekt hervorzuheben, haben Béguin & Rabardel (2000, S. 179) die Schemata dem Instrument zugeordnet. Die Beziehung Instrument, Subjekt, Objekt ist in Abb. 1.6 dargestellt.

1.3.3 Instrumentalisation

Der zweite Prozess, der die instrumentale Genese ergänzt, ist die Instrumentalisation. Diese verläuft ausgehend vom Subjekt in Richtung Instrument und kann wie folgt beschrieben werden.

> Instrumentalization process concern the emergence and evolution of artifact components of the instrument: selection, regrouping, production and institution of functions, derivations and catachresis, attribution of properties, transformation of the artifact (structure, functioning etc.) that prolong creations and realizations of artifacts whose limits are thus difficult to determine.
>
> (Rabardel, 2002, S. 103)

Rieß (2018, S. 35) fasst diesen zweiten Teil des Prozesses als das Hervortreten und die Weiterentwicklung des Artefakts oder seiner Komponenten zusammen. Wie bereits in der umfangreichen Definition deutlich wird, kann dieser Prozess verschiedene und auch unterschiedlich schwerwiegende Ausprägungen annehmen. Es ist möglich, drei Levels der Instrumentalisation zu unterscheiden. Im ersten Level werden dem Artefakt kurzfristig Eigenschaften zugewiesen, was jedoch stark mit der Situation bzw. äußeren Bedingungen verknüpft ist. In Ermangelung einer Leiter kann beispielsweise kurzfristig ein anderes Objekt helfen, um an unerreichbare Gegenstände zu gelangen. Beim zweiten Level währt diese Zuordnung langfristiger bzw. dauerhaft. Erst im dritten Level findet eine Veränderung am Artefakt selbst statt. Hierzu gehören Veränderungen jeglicher Art, um das Artefakt für neue Zwecke nutzen zu können (Béguin & Rabardel, 2000, S. 183f.). Das dritte Level betrifft in Bezug auf die DMW die Möglichkeit der Programmierung weiterer Applikationen oder Funktionen. Dies können schon einfache Funktionen oder Routinen sein, die hinzugefügt werden. Entscheidend ist, dass keine bloße Anwendung, sondern eine Art der Gestaltung des DMW erkennbar wird.

Ein einfaches Beispiel ist die Werkzeug-Aneignung eines Stiftes. So wird ein Kleinkind motiviert, den Stift als Artefakt wahrzunehmen und ihn von einem natürlichen Objekt wie einem Stein frühzeitig zu unterscheiden. Allerdings hat es keine Vorstellungen von der Funktionalität eines Stiftes. Dem Kind fehlen die entsprechenden Schemata. Es kann sein, dass der Stift geworfen wird und so eine (vermeintliche) Funktionalität erprobt wird, allerdings kann eine Feedback-Schleife mit anderen Objekten dieses Verwendungsschemata korrigieren oder zumindest relativieren. Das Kind wird intrinsisch (oder evtl. auch extrinsisch) motiviert weitere Schemata zu erproben, indem es zunächst auf Papier malt und zeichnet. Dem Instrument wird die neue Eigenschaft zugewiesen (Instrumentalisation) und in der Auseinandersetzung mit dem Artefakt entstehen Verwendungsschemata (Instrumentation). Dabei erschließt es sich (schrittweise) abstrakte Schemata wie Symbolik, Zeichnung und Malerei. Später werden weitere Schemata wie die Schrift hinzukommen und das Instrument wird ein dauerhaftes Werkzeug mit verschiedenen Funktionalitäten. Dieses einfache Beispiel kann auf DMW übertragen werden. Beim erstmaligen Gebrauch eines DMW durch den Lernenden (im Mathematikunterricht) ist der Status eines Artefakts gegeben und es liegen keine Vorstellungen zur Funktionalität vor. Durch die Auseinandersetzung mit Aufgaben werden Verwendungsschemata erschlossen, die auf elementare Arithmetik, das Lösen linearer Gleichungen oder das Zeichnen von Funktionsgraphen abzielen. Auch hier wird dem Instrument die neue Eigenschaft zugewiesen (Instrumentalisation) und in der Auseinandersetzung mit dem Artefakt entstehen Verwendungsschemata (Instrumentation), in deren Folge das permanent verfügbare Instrument ein leistungsstarkes Werkzeug in der Hand des Lernenden wird. Dazu gehört auch, wann und wann nicht das Werkzeug einzusetzen ist.

1.3.4 Epistemische und pragmatische Mediation

Zusammenfassend ist das Instrument in der Hand des Lernenden mehr als nur das Artefakt, es umfasst auch mentale Schemata und ist abhängig von der Aufgabe (vgl. Abb. 1.5). Es kann in einem Satz auf den Punkt gebracht werden.

> The student´s thinking is shaped by the artifact, but also shapes the artifact.
>
> (Hoyles & Noss 2003, S. 339; Kieran & Drijvers, 2006, S. 207)

Während einer Lernhandlung dient das Instrument als Medium zwischen dem Subjekt und dem Objekt (Wygotski, 1985, S. 311). Der Weg, bei dem das Medium dazu beiträgt, zur Lösung einer Aufgabe zu gelangen, wird Mediation genannt und untergliedert sich nach Rabardel (2002) in zwei Hauptrichtungen. Bei der epistemischen Mediation erhält das Subjekt vom Instrument Informationen über das Objekt. Dieser Teil verläuft daher vom Objekt zum Subjekt. Die pragmatische Mediation beschreibt das Einwirken des Subjekts auf das Objekt durch Zuhilfenahme des Instruments. Die Beziehung geht daher vom Subjekt in Richtung des Objekts aus (Rieß, 2018, S. 29). Beide Mediationen finden sich in der Übersicht der instrumentalen Genese in Abb. 1.6 wider.

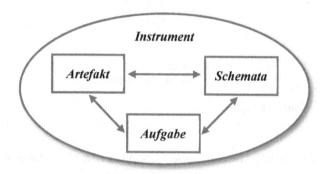

Abb. 1.5: *Instrument als Trias aus Artefakt, Aufgabe und mentalen Schemata* (Drijvers, 2004, S. 86). Eigene Darstellung (Müller, 2015, S. 20).

Zusammenfassend werden die Begriffe kurz definiert, um deren Verwendung im Rahmen der Arbeit einheitlich zu gestalten. Ein **Artefakt** ist ein materielles (oder immaterielles) Objekt, das für zielgerichtete, abgeschlossene Handlungen (z. B. zur Lösung einer Aufgabe) von Menschenhand hergestellt oder verändert wurde. Ein Artefakt wird in der Hand des Subjekts im Verlauf der instrumentalen Genese zu einem **Instrument**, indem

das Subjekt Schemata erwirbt und diese weiterentwickelt (Instrumentation) und parallel dem Artefakt Funktionalitäten zuweist bzw. dieses verändert (Instrumentalisation, vgl. Abb. 1.6). Ein **Werkzeug** ist ein dauerhaft
verfügbares Instrument; es ist daher ein Artefakt, das permanent mit bestimmten Schemata verknüpft ist und dem Aufgaben zugeordnet sind, die
damit flexibel bearbeitet werden können.

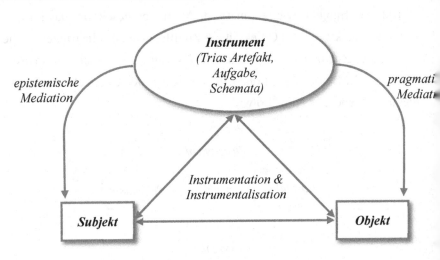

Abb. 1.6: *Instrumentale Genese.* Eigene Darstellung (Béguin & Rabardel, 2000,
S. 179; Rieß, 2018, S. 30).

1.4 Zielstellungen

Entsprechend der Verwendung des Begriffes DMW und vor dem Hintergrund der Leitthesen zur Forschung zu DMW sollen drei Bezüge zur instrumentalen Genese hergestellt werden.

Wie in Kapitel 1.2.3 beschrieben, ist eine quantitative Aussage zum Einsatz von DMW vor dem Hintergrund einzelner Studien möglich. Beispiel-

haft steht eine Untersuchung zum Nutzungstypen unter Mathematiklehrkräften (vorranging aus Nordrhein-Westfalen und Schleswig-Holstein). Es
wurden die Lehrenden zum Einsatz von DMW bezogen auf einzelne In-
haltsbereiche (hier Strahlensätze und quadratische Gleichungen) befragt.
Es gaben z. B. 25 % der Lehrkräfte (n = 165) an, dass sie CAS oder DGS
im Unterricht nicht einsetzen; und das, obwohl die jeweiligen Curricula
Einsatzmöglichkeiten beschreiben. Schulische Merkmale (z. B. schulin-
terne Regelungen oder Zugänglichkeit) sind grundlegende Prädikatoren
für den Einsatz von DMW (Ostermann et al., 2021a). In diesem Sinne können institutionelle Bedingungsfaktoren für den Einsatz identifiziert werden. Aufbauend auf den institutionellen Prädikatoren können individuelle
Bedingungsfaktoren (z. B. Akzeptanz, individuelle Kompetenzen) ausgemacht werden (Eickelmann et al., 2017; Lorenz et al., 2017). Ein institutioneller Bezug der instrumentalen Genese kann vor dem Hintergrund der
Analyse geeigneter Bedingungsfaktoren erfolgen.

Institutioneller Bezug: Bedingungsfaktoren Schülerzentrierung und Akzeptanz im Mathematikunterricht mit verbindlichem Einsatz von Computeralgebra-Systemen.

Der subjektive Eindruck zum Stand der instrumentalen Genese bzw. zum
Grad der Werkzeug-Aneignung kann durch die *selbstwahrgenommene
CAS-Kompetenz* (sCAS-K) erfasst werden. Eine fortschreitende instrumentale Genese drückt sich auch in einer steigenden sCAS-K aus. Die
sCAS-K von Lernenden kann mit quantitativen Erhebungsinstrumenten erfasst werden (Schmidt, 2009; Schmidt, Köhler, & Moldenhauer, 2009).
Bedeutend ist die Bestimmung von Bedingungsfaktoren, die die sCAS-K
beeinflussen.

(Z1) Ziel ist es, zu diskutieren, inwieweit die Prozesse der Werkzeug-Aneignung auf die Institution Mathematikunterricht bezogen werden können, wenn DMW verbindlich eingesetzt werden.

Eine Beurteilung der Qualität des Einsatzes von DMW beim Lehren und Lernen gestaltet sich schwieriger. Explorierende oder entdeckende Arbeitsweisen werden im regulären Mathematikunterricht im Zusammenhang mit der Nutzung von DMW oft beschrieben allerdings selten beobachtet. Entscheidend ist die Abstimmung des Einsatzes im Hinblick auf die individuellen Lernprozesse (Ostermann et al., 2021a; Eickelmann et al., 2017; Hillmayr et al., 2020). Dabei ist auch der individuelle Entwicklungstand der Lernenden in Bezug auf die Werkzeug-Aneignung von Relevanz. Eine Identifikation von Entwicklungsständen (Stadien) des Subjekts in der Wechselwirkung mit dem DMW im Sinne der instrumentalen Genese ist ein individueller Bezug der Theorie. Speziell bei den explorativen bzw. forschend-entdeckenden Arbeitsweisen ist dieser Zusammenhang interessant.

Individueller Bezug: Digitale Mathematikwerkzeuge beim forschend-entdeckenden Lernen mit mathematischen Experimenten.

Wie in Kapitel 1.3.3 beschrieben, lassen sich Level der Instrumentalisation (Béguin & Rabardel, 2000, S. 183f.; Rieß, 2018, S. 33) ausmachen. Interessant ist, ob eine derartige Stufung im Hinblick auf die gesamte instrumentale Genese verallgemeinert werden kann. Eventuell müssen Stadien in Abhängigkeit der Aufgabe formuliert werden. Speziell der Einsatz DMW beim forschend-entdeckenden Lernen bei konkreten mathematischen Experimenten kann dabei ein Ausgangspunkt sein.

(Z2) Ziel ist es, unterschiedliche Stadien im Prozess der Werkzeug-Aneignung von Lernenden beim Arbeiten mit DMW an mathematischen Experimenten zu untersuchen.

DMW werden innerhalb des Prozesses der Werkzeug-Aneignung zunächst als Artefakte charakterisiert. Das Verknüpfen von Nutzungs- und Bedienschemata während der Auseinandersetzung mit konkreten Aufgaben ermöglicht die Nutzung als Instrument. Diese Verknüpfungen erfolgen auf Seiten des Subjekts durch die Mediation im Sinne der instrumentalen Genese. Genau diese Mittler-Funktion der DMW eröffnet eine kommunikative Dimension. Speziell bei bilingualen Lernumgebungen ist die Dimension Kommunikation bedeutsam (Cerratto Pargman & Waern, 2003; Cerratto Pargman, 2003). Eine theoretische Erweiterung der instrumentalen Genese um die Dimension Kommunikation rückt ebenso kulturelle Aspekte in den Fokus. Damit kann ein sprachlich-kultureller Bezug hergestellt werden.

Sprachlich-kultureller Bezug: Digitale Mathematikwerkzeuge als Mittler im bilingualen Mathematikunterricht.

Die Prozesse der Instrumentation und Instrumentalisation sind an die Verwendung der DMW geknüpft. Es ist anzunehmen, dass diese auch in bilingualen Lernumgebungen ablaufen. Speziell bei bilingualen Lernumgebungen, die dem Konzept *Content Language Integrated Learning* (CLIL) zuzuordnenden sind, bietet das zugrundeliegende *4C Framework* Anknüpfungspunkte für die instrumentale Genese.

(Z3) Ziel ist der Einbezug sprachlich-kultureller Aspekte beim Prozess der Werkzeug-Aneignung und eine damit verbundene theoretische Verknüpfung der instrumentalen Genese mit dem 4C Framework.

Die formulierten Zielstellungen sollen durch drei empirische Untersuchungen überprüft werden. Vor dem Hintergrund der Studienergebnisse und deren Diskussion sollen die drei Bezüge der instrumentalen Genese erörtert und Vorschläge zur theoretischen Fortentwicklung gemacht werden.

Die drei Studien zur Untersuchung der drei Bezüge der instrumentalen Genese weisen alle einen Mixed-Method-Ansatz als grundlegendes Studiendesign auf. Die Studiendesigns leiten sich von den Zielstellungen ab und stellen den gegenstandsspezifischen Mehrwert der Methoden-Integration heraus. Damit orientieren sich Methodenauswahl und Studiendesign an den Qualitätskriterien für Mixed-Method-Studien in der Mathematikdidaktik (Buchholz, 2021). Ein zentrales Kriterium ist die Begründung der Methoden-Kombination vor dem Hintergrund der Komplexität des Forschungsgegenstandes. Insbesondere der Fokus auf die drei Bezüge (institutionell, individuell und sprachlich-kulturell) im Hinblick auf die instrumentale Genese der DMW beim Lehren und Lernen von Mathematik hebt auch die Verbindung und Begründung des methodischen Vorgehens hervor (Buchholz, 2019). Die Kombination stoffdidaktischer und empirischer Forschungsmethoden stellt einen besonderen Mehrwert für die mathematikdidaktische Forschung dar, denn sie ermöglicht eine Rückkopplung zwischen fachdidaktischen Strukturierungen und empirischen Forschungsergebnissen (Hußmann & Prediger, 2016). Speziell für die Herstellung sprachlich-kultureller Bezüge ist dieser Ansatz angemessen (Riazi, 2016, S. 38). Damit folgen die Untersuchungen zu den genannten Zielstellung einer methodischen Klammerung und lassen sich methodisch gemeinsam verorten.

Kapitel 2

Bedingungsfaktoren Schüler-zentrierung und Akzeptanz im Mathematikunterricht mit ver-bindlichem Einsatz von Computeralgebra-Systemen

© Der/die Autor(en), exklusiv lizenziert an
Springer Fachmedien Wiesbaden GmbH, ein Teil von Springer Nature 2023
M. Müller, *Lehren und Lernen mit digitalen Mathematikwerkzeugen*,
https://doi.org/10.1007/978-3-658-41115-2_2

2.1 Motivation von Bedingungsfaktoren im Mathematikunterricht mit verbindlichem Einsatz von Computeralgebra-Systemen

Mit dem Schuljahr 2011/12 (SJ 11/12) wurden CAS an allen Thüringer Schulen mit Oberstufe verbindlich eingeführt. Die verbindliche Einführung im Mathematikunterricht entsprach den aktuellen fachdidaktischen Erkenntnissen zum CAS-Einsatz und wurde durch eine Meta-Studie gestützt (Barzel, 2012). Erklärtes Ziel der Einführung war es, den Unterricht noch schülerzentrierter zu gestalten:

> Thüringens Minister für Bildung, Wissenschaft und Kultur, Christoph Matschie, unterstreicht: „Moderne Technologien wie die CAS-Rechner stärken den mathematischen und naturwissenschaftlichen Unterricht. Sie sichern, dass unsere Schülerinnen und Schüler in einer hochtechnisierten Wissens- und Mediengesellschaft auf der Höhe der Zeit sind. Begleitet wird die Einführung durch Weiterbildungsangebote des Thüringer Instituts für Lehrerfortbildung, Lehrplanentwicklung und Medien. So können wir guten Unterricht noch besser machen."
>
> Unterstützt wird der Einsatz von einer Expertise zum Einsatz von Computeralgebra-Systemen im Mathematikunterricht in Thüringen. Prof. Dr. Bärbel Barzel von der Pädagogischen Hochschule Freiburg kommt darin zum Schluss, dass die Vorteile eines CAS-Einsatzes „immens" seien. CAS könne als „Katalysator für einen schülerzentrierten und verstehensorientierten Unterricht" wirken. Voraussetzung dafür seien unter anderem die verpflichtende Einbindung in den Unterricht und die verbindliche Verankerung im Abitur.
>
> (TMBWK, 2011, S. 1)

Bedingungsfaktoren im MaU mit verbindlichem CAS-Einsatz

In verschiedenen Studien wird die Schülerzentrierung im Unterricht mit dem Einsatz von DMW und speziell CAS in Verbindung gebracht (Weigand & Weth, 2002; Weigand, 2006; Barzel, 2012; Muhaimin et al., 2019; Nantschev et al., 2020).

> Alle bisherigen Erfahrungen zum Einsatz neuer Technologien zeigen, dass mit dem Einsatz des Computers als Werkzeug in der Hand des Schülers eine größere Selbsttätigkeit einhergeht. Der Computer ist ein Katalysator für verschiedene Formen des individualisierten Unterrichts, der Partnerarbeit und kooperativen Arbeitsformen, womit die Hoffnung verbunden ist, dass sich bei diesen Unterrichtsformen eine höhere Selbsttätigkeit entwickelt (was nicht zwangsläufig der Fall sein muss).
>
> (Weigand & Weth, 2002, S. 34)

Mit dem Fokus auf Lehrende und deren digitaler Professionalität ist es wichtig, Bedingungsfaktoren für digitales Lernen und Lehren von Mathematik auszumachen (Ostermann et al., 2021b). Die Perspektive der Lehrenden auf die Schülerzentrierung kann ein Ausgangspunkt sein. Dabei ist auch die Akzeptanz gegenüber CAS (AgCAS) von Seiten der Lehrenden von Bedeutung. Vor diesem Hintergrund stellt sich die Frage, wie sich die Sicht der Lehrenden auf die Schülerzentrierung im Mathematikunterricht mit verbindlichem CAS-Einsatz über einen mehrjährigen Zeitraum hinweg entwickelt. Aus den genannten Studien geht auch hervor, dass vergleichsweise wenige mehrjährige Langzeitstudien zum CAS-Einsatz vorliegen. Insbesondere mangelt es an Untersuchungen im Kontext eines verbindlichen CAS-Einsatzes.

Den meisten Studien zum CAS-Einsatz ist gemein, dass Lehrkräfte sich freiwillig für die Verwendung von CAS im Mathematikunterricht entschieden hatten. Im Gegensatz zu früheren fachdidaktischen Untersuchungen zu

CAS besteht die Spezifik der vorliegenden Untersuchung in der Verbindlichkeit der Nutzung der Systeme im Unterricht. In einer Längsschnittstudie wurde die Schülerzentrierung in den ersten drei Jahren der CAS-Einführung in Thüringen dokumentiert. Um ein umfassendes Bild des Mathematikunterrichts zeichnen zu können, wurden die Perspektiven von Lernenden und Lehrenden berücksichtigt. Neben der Entwicklung von CAS-Aufgaben sind weitere wesentliche Arbeitsergebnisse der betreffenden Untersuchung, dass Thüringer Lehrkräfte die Potenziale des CAS-Einsatzes für den Mathematikunterricht im Hinblick auf die Schülerzentrierung erkannt haben und sich im Umgang mit den Systemen zunehmend sicherer fühlen. Ob die positiven Auswirkungen von CAS im Mathematikunterricht in der Breite spürbar werden, konnte nicht abschließend geklärt werden (Müller, 2015). Eine Fortführung des Längsschnittes erscheint allerdings auch vor dem Hintergrund der vergleichsweise geringen Anzahl an mehrjährigen Langzeitstudien zum CAS-Einsatz als sinnvoll. In den SJ 16/17, 17/18 und 18/19 konnte die Studie fortgesetzt werden. Ein großer Teil der Schulen aus der Vorgängerstudie konnte für die erneute Teilnahme gewonnen werden. Das heißt, dass Mathematiklehrkräfte über sieben Jahre begleitet werden konnten. In der Fortsetzung wurden weitere Lernende über drei Jahre zu ihrer Einschätzung zum CAS-Einsatz und der Schülerzentrierung im Mathematikunterricht befragt (Müller, 2020a). Die Studie schließt sowohl die Perspektive von Lernenden als auch die von Lehrenden ein. Im Längsschnitt werden die Bedingungsfaktoren Schülerzentrierung (mittels der Skale GaO) und Akzeptanz (mittels der Skale AgCAS) auf die sCAS-K unter Berücksichtigung der Entwicklung über die Zeit untersucht. Neben interferenzstatistischen Verfahren zum Vergleich der Entwicklung über die Zeit (Friedmann-Test) werden auch multivariate Regressionsanalysen zur Bestimmung von Zusammenhängen durchgeführt. Vor dem Hintergrund der Ergebnisse können Grenzen und Chancen eines verbindlichen CAS-Einsatzes im Mathematikunterricht diskutiert werden.

2.2 Bedingungsfaktor Schülerzentrierung: Grad an Offenheit

2.2.1 Schülerzentrierung

Der Begriff der Schülerzentrierung hat seinen wörtlichen Ursprung außerhalb der allgemeinen Didaktik und der Fachdidaktik. Die Formulierung *Zentrierung* geht auf die Klient-zentrierte Therapie nach Rogers (1965) zurück. Die zentrale Annahme der Klient-zentrierten Therapie besteht darin, dass der Klient fähig ist, sich selbstständig und konstruktiv mit der eigenen Lebenssituation auseinanderzusetzen und dass es die Aufgabe des Therapeuten ist, diese Fähigkeit freizusetzen. Die Atmosphäre von Akzeptanz, Verständnis und Respekt, welche die Basis für den Lernprozess in der Therapie ist, kann nach Rogers gleichermaßen nützlich für das Lernen in der Schule sein (Rogers, 1965, S. 384). Speziell Grell (2001, S. 75f.) bezog den Begriff *student centered learning* auf das Lehren und Lernen und formulierte fünf Prinzipien für den Unterricht: Demnach kann (1) eine Person nicht direkt unterrichtet werden, es kann nur das eigene Lernen erleichtert und gefördert werden; (2) Lernen ist für Lernende nur von Bedeutung, wenn sie das Lernen als Erweiterung des Selbst wahrnehmen; (3) Lernende werden dem Lernprozess kritisch gegenüber stehen, wenn sie gezwungen werden sich selbst zu verändern; (4) nur wenn jegliche Art der Bedrohung fern ist, kann sich die Persönlichkeit von Lernenden entwickeln; (5) wenn eine differenzierte Wahrnehmung des Erfahrungsfeldes möglich ist, gewinnt das Lernen für die Lernenden an Bedeutung. Die fünf genannten

Prinzipien eines schülerzentrierten Unterrichts können als pädagogische Variante der Klient-zentrierten Therapie nach Rogers aufgefasst werden und sind demnach als Zielvorstellungen für einen schülerzentrierten Unterricht zu lesen (Goetze, 1995, S. 258). Wagner (1982, S. 28) weist allerdings darauf hin, dass schülerzentrierter Unterricht kein Idealtypus von Unterricht sein kann, der dem Alles-oder-Nichts-Prinzip folgt. Vielmehr zeichnet sich ein schülerzentrierter Unterricht durch seinen Prozesscharakter aus, in dessen Verlauf Lehrende und Lernende gemeinsam dirigistisches Verhalten abbauen und die unterrichtliche Struktur so verändern, dass ein zunehmend größeres Ausmaß an Selbstständigkeit und Mitbestimmung der Lernenden möglich wird.

Da derartige Definitionsansätze unvollständig bleiben, wählen andere Autoren den Ansatz einer (Positiv-)Liste, die auch als Rahmenkonzeption bezeichnet wird. Diese ist bewusst offen zu halten und kann durch weitere Elemente ergänzt werden. Das genetisch-entwickelnde Prinzip des Ansatzes wird hier deutlich (Jürgens, 1994, S. 26). Die übereinstimmenden verwendeten Kennzeichen können somit zusammengetragen werden: (1) Das Verhalten der Lernenden zeichnet sich durch eigene Entscheidungen über Arbeitsformen, -möglichkeiten, soziale Beziehungen, Kooperationsformen, Selbstbestimmung bei der Auswahl von Inhalten, Mitbestimmung bei der Unterrichtsdurchführung sowie der Selbstständigkeit bei der Planung von Aktivitäten aus. (2) Das Verhalten der Lehrenden zeichnet sich durch die Zulassung von Handlungsspielräumen, Förderung von (spontanen) Lernaktivitäten, Relativierung des Planungsmonopols sowie der Orientierung an den Interessen, Ansprüchen, Wünschen und Fähigkeiten der Lernenden aus. (3) Das methodische Grundprinzip ermöglicht ein entdeckendes, problem- und handlungsorientiertes sowie selbstverantwortliches Lernen. (4) Lern- und Unterrichtsformen umfassen die freie Arbeit, Arbeit nach einem Wochenplan, Projektunterricht, u. a. (Jürgens, 1994, S. 26).

Weitere Erklärungsansätze, die aus dem schulischen Kontext heraus entwickelt wurden, gehen davon aus, dass ein schülerzentrierter Unterricht nur in einem offenen Unterrichtssetting zur Entfaltung kommen kann. Ebenso gilt, dass ein offener Unterricht nur ein schülerzentrierter Unterricht sein kann. An dieser Stelle muss festgehalten werden, dass die beiden Begriffe Schülerzentrierung und offener Unterricht im bildungswissenschaftlichen Diskurs synonym verwendet werden (Bönsch & Schittko, 1979, S. 11; Ramseger, 1985, S. 22; Jürgens, 1994, S. 30; Peschel, 2003a, S. 71). So stellt Jürgens (1994, S. 26) explizit fest, dass offener Unterricht ein schülerzentrierter Unterricht sei.

2.2.2 Offener Unterricht

Ursprünge des offenen Unterrichts finden sich in der Reformpädagogik. Diese betont ein *Denken vom Kinde aus* und versucht eine *Schule für Kinder* zu gestalten (Peschel, 2003a, S. 68; Reich, 2008, S. 5). Die Reformpädagogik vertritt den Anspruch, dass Schule und Unterricht immer neu gedacht werden müssen. Zentral sind die Forderungen nach mehr Freiheiten für Lernende und Lehrende sowie nach neuen Lebensformen bzw. sozialen Beziehungen. Für den Unterricht im reformpädagogischen Sinne bestimmen Selbstständigkeit, Kreativität und Aktivität der Lernenden das Lehren und Lernen (Bönsch & Schittko, 1979, S. 15f.). Die Reformpädagogik sprengte enge Fachgrenzen, ermöglichte den Lernenden produktive Lernangebote mittels Mitverantwortung und Selbstbestimmung (Krüger, 1991, S. 14). Sie war keine *Bewegung* Gleichgesinnter, sondern ein Oberbegriff, der vielfältige Strömungen verbindet. In diesen Strömungen waren z. T.

unterschiedliche, miteinander konkurrierende Richtungen vertreten. Regel- und Alternativschulen entstanden basierend auf ihren unterschiedlichen Konzepten. Dazu gehören die Montessori-, Petersen-, Freinet- und Waldorfschulen (Peschel, 2003a, S. 68; Reich, 2008, S. 5).

Auf die Frage, was offener Unterricht alles sein kann, wird es keine abschließende Antwort geben. Die Diskussion besteht so lange wie die Arbeit mit der Begrifflichkeit an sich und wird fortgesetzt. So kann über die schulpädagogische Zuordnung gestritten werden, ob es sich um eine Unterrichtsmethode, eine -form, ein -konzept, ein -prinzip oder gar eine Bewegung handelt (Jürgens, 1994, S. 19). Einige Autoren meinen, dass sich der Begriff offener Unterricht nicht eindeutig definieren lässt (Giaconia & Hedges, 1982, S. 579) oder der Versuch unweigerlich zu Widersprüchen führen wird (Reich, 2008, S. 11).

Dennoch werden Definitionsansätze unternommen, die zur Klärung des Begriffes beitragen können. Bönsch (1993) arbeitet mit dem Begriff *Freiarbeit. Arbeit* zielt dabei auf eine verpflichtende Tätigkeit ab, wohingegen *Frei* sich auf Interesse, Neigung und Wahlmöglichkeit bezieht. Mit dem Begriff Freiarbeit ist aber ein selbstverantwortetes und selbstbestimmtes Lernen gemeint. Beim selbstverantworteten Lernen sind meist der Anspruch und der Inhalt vorbestimmt. Die Selbstverantwortung des Lernenden ist dabei zentral. Die Freiheit kann dabei unterschiedliche Qualitäten haben. Zum Beispiel können der Zeitrahmen und die Bearbeitungsmodi in der Verantwortung des Lernenden liegen. Wenn man vom selbstbestimmten Lernen spricht, meint man im engeren Sinne die Freiarbeit. Hier können die Lernenden die Inhalte und Aufgaben ihres Tuns selbst bestimmen, aber der Zeitrahmen wird vorbestimmt. Freiarbeit gehört insgesamt in das Begriffsfeld offener Unterricht (Bönsch, 1993, S. 27f.). Freiarbeit wird zudem als grundlegende Erziehungsphilosophie, als pädagogisches Verständnis und pädagogische Haltung und als Sammelbegriff unterschiedlicher Reformansätze, als Bewegung, als Unterrichtsstil, für Wochenplanarbeit und sachliche wie zeitliche Organisation von Arbeitsaufträgen verwendet (Bohl & Kucharz, 2010, S. 12).

In diesem Sinne lässt sich auch der offene Unterricht fassen, indem er als Sammelbegriff verstanden wird, welcher unterschiedliche Reformansätze in vielfältigen Formen inhaltlicher, methodischer und organisatorischer Öffnung mit dem Ziel eines veränderten Umgangs mit dem Lernenden auf der Grundlage eines veränderten Lernbegriffs zusammenführt. Dieses Vorgehen wird durch vier Thesen (Kinder erleben, Unterricht öffnen, Lernen lernen, Traditionen verändern) und sechs Merkmale (Lernumwelt, Lernorganisation, Lernmethoden, Lernatmosphäre, Lerntätigkeiten, Lernergebnisse) präzisiert (Bohl & Kucharz, 2010, S. 13).

In Abstimmung dazu lassen sich zehn Qualitätskriterien für offenen Unterricht formulieren (Jürgens, 1994, S. 27f.): (1) Das Ermöglichen von Methodenvielfalt z. B. durch Freiarbeit, Projekte, Kreisgespräche, Kleingruppenarbeit, Partner- und Gruppenarbeit, Lernberichte. (2) Freiräume für das Lernen öffnen z. B. durch Wochenplanarbeit, Freiarbeit, Projekte, Projektwochen und Projekttage. (3) Umgangsformen normieren z. B. durch Regeln für gemeinsames Handeln und zwischenmenschlicher Konfliktbearbeitung. (4) Fokussierung auf die Selbstständigkeit von Lernenden z. B. durch eine aktive Rolle bei der Steuerung von Lernprozessen. (5) Lernberatung von lernschwachen Lernenden z. B. durch Entwicklung einer Diagnose-Kompetenz. (6) Öffnung zur Umwelt z. B. durch Aufsuchen außerschulischer Lernorte, Anknüpfen an Alltagserfahrungen von Lernenden oder das Ermöglichen neuer Erfahrungen in direkter Begegnung mit der Umwelt. (7) Die Sprachkultur verbessern z. B. durch das Erleben von

Sprache als Ausdrucksform sinnlich-konkreter Erfahrungen zwischen Inhalt und Sprache. (8) Rolle der Lehrenden schärfen z. B. durch Verfügbarkeit über Bearbeitungsinstrumente zur Klärung von Störungen und Konflikten. (9) Akzeptanz von Unterricht erhöhen z. B. durch ein Verständnis von Unterricht als gemeinsames Lernen und einer effektiven Nutzung von Unterrichtszeit. (10) Attraktive Lernumgebung schaffen z. B. durch handlungsorientierte Materialien und offene Lernflächen.

Goetze (1995) spricht vom offenen Unterricht, wenn folgende Merkmale vorzufinden sind: Als Lernenden-Variablen gelten Wahlfreiheit (im Sinne der Freiarbeit), Eigenverantwortlichkeit beim Lernen, Altersheterogenität der Lerngruppe und gegenseitige persönliche Achtung. Als Raum- und Material-Variablen gelten Flexibilität in der Raumnutzung und ein stimulierendes Materialangebot. Als Didaktik-Variablen gelten ein gesamtunterrichtliches Curriculum, beständige personenbezogene Evaluation bzw. Erfolgsbeurteilung und schwerpunktmäßig Kleingruppen- oder Einzelarbeit. Als Lehrenden-Variablen gelten lernförderliche Lehr-Funktion und Team-Teaching (Goetze, 1995, S. 257). Eine Definition für offenen Unterricht folgt den formulierten Merkmalen:

> Offener Unterricht kann als eine pädagogische Variante der personenzentrierten Psychologie im Sinne von Rogers aufgefasst werden; der Rogers-Ansatz gibt also die Ziele vor. Die Einzelmerkmale des offenen Unterrichts sind aus den empirisch vorfindbaren Umsetzungen abzuleiten.
>
> (Goetze, 1995, S. 258)

Daran anknüpfend beschreibt Peschel (2003a) offenen Unterricht folgendermaßen:

> Offener Unterricht gestattet es dem Lernenden, sich unter der Freigabe von Raum, Zeit und Sozialform Wissen und Können innerhalb

Bedingungsfaktoren im MaU mit verbindlichem CAS-Einsatz

eines offenen Lehrplanes an selbst gewählten Inhalten auf metho-disch individuellem Weg anzueignen. Offener Unterricht zielt im sozialen Bereich auf eine möglichst hohe Mitbestimmung bzw. Mit-verantwortung des Lernenden bezüglich der Infrastruktur der Klasse, der Regelfindung innerhalb der Klassengemeinschaft sowie der gemeinsamen Gestaltung der Schulzeit ab.

(Peschel, 2003a, S. 78)

Im ersten Teil formuliert die Definition einen maximalen Anspruch an of-fenen Unterricht. Unter *Freigabe* und *selbst gewählten Inhalten* wird auf die vollständige Entscheidungshoheit der Lernenden verwiesen. Eine Ein-schränkung wird durch den *offenen Lehrplan* formuliert. Im zweiten Teil der Definition erfolgen weitere Einschränkungen, denn die Definition re-lativiert den *sozialen Bereich*, indem von einer *möglichst hohen Mitbestim-mung* gesprochen wird (Bohl & Kucharz, 2010, S. 16).

Aus dieser Definition gehen fünf grundlegende Dimensionen hervor: (1) organisatorische Offenheit (Bestimmung der Rahmenbedingungen von Raum, Zeit, Sozialformwahl usw.); (2) methodische Offenheit (Bestim-mung des Lernweges auf Seiten der Lernenden); (3) inhaltliche Offenheit (Bestimmung des Lernstoffes innerhalb der offenen Lehrplanvorgaben); (4) soziale Offenheit (Bestimmung von Entscheidungen bezüglich der Klassenführung bzw. des gesamten Unterrichts, der (langfristigen) Unter-richtsplanung, des konkreten Unterrichtsablaufes, gemeinsamer Vorhaben usw. der Bestimmung des sozialen Miteinanders bezüglich der Rahmenbe-dingungen, dem Erstellen von Regeln und Regelstrukturen usw.); (5) per-sönliche Offenheit (Beziehung zwischen Lehrenden und Lernenden unter-einander) (Peschel, 2003a, S. 77).

2.2.3 Schülerzentrierung und Offenheit im Mathematikunterricht

In der Mathematikdidaktik gibt es Ansätze, sich dem Begriff aus der Perspektive des Faches zu nähern. Neben Ruf & Gallin (1998) setzte sich auch Peschel (2003b, S. 116ff.) intensiv mit der Thematik auseinander. Ruf & Gallin (1998, S. 22) heben die Bedeutung der Schülerzentrierung für den Mathematikunterricht hervor. Die Hauptdimensionen des Faches sind Fragen und Lösungen, die miteinander verbunden sind und zwischen welchen Lernende und Lehrende sich hin und her bewegen. Die Autoren unterscheiden das produktive und das rezeptive Verfahren. Beim produktiven Verfahren startet man mit einer Frage und sucht nach einer Antwort. Beim rezeptiven Verfahren werden bereits vorliegende Lösungen untersucht und beurteilt. Es lassen sich beim Lehren und Lernen von Mathematik entwickelte und leistungsstarke Produktions- und Rezeptionsmuster ausfindig machen (vgl. Abb. 2.1).

Ruf & Gallin (1998) befragten Studierende zu deren ersten Gedanken beim Betrachten mathematischer Formeln. Zur Überraschung der Autoren beschrieben eine Mehrheit der Studierenden Gefühle der Angst, Frustration und Ablehnung. Abhilfe sehen die Autoren in einer authentischen Begegnung mit den mathematischen Inhalten.

> Der Schlüssel [...] liegt im vollständigen Verzicht auf fachbezogene Erwartungen an den Lernenden. Er soll dem Gegenstand vorerst so offen und unvoreingenommen wie möglich gegenübertreten können und der Fluss seiner Assoziationen darf durch keinerlei Vorstellung von Richtig und Falsch oder Brauchbar und Unbrauchbar gehemmt und gelenkt werden.
>
> (Ruf & Gallin, 1998, S. 24)

In der ersten Phase des Lernens geht es nicht darum, was der Lehrende kann und weiß (Welt des Regulären), sondern darum, was zwischen dem Lernenden und dem Stoff passiert (Welt des Singulären). Werden Lernende der Hauptdimension des Fachs gedankenlos unterworfen, so werden sie entmündigt und ausgeschlossen. Das muss durch einen frühen Einbezug der Ich-Perspektive des Lernenden in den Lernprozess verhindert werden (vgl. Abb. 2.1). Der Lehrende sollte dem Lernenden mehr zuhören als nur erklären wollen und somit den Lernenden bei seiner Begegnung mit einem Gegenstand aus der regulären Welt unterstützen (Ruf & Gallin, 1998, S. 24).

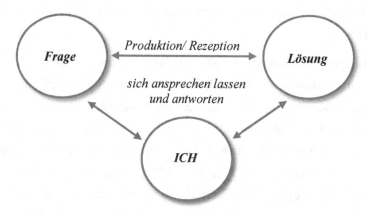

Abb. 2.1: *Welt des Regulären (Frage, Lösung) und des Singulären (Ich).* Eigene Darstellung (Ruf & Gallin, 1998, S. 24; Müller, 2015, S. 24).

Peschel (2003b) geht davon aus, dass Mathematik nur dann verstanden werden kann, wenn sie von den Lernenden selbst entwickelt und autonom bewertet werden kann. Es ist demnach notwendig, dass Lernende sich mathematische Inhalte eigenverantwortlich erschließen. Beim Lehren und Lernen von Mathematik müssen günstige Bedingungen geschaffen werden, sodass Lernende selbstwirksam tätig werden können. Ein Mathematikunterricht muss sowohl inhaltlich als auch methodisch geöffnet werden. Die methodische Öffnung ermöglicht ein konstruierendes Lernen auf Seiten der Lernenden. Bei der inhaltlichen Öffnung, also bei der Freigabe des Lernstoffs, ist Diskussion diffizil. So besteht eine Kontroverse, was unter selbstentwickelten mathematischen Inhalten zu verstehen ist. Die Kontroverse zwischen *Entdecken* oder *Erfinden* steht hier beispielhaft. Eine konsequente Öffnung des Mathematikunterrichts bedeutet keineswegs ein Weniger an Wissen oder Inhalten. Die methodische Öffnung in Richtung des entdeckenden Lernens und auch die Freigabe der Inhalte unterstützen den mathematischen Kompetenzerwerb der Lernenden (Peschel, 2003b, S. 121f.).

Die Frage der Stoffreduktion stellt sich für den selbstgesteuerten Lernenden nicht, da dieser in der Regel die Vorgaben eines Stoffverteilungs- oder Lernplans überschreiten wird. Die Lernenden werden sich Strukturen und Zusammenhänge aufbauen und nicht lediglich Inhalte abarbeiten. Die Sorge, dass bestimmte Inhalte bzw. bestimmte Grundlagen von Lernenden nicht erlangt werden, hindert wahrscheinlich einige Lehrende daran, das Lernen im Sinne eines *freien Rechnens* zu organisieren. Das ist wiederum eine echte Herausforderung für Lehrende. Die Mathematikdidaktik verweist seit Jahren bzw. Jahrzehnten auf die Freigabe der Lernwege und die Freigabe der methodischen Aneignung für Lernende (Peschel, 2003b, S. 123).

Das Öffnen des Mathematikunterrichts (z. B. im Sinne eines freien Rechnens oder Mathematiktreibens) müsste eigentlich einfacher sein, als einen Sprachunterricht mit z. B. *freiem Schreiben* zu gestalten. Ein Mathematikunterricht kann auf die spiralcurriculare Vernetzung von Inhalten aufbauen und schafft so die notwendige Strukturierung beim Lernen (Peschel,

2003b, S. 123). Die Ausgangsbasis für die individuelle Öffnung des Mathematikunterrichts stellen die Vorkenntnisse der Lernenden dar (Peschel, 2003b, S. 126). Die Vorkenntnisse können sich dabei auf elementare Voraussetzungen wie z. B. die Grundrechenoperationen beschränken. Schon im Kleinkindalter werden entsprechende Voraussetzungen für die Operationsbegriffe gelegt (Peschel, 2003b, S. 133). Lernende, die rein kalkülorientiert die Inhalte erarbeiten, unterlaufen mehr Rechenfehler als Lernenden, die sich selbstbestimmt die Inhalte aneignen. Selbstverständlich unterlaufen auch den Lernenden im selbstbestimmten Lernprozess Fehler. Diese können allerdings fruchtbar für den Lernprozess genutzt werden, da sie der Entwicklungsstufe entsprechen. Diese Fehler sind ein wichtiges Zeichen für den fortschreitenden Lernprozess. Beim kalkül-orientierten Rechnen treten häufiger Fehler auf, die aus dem Unverständnis des eigenen Handelns resultieren. Diese Fehler sind echte Fehler und wirken bei Lernenden demotivierend (Peschel, 2003b, S. 137).

Unterrichtsformen eignen sich insbesondere dann für einen offenen Mathematikunterricht, wenn sie auf unterschiedlichen Ebenen Offenheit zulassen oder einfordern. Eine Graduierung ist möglich, da im Unterricht zwei Pole ausgemacht werden können und offene Formen des Unterrichtens einen Pol (bzw. Ideal) bezeichnen und ein geschlossener Unterricht den antagonistischen Pol abbilden (Bauer, 2003, S. 41). Zu offenen Unterrichtsformen zählen u. a. Tages-, Wochen- oder Jahresplan, Freiarbeit, Lernen an Stationen und Projektarbeit (Bauer, 2003, S. 43ff.).

2.2.4 Ein Konzept des offenen Unterrichts

Ramseger (1985, S. 22ff.) beschreibt die inhaltliche, methodische und institutionelle Offenheit als drei Dimensionen der Offenheit von Unterricht.

Inhaltliche Offenheit beschreibt, dass Unterrichtsthemen nicht allein schulisch legitimiert werden dürfen, sondern auf aktuelles, historisches oder mögliches Handeln in der außerschulischen Wirklichkeit bezogen sein müssen. Die methodische Offenheit bedeutet, dass die Lernenden nicht einfach Adressaten vorgefertigter Lernpakete sein dürfen, sondern Agenten ihrer eigenen Lernprozesse werden sollen. Die institutionelle Offenheit meint sowohl die Öffnung der Schule gegenüber der außerschulischen Wirklichkeit als auch die Forderung, dass Institutionen der außerschulischen Wirklichkeit auf die Schule zugehen müssen (Ramseger, 1985, S. 26). Die Dimensionen haben zwei verschiedene Funktionen zu erfüllen. Zum einen fungieren sie als Analyseinstrument von Unterrichtswirklichkeit. Hierbei dienen die Dimensionen deskriptiven Zwecken. Zum anderen als definitorisches Instrument, das heißt, sie werden als normative Setzung eines Unterrichtsmodells verstanden (Ramseger, 1985, S. 22f.). Die beschriebene Dreidimensionalität der Offenheit (inhaltlich, methodisch, institutionell) wird durch die Arbeiten von Benner (1989, S. 53ff.) fortgesetzt.

Weiterhin können kommunikative Aspekte, die zum Unterricht gehören, auch als Dimensionen der Offenheit betrachtet werden. Andere Autoren binden diese Aspekte in einer weiteren Dimension in das Konzept des offenen Unterrichts mit ein. Die ersten drei Dimensionen finden sich mit anderen Bezeichnungen unter den weiteren Aspekten wieder: Der curriculare Aspekt umfasst die Frage nach den Zielen, Inhalten, Methoden und Medien angesichts der Lernausgangslage (dabei sind mehrere Planungsebenen zu unterscheiden); der unterrichtsorganisatorische Aspekt beinhaltet die Frage nach der Gruppierung der Lernenden, der zeitlichen und räumlichen Organisation und der Materialausstattung der Schule bzw. der Unterrichts-

räume; der institutionelle Aspekt zielt auf die Frage nach der Schulorgani-
sation, den staatlichen Rahmenvorgaben für Lehrpläne, Stundentafeln,
Zeugnisse und Abschlüsse, nach der Funktion der Schulverwaltung und
Schulaufsicht; der kommunikative Aspekt beschreibt die Frage nach Ge-
staltung der sozialen Beziehungen zwischen Lernenden und Lehrenden auf
Klassen- und Schulebene (Bönsch & Schittko, 1979, S. 12).

Der institutionelle Aspekt besitzt eine gesellschaftliche Dimension und
wird daher von anderen Autoren im Konzept eines offenen Unterrichts
nicht so stark betont; Goetze (1995) z. B. beschränkt sich auf vier Merkmale bzw. Variablen (vgl. Kapitel 2.2.2): Lernenden-Variablen, Raum-
und Material-Variablen, Didaktik-Variablen sowie Lehrenden-Variablen.
Dabei handelt es sich um eine operationale Begriffsbestimmung, die auf
empirischen Erkenntnissen beruht (Goetze, 1995, S. 258). In der Grund-
struktur steht sie dem Konzept von Peschel (2003a) nahe. Die vier Bereiche können aber noch weiter ausdifferenziert und ergänzt werden. Jürgens
(1994, S. 30) beschreibt fünf Dimensionen schülerzentrierten Unterrichts:
Das sozial-emotionale Lernklima, die Arbeits- und Sozialformen, die inhaltliche Zielbestimmung und Planung, das organisatorisch-methodische
Vorgehen, die Lernkontrollen. Diese Dimensionen schülerzentrierten Unterrichts korrespondieren mit dem Konzept des offenen Unterrichts nach
Peschel (2003a).

Das Konzept des offenen Unterrichts von Peschel (2003a) kann mit den
eben skizzierten Ansätzen in Übereinstimmung gebracht und als Synthese
verstanden werden. Somit ist das Konzept geeignet den offenen Unterricht
zu beschreiben, weil es mehrere Ansätze vereint. Ausgehend von der Definition (Peschel, 2003a, S. 78) werden fünf Dimensionen zur Beschreibung und Bewertung eines offenen Unterrichts formuliert (vgl. Tab. 2.1).
Die bisher vorgestellten Konzepte können als Fortentwicklung bzw. als

aufeinander aufbauend verstanden werden. Allen Konzepten ist allerdings ebenso gemein, dass ein Aspekt nicht umfassend gewürdigt wird. Nach Wagner (1979, S. 176) kann eine Dimension des offenen Unterrichts als die Offenheit im kognitiven Bereich verstanden werden. Darunter ist zu verstehen, wie festgelegt das Vorgehen ist, welche kognitiven Ebenen angesprochen werden, wie eng oder weit bzw. fächerübergreifend das Thema bearbeitet wird und wie autoritätsgebunden bzw. wie kritisch das Vorgehen ist. Ein auf der kognitiven Ebene offener Unterricht ist ein intellektuell anregender, entdeckender Unterricht.

Die Beschränkung auf die fünf Dimensionen begründet Peschel (2003a, S. 77) mit den Aspekten der Übersichtlichkeit und der Operationalisierbarkeit. Es soll möglich sein, praktizierten Unterricht intersubjektiv kategorisierbar zu machen. Mit konkret nachweisbaren Sachverhalten als Beobachtungsgrundlage soll dies möglich werden. Speziell Ruf & Gallin (1998) stellen die Bedeutung der Bewertung der Offenheit des Mathematikunterrichts heraus. Um die Offenheit im Unterricht bewerten zu können, kann eine Operationalisierung gemäß der fünf Dimensionen erfolgen. Das Konzept nach Peschel (2003b) wurde zum Teil im Mathematikunterricht entwickelt und erprobt. In Anlehnung an das allgemeindidaktische Konzept für den offenen Unterricht (Peschel, 2003a) wird ein konkretes, schulpraktisch erprobtes und fachdidaktisches Konzept für den offenen Unterricht zur Diskussion gestellt (Peschel, 2003b).

Zur Operationalisierung und Graduierung kann eine Abstufung des GaO formuliert werden. Stufe 0 stellt eine Vorstufe dar. Der Unterricht kann stufenweise geöffnet werden hin zum offenen Unterricht. Auf Stufe 0 erfolgt die organisatorische Öffnung ausschließlich durch Differenzierung der Planung für die Lernenden. Differenzierte Arbeitsformen wie Freiar-

Bedingungsfaktoren im MaU mit verbindlichem CAS-Einsatz

beit, Wochenplan, Werkstätten, Stationen etc. spielen keine Rolle. Es werden für das Lernen unwichtige Komponenten freigegeben. Die Inhalte und Methoden werden durch Schulbücher, Karteien, Übungshefte und durch Arbeitsaufträge bestimmt. Die Leitidee lautet: Lernen braucht Passung und Rahmen (Peschel, 2003a, S. 88f.).

Dimension offenen Unterrichts	Kurzbeschreibung
Organisatorische Offenheit	Mitbestimmung der Rahmenbedingungen (Raum, Zeit, Sozialform) durch die Lernenden
Methodische Offenheit	Mitbestimmung des Lernwegs durch die Lernenden
Inhaltliche Offenheit	Mitbestimmung des Lernstoffs innerhalb der offenen Lehrplanvorgaben durch die Lernenden
Soziale Offenheit	Mitbestimmung bei Entscheidungen bezüglich der Klassenführung bzw. des gesamten Unterrichts, der (langfristigen) Unterrichtsplanung, des konkreten Unterrichtsablaufs, gemeinsamer Vorhaben usw. durch die Lernenden
Persönliche Offenheit	Beziehung zwischen Lehrenden und Lernenden bzw. den Lernenden untereinander

Tab. 2.1: *Dimensionen offenen Unterrichts* (Peschel, 2003a, S. 77).

Auf Stufe 1 erfährt die methodische Öffnung vorsichtig eine Individualisierung des Lernens. Sie ist die Grundbedingung für eine Öffnung des Unterrichts und basiert auf konstruktivistischen und lernpsychologischen Erkenntnissen. Der Lernweg muss für die Lernenden schrittweise freigegeben werden, das heißt, es darf keine Vorgaben zur Problemlösung geben, sondern die Wege der Lernenden müssen als unbedingt notwendig für effektives Lernen und verstehendes Lernen erkannt werden. Lehrende können die Inhalte und Probleme auswählen und sie für die Lernenden transparent gestalten. Dabei greifen sie nicht in die Lösungswege der Lernenden ein, das heißt, die Lernenden setzten sich individuell mit den Inhalten auseinander. Inhalte werden diskutiert und man kommt im Laufe der Zeit zu Vereinbarungen, Regeln, Strukturen und Konventionen. Die Leitidee lautet: Lernen ist ein eigenaktiver Konstruktionsprozess des Individums (Peschel, 2003a, S. 88f.).

Auf Stufe 2 ist zusätzlich zur methodischen Öffnung die inhaltliche Öffnung durch inhaltsbezogene Mit- bzw. Selbstbestimmung und interessengeleitetes Lernen auf Seiten der Lernenden zu nennen. Lernen erfolgt effektiv und zielgerichtet, wenn das Interesse am Inhalt vorhanden ist. Es sind keine vorstrukturierten Lehrgänge oder Arbeitsmaterialien zwingend erforderlich. Die Lernwege und die Inhalte werden von den Lehrenden schrittweise freigegeben. Die Lernenden bringen eigene Themen zur Bearbeitung ein. Die Lehrenden sorgen für eine kreative Lernatmosphäre, strukturieren Inhalte und geben Impulse. Dabei diagnostizieren sie fortlaufend die Kompetenzentwicklung der Lernenden. Den Lernenden wird größtmöglicher Freiraum beim Lernen gegeben, allerdings bestimmen die Lehrenden weiterhin den Vorgang. Die Leitidee lautet: Lernen ist am effektivsten, wenn es vom Lernenden als selbstbestimmt und bedeutend erlebt wird (Peschel, 2003a, S. 89f.).

Stufe 3 umfasst die sozial-integrative Öffnung in Richtung Demokratie und Selbstverwaltung. Es wird versucht, Basisdemokratie und Mitgestaltung der Lernenden im Unterricht zu verwirklichen. Das bedeutet, dass die Lehrenden keinerlei Regeln und Normen vorgeben. Die zum Zusammenleben notwendigen Absprachen befinden sich in einem dauernden Findungs- und Evaluationsprozess. Die sozialen Normen liegen in der Verantwortung aller Beteiligten. Normverstöße dienen als Reflexionsmöglichkeit. Die Lehrenden werden als gleichberechtigtes Mitglied der Gemeinschaft angesehen und unterliegen deshalb den gleichen Regeln und Absprachen. Die

Leitidee lautet: soziale Erziehung ist am effektivsten, wenn die Strukturen vom Einzelnen selbst mitgeschaffen und als notwendig und sinnvoll erlebt werden (Peschel, 2003a, S. 89f.).

2.2.5 Aktueller Forschungsstand zur Schülerzentrierung beim Einsatz digitaler Mathematikwerkzeuge

Das Konzept des offenen Unterrichts (Peschel, 2003a) wird auch in anderen Studien zusammen mit den Arbeiten von Jürgens (2009) und Bohl & Kucharz (2010) als theoretische Rahmung verwendet. Exemplarisch ist ein evaluiertes Seminarkonzept für Lehramtsstudierende der Universität Frankfurt am Main zu nennen (Hericks, 2019). Das Seminarkonzept verfolgt das Ziel, offene und schülerzentrierte Unterrichtsformen zu untersuchen, da diese zentrale Elemente veränderter Unterrichtsformen darstellen, die für eine demokratische und humane Schule unverzichtbar sind (Jürgens, 2009). Die Dimensionen und wesentlichen Kennzeichen offenen Unterrichts werden adressiert: Die Selbst- und Mitbestimmung der Lernenden bei der Auswahl von Unterrichtsinhalten, bei der Unterrichtsdurchführung und beim Unterrichtsverlauf, die Orientierung an Interessen und Fähigkeiten der Lernenden sowie Gelegenheiten zum entdeckenden, problemlösenden, handlungsorientierten und selbstverantwortlichen Lernen (Bohl & Kucharz, 2010). Individualisierung und Differenzierung spielen somit neben Selbstständigkeit, Handlungsorientierung und Selbsttätigkeit eine wichtige Rolle. Zudem bietet die besondere Rolle der Lehrenden als Lernbegleitende statt Wissensvermittelnde mehr Zeit und Möglichkeiten, die Lernenden individuell zu beobachten und zu beraten sowie alternative Bewertungsverfahren wie Selbstbewertungen und Mitbewertungen zu erproben. Das Seminarkonzept erfasste daher neben den theoretischen Zugängen auch konkrete kooperative Forschungsaufträge zum Potenzial schülerzentrierter Unterrichtsformen für heterogene Lerngruppen (Hericks, 2019).

Perspektive der Lernenden

Neben allgemeinen pädagogischen Ansätzen werden schülerzentrierte Unterrichtsformen auch unter fachdidaktischen Fragestellungen untersucht. Speziell für die MINT-Fächer beschreiben Odom & Bell (2015) in einer Studie den Zusammenhang zwischen Leistungen und Einstellungen der Lernenden unter dem Bedingungsfaktor Schülerzentrierung. Die Stichprobe bestand aus 602 Lernenden der siebten und achten Klasse. Eine multi-variate Regressionsanalyse wurde verwendet, um den Zusammenhang zwischen Einstellungen zur Wissenschaft, Fachkompetenz der Lernenden und der Schülerzentrierung zu untersuchen. Sowohl die Einstellung zur Wissenschaft ($\beta = 0.105$, $p < 0.05$) als auch die Schülerzentrierung ($\beta = 0.101$, $p < 0.05$) korrelierten positiv mit der Fachkompetenz. Des Weiteren korrelierte die Schülerzentrierung positiv mit der Einstellung zur Wissenschaft ($\beta = 0.258$, $p < 0.001$). Die Autoren berichten von schwachen bis mittleren Effekten nach Cohen (1992). Es wurde weiterhin festgestellt, dass lehrerzentrierte Unterrichtsformen eine negative Korrelation ($\beta = -0.106$, $p < 0.05$) mit den Fachkompetenzen der Lernenden und keine signifikante Korrelation mit der Einstellung zur Wissenschaft aufweisen. Die Ergebnisse dieser Studie legen nahe, dass lehrerzentrierte Unterrichtsformen den Lernenden nicht genügend Gelegenheit bieten, Fachkompetenzen individuell weiterzuentwickeln. Lehrerzentrierte Unterrichtsformen können aus anderen Gründen heraus ihre Berechtigung haben, sie sind jedoch kein Ersatz für schülerzentrierte Unterrichtsformen (Odom & Bell, 2015).

Die Ergebnisse werden von einer Studie von Engelschalt & Upmeier zu Belzen (2019) bestätigt, welche lehrerzentrierte und schülerzentrierte Unterrichtsformen in den MINT-Fächern vergleicht. Die Untersuchung besitzt ein Pre-Post-Design mit Follow-Up. Die Stichprobe umfasst sieben Klassen der siebten Jahrgangsstufe (n = 146) an zwei Schulen. Dabei wurden jeweils drei Klassen in schülerzentrierten und drei Klassen in lehrerzentrierten Unterrichtsformen zu demselben MINT-Thema unterrichtet. Eine weitere Klasse bildete die Kontrollgruppe, die ohne eine Unterrichtsintervention an den Tests teilnahm. In den Testdurchgängen wurden jeweils die abhängigen Variablen Modellkompetenz und Fachwissen sowie einmalig die Kontrollvariablen Informationsverarbeitungsgeschwindigkeit und intrinsische Motivation erhoben. Während in den Pre-Tests und für die Kontrollvariablen keine signifikanten Unterschiede zwischen den Gruppen festgestellt wurden, wiesen die beiden Interventionsgruppen in den Post-Tests signifikant höhere Werte in Modellkompetenz und Fachwissen auf als die Kontrollgruppe. Dabei zeigte die Gruppe Lernender der schülerzentrierten Unterrichtsformen bei der Modellkompetenz signifikant höhere Punktzahlen in den Ergebnissen der Post-Tests als die Gruppe Lernender der lehrerzentrierten Unterrichtsformen. Die Ergebnisse indizieren, dass die Schülerzentrierung ein Bedingungsfaktor für die Entwicklung von Fach- und Modellierungskompetenzen in den MINT-Fächern ist (Engelschalt & Upmeier zu Belzen, 2019).

Speziell für den Mathematikunterricht fassen Emanet & Kezer (2021) den Einfluss schülerzentrierter Unterrichtsformen in einer Metastudie zusammen. Für die Metaanalyse wurden 111 Studien zwischen 2005 und 2018 herangezogen. Die Daten wurden aus fast 300 Artikeln, Master- und Doktorarbeiten zusammengefasst. Ziel war die Bestimmung der Effekte des Bedingungsfaktors Schülerzentrierung auf die Mathematikleistung, die

Einstellung und Ängste gegenüber Mathematik. Als Ergebnis der Metastudie wurde der Schluss gezogen, dass die Schülerzentrierung die Mathematikleistung und die Einstellung positiv beeinflusst sowie Ängste gegenüber Mathematik abbauen hilft. Die Effekte der Schülerzentrierung auf die Mathematikleistung reichen in den untersuchten Studien von -0.274 bis 2.027. Dabei berichten 75 % der Studien von mittleren bis starken positiven Effekten (Cohen, 1988; 1992). In 42 Studien wurde der Effekt der Schülerzentrierung auf die Einstellung gegenüber Mathematik untersucht. Die Effekte variieren von -0.268 bis 1.239. Für 52 % der Studien konnten mittlere bis starke positive Effekte nach Cohen (1992) festgestellt werden. In 15 Studien wurde der Effekte der Schülerzentrierung auf die Ängste gegenüber Mathematik untersucht. Die Effekte schwanken zwischen -0.786 und 1.334. Davon können 67 % als mittlere positive Effekte nach Cohen (1988, 1992) bewertet werden (Emanet & Kezer, 2021).

Neben den generellen Befunden zum Bedingungsfaktor Schülerzentrierung ist der Zusammenhangen mit dem Einsatz von DMW Gegenstand aktueller Forschungsarbeiten. Yilmaz (2017) untersucht schülerzentrierte Unterrichtsformen, die DMW integrieren. Es wird die Verwendung mobiler DMW (Tablets und Smartphones mit entsprechenden Applikationen) für einen effektiven Feedback-Prozess beschrieben. Zur Evaluation wurde ein qualitatives Forschungsdesign verwendet und es kamen Expertengruppeninterviews zum Einsatz. Studierende und Lehrende der MINT-Fächer wurden zu Schwierigkeiten und Missverständnissen innerhalb des Feedback-Prozesses befragt. Die Ergebnisse zeigen, dass mobile DMW Feedback effektiv unterstützen und somit das Engagement der Lernenden in der Lernumgebung fördern. In schülerzentrieten Unterrichtsformen arbeiten Lehrende mit hoch individuellem Feedback für die Lernenden, dabei steht die individuelle Kompetenzentwicklung im Vordergrund. Dennoch sind

Unterrichtsformen selten, in denen Lehrende regelmäßig effektives Feedback an Lernende zurückmelden. Feedback gilt als effektiv, wenn Lernende die Möglichkeit haben, ihre Lösungsansätze zu überdenken und evtl. neu auszurichten. Der Einsatz von DMW unterstützt effektives Feedback und damit die Schülerzentrierung (Yilmaz, 2017).

Perspektive der Lehrenden

Viele Untersuchungen zu DMW in den MINT-Fächern stützen sich auf das TPACK-Modell, das die Integration der DMW in Bezug auf technologisch-pädagogisches Inhaltswissen (TPACK) in den Mittelpunkt stellt. Muhaimin et al. (2019) verwenden das TPACK-Modell als theoretische Rahmung für eine Studie mit Mixed-Method-Design. Es wurden 356 Lehrende der MINT-Fächer mit einem Fragebogeninstrument interviewt. Zur quantitativen Analyse der Daten wurde eine ANOVA durchgeführt. Die mittels quantitativer Methoden gewonnen Aussagen wurden mit qualitativen Methoden und acht Experteninterviews abgesichert. Die Ergebnisse zeigen, dass die befragten Lehrenden der MINT-Fächer ihr technologiebasiertes Wissen signifikant geringer einschätzen als ihr nicht technologiebasiertes Wissen (im Speziellen als ihr pädagogisches und inhaltsbezogenes Wissen). Darüber hinaus werden Vorteile des Einsatzes von DMW im Unterricht genannt. Ein Vorteil beschreibt den Zusammenhang der Nutzung von DMW bei der Ausgestaltung schülerzentrierter Unterrichtsformen (Muhaimin et al., 2019).

Der beschriebene Zusammenhang zwischen dem Einsatz von DMW und der Schülerzentrierung im Unterricht liegt in der Erweiterung von Möglichkeiten für schülerzentrierte Unterrichtsformen begründet. Dem gegenüber werden Lehrkräfte allerdings gleichzeitig vor fachspezifische, fachdidaktische und technologische Herausforderungen gestellt. In einer Studie von Nantschev et al. (2020) wurden 29 Mathematiklehrende aus neun europäischen Ländern (15 Frauen und 14 Männer) zu bevorzugten Unterrichtsformen und ihren technologiebezogenen pädagogischen Kompetenzen befragt. In halbstrukturierten Interviews kamen Items zu Unterrichtsformen und das technologisch-pädagogische Inhaltswissen (TPACK) zur Anwendung. Die Ergebnisse wurden zunächst deskriptiv ausgewertet und zeigen große individuelle Unterschiede: Unterrichtsansätze, technologische Kompetenzen und institutionelle Unterstützung variieren stark. Ein Drittel der Lehrenden bevorzugt schülerzentrierte Unterrichtsformen, ein weiteres Drittel bevorzugt lehrerzentrierter Unterrichtsformen und das verbleibende Drittel setzt auf einen gemischten Ansatz. Als zentrale Forderung wird für die Aus- und Weiterbildung von Lehrenden im Hinblick auf DMW formuliert, dass die Angebote auf die individuellen Bedürfnisse der Lehrenden und die institutionellen Rahmenbedingungen zugeschnitten werden (Nantschev et al., 2020).

Die Implementierung von schülerzentrierten Unterrichtsformen in Hybrid- oder Online-Lernumgebungen ist aus Gründen der physischen Trennung von Lehrenden und Lernenden z. T. schwierig. Hsiao, Mikolaj, & Shih (2017) beschreiben verschiedene Rahmenmodelle zum Einsatz digitaler Medien zur Ermöglichung schülerzentrierter Unterrichtsformen in Hybrid- oder Online-Lernumgebungen. Vier Rahmenmodelle wurden in Seminaren mit Studierenden erprobt und evaluiert. Dabei wurden Studierende zu ihrer Wahrnehmung der schülerzentrierten Unterrichtsformen und dem Einsatz digitaler Medien befragt. Die Ergebnisse werden rein deskriptiv vorgestellt. Die Autoren stellen fest, dass die Studierenden die digitalen Medien als Unterstützung für das eigene Lernen innerhalb der schülerzentrieten Unterrichtsformen wahrnehmen. Zusätzliche Hinweise von Seiten der Lehrenden sind allerdings erforderlich, um individuelle Arbeitsprozesse und Gruppenarbeitsprozesse auf Seiten der Lernenden zu unterstützen (Hsiao, Mikolaj, & Shih, 2017). Die Unterstützung der Lehrkräfte im Hinblick auf den Einsatz digitaler Medien im Unterricht wird auch von weiteren Autoren betont. In der Lehreraus- und -weiterbildung müssen Potenziale des Einsatzes und deren Auswirkung auf die Gestaltung von Aufgabenkultur und Unterrichtsformen klar benannt und erarbeitet werden. Ein Zusammenhang zwischen der Schülerzentrierung (Bedingungsfaktor) und dem Einsatz digitaler Medien bzw. im speziellen von DMW ist nicht eindeutig belegt und es ist weitere Forschung zum Thema notwendig (Lee, 2018).

Schülerzentrierte Unterrichtsformen haben das Potenzial eine individuelle Förderung der Lernenden zu ermöglichen. Für Lehrende kann es sehr herausfordernd sein, solche Unterrichtsformen zu ermöglichen. Obwohl eine zunehmende Anzahl an Studien berichten, dass Lehrende eine positive Einstellung zu schülerzentrierten Unterrichtsformen haben, können Unterschiede in der Unterrichtspraxis ausgemacht werden. Insbesondere ein Vergleich unter verschiedenen EU-Staaten ist aufschlussreich: An & Mindrilla (2020) haben 125 Lehrende aus verschiedenen EU-Staaten mit einem Online-Fragebogen zu schülerzentrierten Unterrichtsformen und zum Einsatz digitaler Medien befragt. Die Ergebnisse liegen deskriptiv vor und es werden sechs Hauptkategorien gebildet, die von den Lehrenden am Häufigsten genannt wurden: (1) Individuelle Diagnostik einzelner Lernender, (2) Etablierung einer positiven und unterstützenden Unterrichtskultur, (3) Bereitstellung von individuellen Lernerfahrungen, (4) Bereitstellung von authentischen Lernerfahrungen, (5) Erleichterung des kollaborativen Lernens und (6) Erleichterung des selbstregulierten Lernens. Die größten Schwierigkeiten im Hinblick auf die Schülerzentrierung und den Einsatz digitaler Medien sind aus Sicht der Lehrenden Zeitmangel, fehlende digitale Infrastruktur und Mangel an pädagogischem Wissen der Lehrenden zum Einsatz digitaler Medien in schülerzentrierten Unterrichtsformen (An & Mindrilla, 2020).

Computeralgebra-Systeme als spezielle digitale Mathematikwerkzeuge

Untersuchungen zu CAS als ein konkretes DMW sehen die Rolle der Lehrkraft im Mathematikunterricht mit verändertem Fokus. Der Anspruch, als begleitende und beratende Lehrperson im Lernprozess zu agieren, wird durch den CAS-Einsatz nicht nur möglich, sondern ist an einigen Stellen sogar erforderlich. Ein Beispiel dafür sind informelle Gespräche, die von den Lernenden beim selbstständigen Arbeiten mit CAS geführt werden und die für das Erlernen von Mathematik gewinnbringend sein können (Barzel, 2006, S. 322). Die Lehrkraft sollte die Lernenden in diesen Unterrichtssituationen begleiten und beraten (Kutzler, 2003, S. 70). Die Verwendung von CAS im Mathematikunterricht lässt Lehrkräfte auch verstärkt über ihre Rolle im Lernprozess reflektieren und führt sie zu vielfältigen methodischen Überlegungen. Das konnte z. B. im bayerischen M^3-Projekt (Modell Medienintegration im Mathematikunterricht) beobachtet werden. Das Projekt lief über einen Zeitraum von acht Jahren von 2003 bis 2011. Es beteiligten sich 26 Klassen an elf Gymnasien, in denen CAS-Handhelds eingesetzt wurden. Begleitet wurde das Projekt zeitweise durch eine Vergleichs- und Interventionsstudie mit Mixed-Method-Design. Die Ergebnisse der Studie zeigen, dass die Lehrenden die CAS-Handhelds als ein hilfreiches DMW im Unterricht ansehen, das Auswirkungen auf die Unterrichtsmethodik und die Sozialformen hat. 70 % der Mathematiklehrkräfte sind der Meinung, dass sich die Methodik des Unterrichts durch CAS verändert (Weigand & Bichler, 2010). Des Weiteren schätzten die Lernenden den

Bedingungsfaktoren im MaU mit verbindlichem CAS-Einsatz

Unterricht mit CAS als interessanter und abwechslungsreicher ein (Weigand, 2006, S. 99). Aus den Stundenprotokollen der Lehrkräfte geht hervor, dass jeweils in 30 % der Stunden Partner- bzw. Gruppenarbeit und individuelles Arbeiten inklusive Vorträgen der Lernenden vorkommen. Die Autoren vermuten daher einen Zusammenhang zwischen dem CAS-Einsatz und schülerzentrierter Unterrichtsformen im Mathematikunterricht (Weigand, 2006, S. 101).

Diese These wird durch Ergebnisse des österreichischen DERIVE-Projekts unterstützt. Schon zwischen 1993 und 1995 wurden eine Begleituntersuchung mit 33 Versuchsklassen an 17 Schulen durchgeführt und Lehrende sowie Lernende befragt. Die Ergebnisse der Befragung unterstreichen die Bedeutung von CAS für die Schülerzentrierung im Mathematikunterricht. Dominierte in den traditionellen Stunden das reproduktive Lernen, so überwog in den Stunden mit CAS-Einsatz signifikant die selbstständige produktive Tätigkeit der Lernenden (Heugl, Klinger, & Lechner, 1996, S. 207). Als ein wichtiges Ergebnis der Studie wird festgehalten, dass ein Zusammenhang zwischen dem Einsatz von CAS und dem selbstständigen Arbeiten der Lernenden im Unterricht besteht. Es werden aber auch Bedenken mit dieser Entwicklung verknüpft, da die individuelle Belastung für die Lernenden in schülerzentrierten Unterrichtsformen mit CAS steigt (Heugl et al., 1996, S. 207f.).

Der Zusammenhang von CAS und der Schülerzentrierung belegt auch eine australische Studie, die von 2005 bis 2008 durchgeführt wurde. In dem Projekt kamen CAS-Handhelds an 22 Schulen zum Einsatz. Die Studie war als Vergleichsstudie mit Mixed-Method-Design angelegt. Die Ergebnisse zeigen, dass einige Lehrende ihren Unterricht stärker reflektieren und andere einen eher entdeckenden oder konstruktivistischen Lehransatz im Unterricht verfolgen. Traditionelle Lehrmethoden werden in den CAS-Klassen eher selten beobachtet. Außerdem sind die Interaktionen unter den Lernenden innerhalb einer CAS-Klasse hoch. Als Gründe dafür führen die Autoren der Studie Unterrichtsgespräche, Ergebniskontrollen und den Austausch über Funktionalitäten der Systeme an (Smith, 2006; Neill, 2009; Barzel, 2012). Es kann festgehalten werden, dass Lehrende das Potenzial von CAS im Hinblick auf die Schülerzentrierung und für eine methodische Öffnung des Mathematikunterricht beschreiben können (Özgün-Koca, 2010, S. 52). Eine sichtbare und unmittelbare Änderung des methodischen Handelns der Lehrkräfte im Unterricht bedeutet das allerdings nicht zwingend (Schimdt-Thieme & Weigand, 2015, S. 477).

2.3 Forschungsfragen zu den Bedingungsfaktoren Schülerzentrierung und Akzeptanz im Mathematikunterricht mit verbindlichem Einsatz von Computeralgebra-Systemen

Vor dem Hintergrund des theoretischen Zugangs und der aktuellen Studienlage kann zusammengefasst werden, dass schülerzentrierter Unterricht vornehmlich ein Prozess ist, in dessen Verlauf das Maß an Lehrpersonenlenkung verringert und zunehmend die Selbstständigkeit und Mitbestimmung der Lernenden ermöglicht wird (Wagner, 1982; Hauk & Gröschner, 2021). Ein schülerzentrierter Unterricht konkretisiert sich in der Offenheit des Unterrichts (Jürgens, 1994; Borich, 2016). Das Konzept des offenen Unterrichts nach Peschel (2003a) kann mit anderen Erklärungsansätzen zu diesem Thema in Übereinstimmung gebracht werden (Bönsch & Schittko, 1979, S. 12; Jürgens, 1994, S. 30; Goetze 1995, S. 257). Daraus ergibt sich die Annahme, dass das Konzept geeignet ist, die theoretische Grundlage für die vorliegende Untersuchung zu liefern. Unterricht nach Peschel (2003a) ist dann offen, wenn Entscheidungen im methodisch-organisatorischen Bereich uneingeschränkt, im inhaltlichen Bereich lediglich begrenzt durch einen offenen Rahmenplan und im sozialen Bereich eingeschränkt freigegeben werden (Bohl & Kucharz, 2010, S. 16). Damit ist die fachdidaktische Theorie des offenen Unterrichts (Peschel, 2003a) geeignet, die Schülerzentrierung im Unterricht zu beschreiben. Eben dieses Konzept bietet eine Operationalisierung, um die Einschätzung von Lehrenden zum GaO des Unterrichts bewerten zu können. Aus der Definition des offenen Unterrichts leiten sich grundlegende Dimensionen ab, die auch zur Operationalisierung der fachdidaktischen Theorie herangezogen werden können. Die Dimensionen von offenem Unterricht unterliegen nicht dem Alles-o-der-Nichts-Prinzip (Wagner, 1982, S. 28), sondern lassen eine graduierte Ausprägung zu. Damit können z. B. die uneingeschränkte Freigabe bzw. die konsequente Wahl auf Seiten der Lernenden zu einer möglichst hohen Mitbestimmung abgeschwächt werden. Insbesondere ist eine graduierte Ausprägung von Offenheit im Unterricht möglich bzw. erwartbar (Bohl & Kucharz, 2010, S. 16). Noch immer gibt es vergleichsweise wenig systematische Untersuchungen zu verschiedenen Lernumgebungen mit unterschiedlichen Öffnungsgraden (Hauk & Gröschner, 2021).

Der Anspruch der Integration offener bzw. schülerzentrierter Unterrichtsformen nahm in den letzten Jahren immer mehr zu (Hericks, 2019), da diese zentrale Elemente veränderter Lernumgebungen darstellen (Jürgens, 2009). Der pädagogischen Argumentation folgend, wird die Schülerzentrierung als Bedingungsfaktor für die Kompetenzentwicklung der Lernenden angesehen. Empirische Studien zu diesem Thema zeigen jedoch widersprüchliche Ergebnisse (Engelschalt & Upmeier zu Belzen, 2019) und

es gibt einen Bedarf an weiteren Untersuchungen (Lee, 2018). Schülerzentrierte Unterrichtsformen machen nur einen Teil der Unterrichtswirklichkeit aus (ca. 33 %). Für den Mathematikunterricht konnten durch eine
Metastudie die positiven Effekte der Schülerzentrierung auf die Leistung
sowie die Einstellung gegenüber Mathematik belegt werden (Emanet &
Kezer, 2021).

DMW werden von vielen Autoren mit der Schülerzentrierung in Verbindung gebracht. Ein Zusammenhang mit dem Einsatz von DMW wird vermutet, kann allerdings nicht als belegt angesehen werden. Insbesondere
den Studien zum CAS-Einsatz ist gemein, dass Lehrkräfte sich freiwillig
für die Verwendung von CAS im Mathematikunterricht entschieden hatten. In einer Längsschnittstudie wurde die Schülerzentrierung in den ersten
drei Jahren der CAS-Einführung in Thüringen dokumentiert (Müller,
2015). Im Gegensatz zu früheren fachdidaktischen Untersuchungen zu
CAS besteht die Spezifik der Untersuchung in der Verbindlichkeit der Nutzung der CAS im Unterricht. Die Ergebnisse zeigen, dass Thüringer Lehrkräfte die Potenziale des CAS-Einsatzes für den Mathematikunterricht im
Hinblick auf die Schülerzentrierung erkannt haben und sich im Umgang
mit den Systemen zunehmend sicherer fühlen. Ob die positiven Entwicklungen in der Breite spürbar werden, konnte nicht abschließend geklärt
werden. Dieses uneindeutige Ergebnis stimmt mit aktuellen Erkenntnissen
überein: Hinsichtlich der Einführung von CAS sind mittlerweile die anfänglich euphorischen Erwartungen durch pragmatische Haltungen ver-
drängt worden (Weigand, 2018, S. 10).

In Fortsetzung der genannten Langschnittstudie zum CAS-Einsatz im Thüringer Mathematikunterricht (Müller, 2020a) und vor dem Hintergrund der
beschriebenen theoretischen und empirischen Erkenntnisse zum Bedin-

gungsfaktor Schülerzentrierung stellen sich folgende drei Forschungsfragen, die mithilfe einer empirischen Untersuchung beantwortet werden sollen:

(F1.1) Wie entwickelt sich der Grad an Offenheit (GaO) im Mathematikunterricht nach der verbindlichen Einführung von CAS?

(F1.2) Sind der Grad an Offenheit (GaO) und die Akzeptanz gegenüber CAS (AgCAS) Bedingungsfaktoren für die selbstwahrgenommene CAS-Kompetenz (sCAS-K) über die Zeit?

(F1.3) Lässt sich in diesem Kontext ein Unterschied zwischen den Perspektiven der Lehrenden und Lernenden ausmachen?

Den Forschungsfragen folgend wurde eine Längsschnittuntersuchung im Mathematikunterricht mit verbindlicher CAS-Nutzung geplant und durchgeführt. Das Design, die Erhebungsinstrumente und die Datenanalyse wurden entsprechend der Forschungsfragen ausgewählt und werden im Kapitel 2.4 beschrieben. Die Ergebnisse der Untersuchung werden im Kapitel 2.5 vorgestellt und im Kapitel 2.6 diskutiert.

2.4 Methodik der Studie zu den Bedingungsfaktoren Schülerzentrierung und Akzeptanz im Mathematikunterricht mit verbindlichem Einsatz von Computeralgebra-Systemen

Ziel der Studie ist die Dokumentation der Veränderung des GaO im Mathematikunterricht mit verbindlichen CAS-Einsatz sowie die AgCAS über zweimal drei Jahre hinweg; sowie die Untersuchung des Zusammenhangs beider Bedingungsfaktoren auf die sCAS-K über die Zeit. Dabei werden die Perspektiven der Lehrenden und Lernenden berücksichtigt. Wie im Kapitel 2.1 skizziert, schließt der zweite Erhebungszeitraum mit zeitlichem Versatz an den ersten Zeitraum an. Methodisch sind beide Erhebungszeiträume verbunden und können als geplante Längsschnitt-Fortsetzung verstanden werden. Das Design, die Stichprobe, die Erhebungsinstrumente, die Datenerhebung und -analyse sowie die angewandten statistischen Verfahren werden im Folgenden dargestellt.

2.4.1 Design und Stichprobe

Die Studie ist als Längsschnittstudie angelegt und das Erhebungsdesign besitzt zwei Erhebungszeiträume, die jeweils drei volle SJ umfassen. Zu Beginn eines jeden SJ wurden die Befragungen durchgeführt. Der erste Erhebungszeitraum begann mit dem SJ 11/12 und sollte die Situation des Mathematikunterrichts in Thüringen vor der CAS-Einführung erfassen. In den beiden darauffolgenden SJ wurde die Befragung wiederholt. Der zweite Erhebungszeitraum begann am Anfang des SJ 16/17 und umfasste ebenso die beiden darauffolgend SJ. Jede der insgesamt sechs Befragungen wurde zu Beginn eines jeden SJ durchgeführt. Aus organisatorischen Gründen erstreckte sich ein solcher Befragungszeitraum über mehrere Wochen. Es wurde darauf geachtet, dass jeder Befragungszeitraum im jeweils dritten Quartal eines Kalenderjahres lag. Der gesamte Untersuchungszeitraum erstreckt sich demnach vom SJ 11/12 bis SJ 18/19 und umfasst sechs Befragungen. Der Längsschnittcharakter der Studie ist somit gewährleistet.

Entsprechend der Forschungsfrage F1.3 sind die Perspektiven der Lehrenden und Lernenden zu erfassen. Die Studie besitzt im Sinne der Methoden-Triangulation (Schirmer, 2009, S. 100) ein Mix-Method-Design. Quantitative und qualitative Methoden werden kombiniert und vor dem Hintergrund des Längsschnittcharakters der Studie sequenziell verwendet. Die

Gewichtung der Methoden wird als gleichwertig angesehen. Innerhalb der Untersuchung wurden quantitative und qualitative Instrumente parallel verwendet. Die Kombination der quantitativen und der qualitativen Methoden erfolgt in der Absicht, dass sich die jeweiligen Vorzüge der Methoden ergänzen (Creswell, Plano, Gutmann, & Hanson, 2003, S. 224). Die Interpretation der quantitativen Daten soll mit den qualitativen Ergebnissen verbessert werden. Zudem erfahren die Ergebnisse der Untersuchung durch die Betrachtung größerer Fallzahlen mehr Aussagekraft (Buchholtz, 2021).

Um eine angemessene Stichprobengröße zu erreichen, waren zu Beginn des SJ 11/12 alle Thüringer Mathematiklehrkräfte eingeladen, die an Schulen mit Oberstufe unterrichteten und die bisher keine Erfahrungen mit CAS hatten. Dazu ist zu sagen, dass dies zum damaligen Zeitpunkt für Lehrkräfte an ca. 66 Thüringer Schulen zutraf. Im Freistaat Thüringen gab es damals weniger als 100 Schulen mit Oberstufe. Im SJ 99/00 begannen acht Schulen mit CAS zu arbeiten. Nach elf Jahren verwendete schon ein Drittel der Schulen CAS im Mathematikunterricht (Moldenhauer, 2007, S. 26f.). Die verbleibenden Schulen waren von der verbindlichen Einführung betroffen. Die Einladungen zur Teilnahme an der Studie wurden via E-Mail und Telefon an diese Schulen kommuniziert. Zu Beginn der Untersuchung beteiligten sich Lehrende von neun Thüringer Schulen an der Untersuchung. In Frage kamen zunächst alle Mathematiklehrkräfte und deren Klassen, die einschließlich des SJ 11/12 noch drei Jahre an der jeweiligen Schule zusammen im Mathematikunterricht arbeiten würden. Über den gesamten Untersuchungszeitraum hinweg verringerte sich die Anzahl an teilnehmenden Lehrenden. Am Ende des Untersuchungszeitraums verteilten sich die teilnehmenden Lehrenden auf fünf Schulen in den bevölkerungsreichen Städten Erfurt, Jena und Weimar.

Kapitel 2

Wie eben angesprochen, kam es, wie für eine Längsschnittuntersuchung üblich, auch in dieser Studie zu einer Verkleinerung des Panels über die Zeit. Das Ausscheiden aus dem Panel war durch Krankheit, Schulwechsel, Ruhestand, Zeitmangel oder ohne Angabe von Gründen möglich. Zur Auswertung sollten nur die Antworten der Lehrenden und Lernenden herangezogen werden, die sich zu jedem der sechs Befragungszeiträume eindeutig zuordnen ließen. Somit verblieben im Panel innerhalb des ersten Erhebungszeitraum 15 Lehrende und 292 Lernende und im Panel des zweiten Erhebungszeitraums 10 Lehrende und 203 Lernende. Details zur Stichprobe finden sich in Tab. 2.2.

	n	Alter in Jahren (SD)	Anteil Schüler-innen bzw. Lehrerin-nen (in %)	Mathe-matik-note (SD)	Lehr-erfahrung in Jahren (SD)
Erhebungs-zeitraum I Lernende	292	15.7 (0.96)	52.1	2.4 (1.09)	---
Erhebungs-zeitraum II Lernende	203	15.6 (0.92)	53.7	2.4 (1.01)	---
Erhebungs-zeitraum I Lehrende	15	45.7 (11.4)	66.6	---	18.9 (10.9)
Erhebungs-zeitraum II Lehrende	10	45.8 (10.6)	80	---	14 (9.9)

Tab. 2.2: *Stichprobeneigenschaften der Studie zu den Bedingungsfaktoren Schü-lerzentrierung und Akzeptanz im Mathematikunterricht mit verbindlichem Ein-satz von CAS.* Die Angaben beziehen sich jeweils auf den Beginn eines Erhe-bungszeitraums.

Je nach Schulform waren die Lernenden zum Zeitpunkt der individuellen CAS-Einführung in der 9. oder 11. Klassenstufe und somit im dritten Jahr der Befragung in der 11 bzw. 13 Klasse.

2.4.2 Erhebungsinstrumente der Lernenden und Lehrenden

Den Forschungsfragen folgend wurden für Lehrende und Lernende separate Erhebungsinstrumente entwickelt, die allerdings einen Vergleich der Perspektiven ermöglichen. Die Befragungen wurden auf Basis einer standardisierten Anleitung administriert, um über die Jahre ein einheitliches Vorgehen zu gewährleisten. Vor jeder Befragung wurden die befragten Lehrenden und Lernenden über die Ziele und Absichten der Untersuchung informiert und die freiwillige Teilnahme wurde unterstrichen. Der vertrauliche und anonymisierte Umgang mit den Daten wurde zugesichert. Es wurde hervorgehoben, dass keine Nachteile aus einer Nichtteilnahme resultieren.

Das Konzept des offenen Unterrichts nach Peschel (2003a) erlaubt die Operationalisierung der Schülerzentrierung als GaO und dessen graduierte Ausprägung. Beide standardisierten Erhebungsinstrumente sind auf Basis des Konzepts zum offenen Unterricht entwickelt wurden.

Erhebungsinstrument der Lernenden

Das Erhebungsinstrument der Lernenden ist ein Online-Fragebogen, der den GaO mithilfe von 17 Items erfasst, die verschiede Dimensionen des offenen Unterrichts abbilden (vgl. Abb. A.1 im Anhang). Dieser Fragebogenteil, wie das Erhebungsinstrument insgesamt, durchlief einen mehrschrittigen Entwicklungsprozess. Zunächst wurden Items anhand von Gesichtspunkten des Konzepts des offenen Unterrichts nach Peschel

(2003a) formuliert. Anschließend wurden die Items in mehreren Experten-runden validiert. In einem dritten Schritt wurde das Instrument in zwei Klassen an einer der Partnerschulen erprobt. Das Verfahren und die Ergeb-nisse wurden dokumentiert und führten zu einer Überarbeitung der Items. Die Güte dieses Fragebogenteils des Erhebungsinstrumentes wurde auch während der eigentlichen Hauptuntersuchung empirisch überprüft (Müller, 2015, S. 43ff.). Es handelt sich um ein geeignetes Instrument, den GaO im Mathematikunterricht zu erfassen. Zur Bestimmung der sCAS-K der Ler-nenden wurde das Erhebungsinstrument um den Item-Katalog früherer Un-tersuchungen zum CAS-Pilotprojekt in Thüringen (Schmidt, 2009; Schmidt et al., 2009) erweitert. Dabei handelt es sich um 15 erprobte Items, die auf den selbstsicheren Umgang mit den CAS bzw. die sCAS-K abzie-len (vgl. Abb. A.2 im Anhang). Zwei pilotierte Items erfassen zusammen die AgCAS (vgl. Abb. A.3 im Anhang). Zusätzlich umfasst der Online-Fragebogen Items zu Geschlecht, Klassenstufe bzw. Alter und der Mathe-matiknote. Außerdem wird ein individueller, nicht nachvollziehbarer ID-Code erfragt bzw. generiert, sodass eine eindeutige Zuordnung der Datens-ätze zu verschiedenen Messzeitpunkten möglich ist. Damit eignet sich das Erhebungsinstrument für den wiederholten Einsatz und es ist ein Vergleich der beiden Erhebungszeiträume bzw. zwischen den sechs Messzeitpunkten möglich.

Um ein statistisches Gütemerkmal für die interne Konsistenz anzuführen, sei auf die Werte von Cronbachs Alpha verwiesen, die für dieses Instru-ment bei 0.77 bis 0.84 liegen (Müller, 2015, S. 49); bzw. für den zweiten Erhebungszeitraum bei 0.79 bis 0.87 (Müller, 2020a, S. 671). Die Werte unterstreichen die gute interne Konsistenz des Erhebungsinstrumentes bzw. der Skala. Damit ist eine wichtige Grundlage für die Zusammenführung der Antworten auf die Einzel-Items und den Vergleich der entsprechenden arithmetischen Mittel gegeben (Eid, Gollwitzer, & Schmitt, 2017, S. 863).

Erhebungsinstrument der Lehrenden

Für die Befragung der Lehrenden wurde ein gesondertes Erhebungsinstrument verwendet. Da die Lehrenden den Online-Fragebogen der Lernenden kannten, wurde es vermieden, bei ihnen die gleichen Items zu verwenden. Die Lehrkräfte sind sich der an sie gestellten Ansprüche von Seiten der Eltern, des Ministeriums und der Gesellschaft bewusst. Daher sollte die Gefahr einer Verzerrung der Antworten durch soziale Erwünschtheit begrenzt bleiben, indem den Lehrenden so wenig wie möglich Antwortmöglichkeiten vorgeben wurden. Das Erhebungsinstrument besteht aus einem Leitfaden-Interview. Den Kern des entwickelten Interviewleitfadens bilden Fragen zur Schülerzentrierung bzw. zur Offenheit im Mathematikunterricht (vgl. Abb. 2.2). Insbesondere die Items 7.7.1 und 7.7.2 zielen auf den Zusammenhang zwischen offenem Unterricht und CAS-Einsatz ab. Des Weiteren umfasst der Interviewleitfaden Fragen zu den Schwierigkeiten sowie den Vor- und Nachteilen des CAS-Einsatzes im Unterricht und zu Eigenschaften von CAS-Aufgaben, um die sCAS-K der Lehrenden zu erfassen. In Bezug auf die AgCAS wurden die Antworten der Lehrenden auf das Interview-Item *Wenn Sie die Wahl hätten, würden Sie wieder auf den Einsatz von CAS im Mathematikunterricht verzichten?* dichotom codiert (Ja bzw. Nein).

7) *Auf welche Weise binden Sie Ihre Lernenden bei der Unterrichtsgestaltung mit ein?*

(Welche Entscheidungsspielräume haben die Schüler im Unterricht?)

7.1) Können die Lernenden Rahmenbedingungen ihrer Arbeit selbst bestimmen?

7.2) Können die Lernenden Ihre Lernwege selbst bestimmen?

7.3) Können die Lernenden über die Inhalte selbst bestimmen?

7.4) Können die Lernenden über Regeln in der Klasse mitbestimmen?

7.5) Würden Sie das Klassenklima als positiv bezeichnen?

7.6) Würden Sie sagen, dass der Mathematikunterricht in den letzten (ein/ zwei) Jahren offener geworden ist? (Haben die Entscheidungsspielräume der Lernenden zugenommen?)

7.7.1) War der Einsatz von CAS bei den eben angesprochenen Belangen

Abb. 2.2: *Interview-Items 7.1 bis 7.7.2 des Leitfadeninterviews der Lehrenden zur Offenheit im Mathematikunterricht und zum Zusammenhang mit dem CAS-Einsatz* (Müller, 2015, S. 50).

2.4.3 Datenauswertung und -analyse

Quantitative Verfahren

Im Rahmen der quantitativen Datenauswertung wurden entsprechend der Studienziele bzw. der Forschungsfragen statistische Verfahren herangezogen, die Vergleiche über die Zeit erlauben. Nach entsprechender Prüfung der jeweiligen Voraussetzungen wurde sich für parametrische Verfahren oder nicht-parametrische Verfahren entschieden. Insbesondere die Stichprobe der Lehrenden ist zu klein, als dass die Voraussetzungen für parametrische Verfahren vorliegen. Zunächst werden die parametrischen Verfahren vorgestellt, die zur Auswertung der Daten aus den Befragungen der Lernenden genutzt wurden.

Bedingungsfaktoren im MaU mit verbindlichem CAS-Einsatz

Zur Untersuchung des GaO, der AgCAS und der sCAS-K über die Zeit wurde eine multifaktorielle Varianzanalyse mit Messwiederholung (MA-NOVA) durchgeführt. Es wurde getestet, ob sich die Mittelwerte der beiden Kohorten Lernender (der beiden Erhebungszeiträume) untereinander und zwischen den drei Messzeitpunkten unterscheiden. Die multifaktorielle Varianzanalyse mit Messwiederholung stellt eine Verallgemeinerung des t-Tests für abhängige Stichproben für mehr als zwei Gruppen dar. Da die Messwerte innerhalb einer Kohorte zu den drei Messzeitpunkten von den gleichen Personen stammen, sind diese als abhängig anzusehen. Im Fokus der Analyse stehen die Unterschiede zwischen den jeweils verbundenen Messwerten im Verlauf der Zeit. Die Varianzanalyse eines Faktors betrachtet nun die Veränderung innerhalb einer Kohorte und prüft, ob sich die Messzeitpunkte signifikant unterscheiden. Die einzelnen Messzeitpunkte werden als Faktorstufen bezeichnet. Die Unterschiede zwischen den Kohorten werden durch den Einschluss eines weiteren Faktors realisiert, daher multifaktorielle Varianzanalyse. Zum paarweisen Vergleich der einzelnen Messzeitpunkte wurden Bonferroni-korrigierte Post-Hoc-Tests im Anschluss durchgeführt (Eid et al., 2017, S. 505ff.).

Zur Untersuchung der Zusammenhänge der drei Variablen über die Zeit wurde eine multiple Regressionsanalyse durchgeführt. Dabei wurden der GaO, die AgCAS und die sCAS-K aus dem jeweils zweiten Jahr der Erhebungszeiträume als unabhängige Variablen gesetzt und der Einfluss auf die abhängige Variable der sCAS-K im dritten Jahr der Erhebungszeiträume untersucht. Analog wurde der Einfluss der drei unabhängigen Variablen aus dem zweiten Jahr auf die abhängige Variable AgCAS im dritten Jahr bestimmt. Regression steht für das Zurückgehen von der abhängigen Variable auf die unabhängigen Variablen. In der empirischen Unterrichtsforschung gibt es nur selten eine Ursache für eine Wirkung. In der Regel werden die Werte einer abhängigen Variablen durch mehrere unabhängige Variablen beeinflusst. Diesem Umstand kann durch die multiple Regressionsanalyse Rechnung getragen werden. Sie ist eine Erweiterung der einfachen Regression und ermöglicht es, mehrere unabhängige Variablen gleichzeitig in einem Modell zu berücksichtigen (Eid et al., 2017, S. 629ff.). Mittels der durchgeführten Regressionsanalyse soll eine Ursachenanalyse gemäß der Forschungsfrage F1.2 erfolgen. Es sei nochmals darauf hingewiesen, dass die untersuchten Zusammenhänge theoretisch vermutet werden (vgl. Kapitel 2.2).

Wie bereits erwähnt, wurden nicht-parametrische Verfahren gewählt, wenn die Voraussetzungen für parametrische Verfahren verletzt waren. Daher wurde im Rahmen der Datenanalyse aus den Befragungen der Lehrenden eine Rang-Varianzanalyse nach Friedman für abhängige Stichproben durchgeführt. Es wurde getestet, ob sich die zentralen Tendenzen zu den sechs Messzeitpunkten zum GaO und zur sCAS-K unterscheiden. Da dieselben Lehrenden wiederkehrend befragt wurden, liegen abhängige Messwerte vor. Die Rang-Varianzanalyse nach Friedman ist das nicht-parametrische Äquivalent zur ANOVA (Eid et al., 2017, S. 454). Für die Untersuchung der unterschiedlichen Verteilungen zur AgCAS und dem Zusammenhang zwischen offenem Unterricht und CAS aus Sicht der Lehrenden wurde jeweils ein Chi-Quadrat-Streuungstest durchgeführt. Dabei wurde getestet, ob die Varianz zu einem Messzeitpunkt mit der Varianz im gesamten Befragungszeitraum übereinstimmt. Daher wird auch von einem Test auf Varianzhomogenität gesprochen. Es handelt sich dabei um ein nicht-parametrisches statistisches Verfahren mit einer Teststatistik, die einer Chi-Quadrat-Verteilung folgt (Eid et al., 2017, S. 319ff.). Alle statistischen Verfahren wurden mit der Software *SPSS* durchgeführt und die jeweilige Teststatistik berechnet.

Qualitative Verfahren

Die Antworten der Lehrenden wurden nach einheitlichen Regeln transkribiert (Dresing & Pehl, 2018, S. 19; Kuckartz, Dresing, Rädiker, & Stefer, 2008, S. 27) und anschließend nach den Regeln der qualitativen Inhaltsanalyse ausgewertet (Mayring, 2010). Dabei wurden die Analyseschritte in Tab. 2.3 verfolgt. Die Arbeitsschritte erfolgten computergestützt. Für die Transkription wurde das Diktiersoftware *Dragon Naturally Speaking* (Version 12.5) verwendet. Zur Inhaltsanalyse wurden zwei Kategoriensysteme verwendet bzw. gebildet. Das deduktive Kategoriensystem entspricht dem Vorschlag zum Konzept des offenen Unterrichts (Peschel, 2003a).

Im Hinblick auf die AgCAS wurde eine dichotome Kategorisierung (Ja bzw. Nein) für die Analyse der Antworten auf die Interview-Frage nach dem weiteren Einsatz von CAS genutzt. Für die Bestimmung der sCAS-K wurde die Anzahl an genannten Schwierigkeiten beim CAS-Einsatz gezählt. Es wurden die Interviews in mehreren Schritten gelesen und einzelne Textstellen paraphrasiert.

Danach konnten Kategorien gebildet sowie Ankerbeispiele und Codier-Regeln festgelegt werden. Das Codier-Manual wurde an ausgewählten Stellen in Expertenrunden diskutiert und überarbeitet. Zur Interpretation wurden Häufigkeitsanalysen (Bestimmung der Relevanz einer Kategorie an Hand der Anzahl der Nennungen) vorgenommen (Mayring, 2010, S. 57).

Analyseschritt	Bemerkung
Festlegung des Materials	Als Material wurden die transkribierten Interviews der Lehrenden verwendet.
Analyse der Entstehungssituation	Das Material wurde in zwei Erhebungszeiträumen (insgesamt sechs Messzeitpunkte) innerhalb dieser Untersuchung gewonnen.
Formale Charakteristika des Materials	Die Interviews wurden mit Thüringer Mathematiklehrkräften durchgeführt, aufgenommen und transkribiert.
Fragestellung der Analyse	Das Ziel war es, die Veränderungen im Mathematikunterricht in den sieben Jahren nach der verbindlichen CAS-Einführung aus Sicht der Lehrenden zu dokumentieren, um die aufgestellten Forschungsfragen (F1.1, F1.2 und F1.3) zu beantworten.
Bestimmung der Analysetechnik und Festlegung des konkreten Ablaufs	Es erfolgte eine Zusammenfassung, Explikation und Strukturierung des Materials.
Definition der Analyseeinheit	Als Codier-Einheit wurde entweder ein Wort oder eine Zahl verwendet. Eine Kontext-Einheit oder eine Auswertungs-Einheit bezog sich jeweils auf den gesamten Fall.
Analyseschritte mittels Kategoriensystem	Die Kategorien zum GaO konnten deduktiv verwendet werden. Das Kategoriensystem zur AgCAS war dichotom und es erfolgte eine Analyse der Häufigkeiten genannter Schwierigkeiten beim CAS-Einsatz zur Bestimmung der sCAS-K.
Rücküberprüfung des Kategoriensystems an Theorie und Material	Es erfolgte eine Vereinheitlichung des Abstraktionsniveaus und eine Überprüfung der Ankerbeispiele. Falls es für das induktive Kategoriensystem nötig wurde, kam es zur Redefinition und Umformulierung von Kategorien.

Interpretation der Ergebnisse in Richtung der Fragestellung	Eine ausführliche Interpretation der Ergebnisse erfolgt in Kapitel 2.6.
Anwendung der Inhaltsanalytischen Gütekriterien	Die Gütekriterien werden in Kapitel 2.4.3 diskutiert.

Tab. 2.3: *Verfahrensweise bei der qualitativen Datenauswertung* (Mayring, 2010, S. 54; Müller, 2015, S. 51).

Wie bereits erwähnt, konnte das Codier-Manual für die Antworten zum GaO des Unterrichts aus der Literatur entnommen werden (Peschel, 2003a, S. 79ff.). Das Kategoriensystem umfasst die Ausprägungen des GaO im Unterricht in allen fünf Dimensionen. Die Ausprägung erfolgt auf einer Skala von 0 (nicht vorhanden) bis 5 (weitestgehend). Im Manual sind die Stufen der Ausprägung erklärt und es ist jeweils ein Code entsprechend der jeweiligen Dimension zugewiesen. Beispielhaft ist hier das Manual für die organisatorische Offenheit angeführt (vgl. Tab. 2.4). Die weiteren vier Dimensionen, die das Codier-Manual komplettieren, finden sich im Anhang (vgl. Tab. A.1 bis A.4). Mithilfe des gesamten Codier-Manuals haben zwei unabhängige Rater die Aussagen auf einer Skala von 0 bis 5 bewertet bzw. codiert. Die Interrater-Reliabilität ist akzeptabel (Cohens Kappa, $\kappa = 0{,}464$).

Die Gütekriterien qualitativer Forschung lehnen sich an den Kriterien der quantitativen Forschung an. Dem Anspruch der Repräsentativität können qualitativ erhobene Daten aufgrund der kleinen Fallzahlen nicht genügen. Die weiteren Gütekriterien Objektivität, Reliabilität und Validität sind allerdings zentral, obwohl es einen breiten Diskurs gibt, inwieweit diese Gütekriterien für die qualitative Forschung adäquat sind (Flick, 2007, S. 489). Um den Gütekriterien zu entsprechen, wurden im Rahmen dieser Arbeit viele Anstrengungen unternommen. So wurden alle Interviewleitfäden in einer Testphase pilotiert und verbessert. Die Konzeption der Interviews erfolgte theoriegeleitet und wurde dokumentiert (Müller, 2015). Die Befragungen wurden immer vom gleichen Interviewer durchgeführt, sodass keine Abstimmungen erfolgen mussten. Mit der qualitativen Inhaltsanalyse nach Mayring (2010) wurde ein standardisiertes und erprobtes Verfahren zur Datenauswertung verwendet (vgl. Tab. 2.3).

Organisatorische Offenheit des Unterrichts **Inwieweit können die Lernenden Rahmenbedingungen ihrer Arbeit selbst bestimmen?**		
OO5	*weitestgehend*	primär auf eigener Arbeitsorganisation der Lernenden basierender Unterricht
OO4	*schwerpunktmä-ßig*	offene Rahmenvorgaben
OO3	*teils – teils*	Öffnung der Rahmenvorgaben in einzelnen Teilbereichen
OO2	*erste Schritte*	punktuelle Öffnung der Rahmenvorgaben in wenigen Teilbereichen
OO1	*ansatzweise*	Öffnung der Rahmenvorgaben kaum wahrnehmbar/ begründbar
OO0	*nicht vorhanden*	Vorgabe von Arbeitstempo, -ort, -abfolge usw. durch Lehrende oder Material

Tab. 2.4: *Codier-Manual zur Ausprägung der organisatorischen Offenheit im Unterricht* (Peschel, 2003a, S. 79; Müller, 2015, S. 52).

Während des gesamten Prozesses wurden Arbeitsschritte und Zwischenergebnisse in Expertendiskussionen vorgestellt und evaluiert. Damit sollte einer Verzerrung der Ergebnisse durch den Rosenthal-Effekt, also der beeinflussten Interpretation der Daten zugunsten der Hypothese (Wagner, Hinz, Rausch, & Becker, 2009, S. 221), Abhilfe geleistet werden.

2.5 Ergebnisse der Studie zu den Bedingungsfaktoren Schülerzentrierung und Akzeptanz im Mathematikunterricht mit verbindlichem Einsatz von Computeralgebra-Systemen

2.5.1 Perspektive der Lernenden

Grad an Offenheit (GaO)

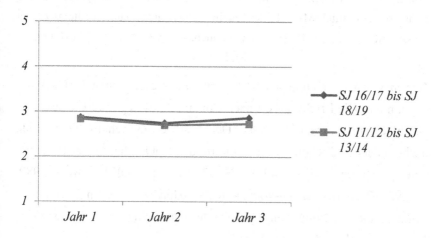

Abb. 2.3: *Grad an Offenheit (GaO) aus Sicht der Lernenden.* Abgetragen sind die arithmetischen Mittel über 17 Items, Skala 1 bis 5, n = 292 bzw. n = 203 (Müller, 2020a, S. 672).

Eine Varianzanalyse mit Messwiederholung (Sphärizität nicht angenommen: Mauchly-W(2) = 0.981, p = 0.008) zeigt, dass der GaO aus Sicht der Lernenden zu den drei Messzeitpunkten unterschiedlich bewertet wurde (Greenhouse-Geiser-Korrektur, F(2, 986) = 8.598, p < 0.001, η_p^2 = 0.017, n = 292 + 203). Bonferroni-korrigierte Post-Hoc-Tests zeigen, dass der

GaO von den Lernenden im ersten und im dritten Jahr signifikant höher als im zweiten Jahr eingeschätzt wurde (vgl. Abb. 2.3).

	Kohorte 1 (Erhebungszeit-raum 1)			Kohorte 2 (Erhebungszeit-raum 2)		
	Jahr 1	*Jahr 2*	*Jahr 3*	*Jahr 1*	*Jahr 2*	*Jahr 3*
	SJ 11/12	SJ 12/13	SJ 13/14	SJ 16/17	SJ 17/18	SJ 18/19
M	2.84	2.7	2.73	2.87	2.74	2.86
SD	0.51	0.59	0.55	0.66	0.55	0.53

Tab. 2.5: *Grad an Offenheit (GaO) aus Sicht der Lernenden.* Angegeben sind die arithmetischen Mittel (M) und Standardabweichungen (SD) über 17 Items zu den Kohorten aus beiden Erhebungszeiträumen, n = 292 bzw. n = 203 (Müller, 2020a, S. 671f.).

Zwischen dem ersten und dem dritten Jahr unterscheidet sich der GaO hingegen nicht. Die Effektstärke f nach Cohen (1988) liegt bei 0.13 und entspricht einem schwachen Effekt. Der Test der Zwischensubjekteffekte ergibt zunächst, dass die zweite Kohorte den GaO höher bewertet als die erste Kohorte ($F(1, 493) = 24132.661$, $p < 0.001$, $\eta_p^2 = 0.980$, n = 292 + 203). Bonferroni-korrigierte Post-Hoc-Tests zeigen jedoch, dass sich zu keinem Zeitpunkt ein signifikanter Unterschied zwischen den Kohorten ausmachen lässt (vgl. Tab. 2.5).

Akzeptanz gegenüber CAS (AgCAS)

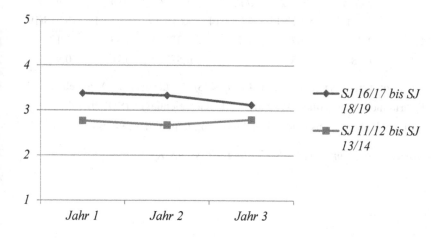

Abb. 2.4: *Akzeptanz gegenüber CAS (AgCAS) aus Sicht der Lernenden.* Abgetragen sind die arithmetischen Mittel über 3 Items (Skala 1 bis 5, n = 292 bzw. n = 203).

Eine Varianzanalyse mit Messwiederholung (Sphärizität angenommen: Mauchly-W(2) = 0.989, p = 0.074) zeigt, dass sich die AgCAS auf Seiten der Lernenden zwischen den SJ nicht unterscheidet ($F(2, 980) = 2.037$, $p = 0.131$, $\eta_p^2 = 0.004$, n = 292 + 203). Zwischen den Jahren lassen sich keine signifikanten Unterschiede in Bezug auf die AgCAS ausmachen (vgl. Abb. 2.4).

Der Test der Zwischensubjekteffekte ergibt, dass die zweite Kohorte eine höhere AgCAS aufweist als die erste Kohorte ($F(1, 490) = 8598.617$, $p < = 0.001$, $\eta_p^2 = 0.946$, n = 292 + 203). Bonferroni-korrigierte Post-Hoc-Tests zeigen, dass die AgCAS der zweiten Kohorte jeweils signifikant höher ist als die der ersten Kohorte (vgl. Tab. 2.6). Die Effektstärke f nach Cohen (1988) liegt bei 4.2 und entspricht einem starken Effekt.

	Kohorte 1			Kohorte 2		
	Jahr 1	*Jahr 2*	*Jahr 3*	*Jahr 1*	*Jahr 2*	*Jahr 3*
	SJ 11/12	SJ 12/13	SJ 13/14	SJ 16/17	SJ 17/18	SJ 18/19
M	2.77	2.67	2.79	3.37	3.33	3.12
SD	1.08	1.13	1.09	0.89	0.76	0.9

<u>Tab. 2.6</u>: *Akzeptanz gegenüber CAS (AgCAS) der Lernenden.* Angegeben sind die arithmetischen Mittel (M) und Standardabweichungen (SD) über drei Items zu den Kohorten aus beiden Erhebungszeiträumen (n = 292 bzw. n = 203).

Selbstwahrgenommene CAS-Kompetenz (sCAS-K)

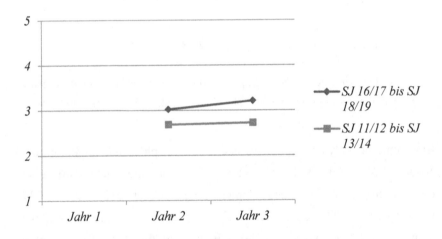

<u>Abb. 2.5</u>: *Selbstwahrgenommene CAS-Kompetenz (sCAS-K) der Lernenden.* Abgetragen sind die arithmetischen Mittel über 15 Items (Skala 1 bis 5, n = 292 bzw. n = 203).

Eine Varianzanalyse mit Messwiederholung (Sphärizität angenommen: Mauchly-W(2) = 0.989, p = 0.316) zeigt, dass die sCAS-K der Lernenden sich zwischen den SJ unterscheidet (F(2, 404) = 4.121, p = 0.017, η_p^2 = 0.020, n = 292 + 203). Bonferroni-korrigierte Post-Hoc-Tests zeigen, dass die sCAS-K im dritten Jahr jeweils signifikant höher ist als im zweiten Jahr (vgl. Abb. 2.5).

	Kohorte 1			Kohorte 2		
	Jahr 1	*Jahr 2*	*Jahr 3*	*Jahr 1*	*Jahr 2*	*Jahr 3*
		SJ 12/13	SJ 13/14	SJ 16/17	SJ 17/18	SJ 18/19
M		2.68	2.72	3.1	3.02	3.21
SD		0.71	0.74	0.68	0.64	0.72

Tab. 2.7: *Selbstwahrgenommene CAS-Kompetenz (sCAS-K) der Lernenden.* Angegeben sind die arithmetischen Mittel (M) und Standardabweichungen (SD) über 15 Items zu den Kohorten aus beiden Erhebungszeiträumen (n = 292 bzw. n = 203).

Die Effektstärke f nach Cohen (1988) liegt bei 0.14. Es handelt sich dabei um einen schwachen Effekt. Zudem zeigt der Test der Zwischensubjekteffekte, dass die zweite Kohorte sich besser einschätzt als die erste Kohorte $(F(1, 202) = 11643,781, p < 0.001, \eta_p^2 = 0.983, n = 203)$. Bonferroni-korrigierte Post-Hoc-Tests zeigen, dass die sCAS-K der zweiten Kohorte jeweils signifikant höher ist als der ersten Kohorte (vgl. Tab. 2.7). Die Effektstärke f nach Cohen (1988) liegt bei 7.6 und entspricht einem starken Effekt.

Regressionsanalysen zur Bestimmung der Zusammenhänge

Eine multivariate Regressionsanalyse zeigt, dass die AgCAS im zweiten Jahr und die sCAS-K im zweiten Jahr (im Gegensatz zum GaO im zweiten Jahr) einen Einfluss auf die sCAS-K im dritten Jahr haben, $F(3, 492) = 27.645, p < 0.001, n = 292 + 203$. Die standardisierten Beta-Koeffizienten entsprechen 0.141 und 0.262 und sind signifikant $(p < 0.05)$. Je höher die AgCAS sowie die sCAS-K im zweiten Jahr waren, desto höher ist die sCAS-K im dritten Jahr. 14 % der Streuung der sCAS-Kompetenz im dritten Jahr wird durch die beiden unabhängigen Variablen erklärt, was nach Cohen (1992) einem mittleren Effekt entspricht. Der GaO im zweiten Jahr korreliert positiv mit der sCAS-K im dritten Jahr, der standardisierten Beta-Koeffizient beträgt 0.056 ist allerdings nicht signifikant (p = 0.223).

Eine multivariate Regressionsanalyse zeigt, dass die AgCAS im zweiten Jahr (im Gegensatz zum GaO im zweiten Jahr und der sCAS-K) einen Einfluss auf die AgCAS im dritten Jahr hat, $F(3, 491) = 21.441$, $p < 0.001$, n = 292 + 203. Der standardisierte Beta-Koeffizient beträgt 0.356 und ist signifikant ($p < 0.001$). Je höher die AgCAS im zweiten Jahr war, desto höher ist die AgCAS im dritten Jahr. 11 % der Streuung der AgCAS im dritten Jahr wird durch die unabhängige Variable erklärt, was nach Cohen (1992) einem mittleren Effekt entspricht.

2.5.2 Perspektive der Lehrenden

Grad an Offenheit (GaO)

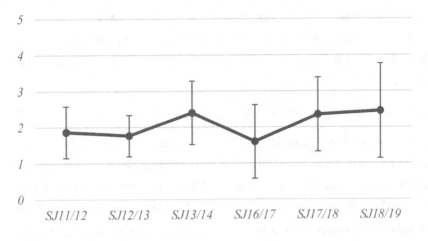

Abb. 2.6: *Grad an Offenheit (GaO) aus Sicht der Lehrenden*. Abgetragen sind die arithmetischen Mittel und die Standardabweichungen an den sechs Messzeitpunkten (Skala 0 bis 5, n = 15 bzw. n = 10).

Bedingungsfaktoren im MaU mit verbindlichem CAS-Einsatz

Es kann festgehalten werden, dass die Lehrenden im Durchschnitt den GaO zu jedem Messzeitpunkt mit einer mittleren Ausprägung einschätzen. Auf der Bewertungsskala von 0 bis 5 (Peschel, 2003a) abgetragen, ergeben sich Mittelwerte zwischen 1.6 bis 2.45. Mit Blick auf die Standardabweichungen fällt auf, dass die Streuung der Bewertungen zunahm (vgl. Abb. 2.6). Obwohl sich die Einschätzungen der Lehrenden zwischen den sechs Messzeitpunkten unterscheiden (Friedman-Test: $\chi^2(5) = 11.26$, p = 0.046, n = 10), ist das Ergebnis schwierig zu interpretieren. Es lässt zwar eine schwache Zunahme über die Zeit erkennen, anschließend durchgeführte Bonferroni-korrigierte Post-Hoc-Tests zeigen, dass sich SJ 11/12 zu SJ 12/13, SJ 12/13 zu SJ 13/14 und SJ 13/14 zu SJ 16/17 signifikant unterscheiden (z = 1.7, 2.0, 2.3, p = 0.042, 0.017, 0.006, Effektstärke nach Cohen (1992) r = 0.54, 0.63, 0.73). Das spricht gegen eine eindeutige Steigerung des GaO zu jedem Messzeitpunkt aus Sicht der Lehrkräfte über die Zeit hinweg.

Akzeptanz gegenüber CAS (AgCAS)

Im Gegensatz zum GaO ist die AgCAS unter den Lehrkräften gestiegen. Hätten z. B. im SJ 16/17 noch fünf von zehn Lehrenden nach eigener Aussage wieder auf CAS verzichtet, war es im SJ 18/19 nur noch eine Lehrkraft (vgl. Tab. 2.8). Die Varianz der Einschätzung der Lehrenden unterscheidet sich signifikant zwischen den Jahren (Chi-Quadrat-Streuungstest: $\chi^2(3) = 8.010$, p = 0.46, n = 15 bzw. n = 10) mit einem mittleren Effekt ($\varphi = 0.422$).

Anschließend durchgeführte Post-Hoc-Tests (exakter Fisher-Test) stützen die Aussage. Insbesondere die Verteilung des SJ 13/14 unterscheidet sich signifikant vom SJ 18/19 (p = 0.012).

Inter-viewitem	Ausprä-gung	SJ 13/14	SJ 16/17	SJ 17/18	SJ 18/19
Verzicht auf CAS im Unterricht	*Ja*	10	5	4	1
	Nein	5	5	6	9

<u>Tab. 2.8</u>: *Akzeptanz gegenüber CAS (AgCAS) aus Sicht der Lehrenden.* Intervie-witem mit zwei Ausprägungen (Ja oder Nein, n = 15 bzw. n = 10).

Selbstwahrgenommene CAS-Kompetenz (sCAS-K)

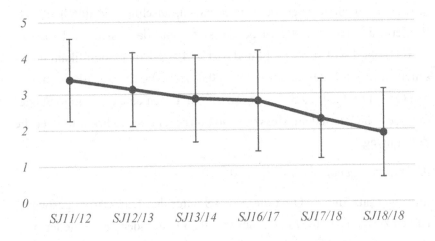

<u>Abb. 2.7</u>: *Selbstwahrgenome CAS-Kompetenz der Lehrenden.* Abgetragen sind die arithmetischen Mittel und die Standardabweichungen zu den Anzahlen ge-nannter Schwierigkeiten an den sechs Messzeitpunkten (Skala 0 bis 5, n = 15 bzw. n = 10).

Über den gesamten Untersuchungszeitraum hinweg berichten die Lehren-den von immer weniger Schwierigkeiten im Umgang mit den CAS. Im Durchschnitt nimmt die Anzahl an Nennungen von Schwierigkeiten im Zu-sammenhang mit den CAS über die Zeit ab. Es ergeben sich Mittelwerte zwischen 3.4 und 1.9. Mit Blick auf die Standardabweichungen fällt auf, dass sich im SJ 16/17 die Streuung vergrößert (vgl. Abb. 2.7). Diese Tatsache ist vor dem Hintergrund des Ausscheidens von fünf Lehrkräften zu diesem Messzeitpunkt interessant. In den darauffolgenden SJ werden die Standardabweichungen allerdings wieder kleiner bei gleichbleibender Anzahl an befragten Lehrkräften.

Die kontinuierliche Abnahme der durchschnittlichen Anzahl an Nennungen zu den sechs Messzeitpunkten wird durch eine Rangvarianzanalyse nach Friedman bestätigt ($\chi^2(5) = 28.665$, $p < 0.001$, n = 10). Anschließend durchgeführte Bonferroni-korrigierte Post-Hoc-Tests zeigen, dass sich SJ 11/12 und SJ 12/13 jeweils zum SJ 18/19 signifikant unterscheiden (z = 2.9 bzw. 2.55, p = 0.008 bzw. 0.035) Die Effektstärken nach Cohen (1992) (r = 0.91 bzw. 0.8) sind als stark zu bewerten. Über die Zeit berichten die Lehrenden nachweislich über weniger Schwierigkeiten im Umgang mit den CAS. Es kann daher von einer gestiegenen sCAS-K ausgegangen werden.

Zusammenhänge

Auf Nachfrage gaben die Lehrkräfte an, ob sie einen Zusammenhang zwischen der Offenheit des Unterrichts bzw. dem CAS-Einsatz sehen. Die Aussagen dazu zeigen kein einheitliches Bild. Eine Veränderung über die Zeit ist ebenso nicht zu erkennen (vgl. Tab. 2.9). Die Varianz der Einschätzung der Lehrenden unterscheidet sich nicht signifikant zwischen den Jahren (Chi-Quadrat-Streuungstest: $\chi^2(5) = 1.950$, p = 0.856, n = 15 bzw. n = 10).

Inter-viewitem	Aus-prägung	SJ 11/12	SJ 12/13	SJ 13/14	SJ 16/17	SJ 17/18	SJ 18/19
Zusam-menhang Offenheit im Unter-richt und CAS	*Ja*	9	8	9	5	4	4
	Nein	6	7	6	5	6	6

Tab. 2.9: *Zusammenhang Offenheit im Unterricht und CAS aus Sicht der Lehrenden.* Interview-Item mit zwei Ausprägungen (Ja oder Nein, n = 15 bzw. n = 10).

2.6 Diskussion der Studie zu den Bedingungsfaktoren Schülerzentrierung und Akzeptanz im Mathematikunterricht mit verbindlichem Einsatz von Computeralgebra-Systemen

Die Ergebnisse aus den Befragungen der Lehrenden müssen unter Vorbehalt betrachtet werden, da aufgrund des Langzeitcharakters der Studie eine Reduzierung des Panels auf zehn Lehrkräfte an fünf verschiedenen Schulen stattfand. Eine Positiv-Auswahl aufgrund der Reduzierung kann nicht ausgeschlossen werden. Die Aussagekraft der Studie stützt sich auf die vergleichsweise lange Begleitung der Lehrenden und Lernenden über zweimal sechs Jahre hinweg (Müller, 2020a). Die Ergebnisse der Lernenden zum GaO des Mathematikunterrichts stimmen optimistisch, müssen aber mit Vorsicht betrachtet werden, da die 292 und 203 Lernenden nicht vollends zufällig ausgewählt wurden und aufgrund des Langzeitcharakters der Studie (Reduzierung auf fünf teilnehmende Schulen mit zehn Lehrkräften) keine repräsentative Stichprobe im strengen Sinne vorliegt. Es kann also

Bedingungsfaktoren im MaU mit verbindlichem CAS-Einsatz

auch hier eine Positiv-Auswahl vorliegen. CAS-kritische Lehrende können aus der Untersuchung ausgeschieden sein und somit konnten deren Lernende ebenso nicht an der fortgesetzten Befragung teilnehmen (Müller, 2020a).

Des Weiteren kann die Operationalisierung der Schülerzentrierung entsprechend des Konzeptes des offenen Unterrichts kritisch betrachtet werden. Im Erhebungsinstrument der Lernenden beziehen sich siebzehn Items direkt auf die Offenheit im Mathematikunterricht (vgl. Abb. A.1 im Anhang). Diese Items sind aus dem theoretischen Konzept des offenen Unterrichts nach Peschel (2003a) abgeleitet. Die einzelnen Items entsprechen siebzehn unterschiedlichen Gesichtspunkten des Konzepts des offenen Unterrichts und wurden in Voruntersuchungen pilotiert. Da die siebzehn Gesichtspunkte als gleichwichtig für einen offenen Unterricht angesehen werden, sind die siebzehn Items gleichgewichtet. Bei der Datenauswertung kann ein Mittelwert (arithmetisches Mittel) über alle Items berechnet werden. Die interne Konsistenz ist mit Bezug auf die Werte von Cronbachs Alpha gegeben. Auch wenn aufgrund der theoretischen Herleitung eine normative Zuordnung der Items zu den fünf Dimensionen offenen Unterrichts denkbar wäre, wird im Rahmen dieser Untersuchung ganz bewusst auf eine Zuordnung verzichtet. Die Gründe dafür liegen in der mangelnden Trennschärfe zwischen den fünf Dimensionen des Konzepts des offenen Unterrichts (Peschel, 2003a, S. 78; Nestle, 1975, S. 172) und der fehlenden empirischen Überprüfung einer möglichen Zuordnung.

Die Erfassung der sCAS-K war ab der zweiten Befragung Teil des Erhebungsinstrumentes der Lernenden. Die 15 Items wurden in früheren Untersuchungen zum CAS-Einsatz in Thüringen erprobt (Schmidt, 2009; Schmidt et al., 2009). Der spätere Einsatz dieses Fragebogenteils entspricht dem Studiendesign und ist darin begründet, dass zur Beantwortung der Items eine gewisse Erfahrung im Umgang mit CAS von Nöten ist (vgl. Abb. A.2 im Anhang).

Forschungsfrage **F1.1** lautet: **Wie entwickelt sich der Grad an Offenheit (GaO) im Mathematikunterricht nach der verbindlichen Einführung von CAS?**

Vor dem Hintergrund der Ergebnisse kann festgehalten werden, dass aus Sicht der Lernenden keine wesentliche Veränderung des GaO stattgefunden hat (vgl. Abb. 2.3). Das gilt für beide Kohorten zu beiden Erhebungszeiträumen. Auch wenn eine MANOVA insgesamt signifikante Unterschiede (Sphärizität nicht angenommen: Mauchly-W(2) = 0.981, p = 0.008) ergibt, zeigen die Bonferroni-korrigierten Post-Hoc-Tests, dass der GaO von den Lernenden im ersten und im dritten Jahr signifikant höher als im zweiten Jahr eingeschätzt wurde. Dieser Rückgang mit anschließender Erholung der Einschätzung des GaO findet sich in beiden Kohorten. Dass diese Entwicklung evtl. mit der CAS-Einführung zusammenhängen könnte, zeigen Studien von Greefrath (2012). Es wird von einer hohen Erwartungshaltung an CAS berichtet, die sich nicht erfüllt und auf andere Bereiche des Mathematikunterrichts ausstrahlt. Nach anhaltender Arbeit mit einem CAS normalisiert sich das Bild und die eigentlichen Potenziale von CAS können zum Tragen kommen. Weder zwischen den Kohorten noch innerhalb der Kohorten kommt es zu einer eindeutigen Steigerung des GaO über die Zeit. Genauso wenig kommt es zu einer Verminderung. Der GaO aus Sicht der Lernenden liegt zu allen Messzeitpunkten auf einem mittleren hohen Niveau (Mittelwerte um die 3 auf einer Skala von 1 bis 5).

Die Einschätzung der Lernenden wird durch die Einschätzung der Lehrenden gestützt. Eine Rang-Varianzanalyse nach Friedmann zeigt, dass sich die Einschätzungen der Lehrenden zwischen den sechs Messzeitpunkten

Bedingungsfaktoren im MaU mit verbindlichem CAS-Einsatz

unterscheiden (Friedman-Test: $\chi^2(5) = 11.26$, $p = 0.046$, $n = 10$). Bonferroni-korrigierte Post-Hoc-Tests stellen insbesondere das SJ 13/14 als positive Spitze heraus. Das spricht gegen eine eindeutige Steigerung des GaO aus Sicht der Lehrkräfte über die Zeit hinweg. Genauso wenig kann eine Abnahme festgestellt werden. Der GaO ist auf einem hohen mittleren Niveau aus Sicht der Lehrenden. (Mittelwerte um 2.5 auf einer Skala von 0 bis 5)

Damit stimmen beide Perspektiven überein: Lehrende und Lernende sehen keine klare Veränderung des GaO weder in die eine noch in die andere Richtung innerhalb der ersten sieben Jahre nach der verbindlichen CAS-Einführung.

Auf den Zusammenhang zwischen dem GaO und dem CAS-Einsatz zielt Forschungsfrage **F1.2** ab: **Sind der Grad an Offenheit (GaO) und die Akzeptanz gegenüber CAS (AgCAS) Bedingungsfaktoren für die selbstwahrgenommene CAS-Kompetenz (sCAS-K) über die Zeit?**

Um die Frage zu beantworten, sollen zunächst die Entwicklungen der AgCAS sowie die sCAS-K aus Sicht der Lernenden betrachtet werden. Zwischen den Jahren lassen sich keine signifikanten Unterschiede in Bezug auf die AgCAS ausmachen (vgl. Abb. 2.4). Allerdings zeigt ein Test der Zwischensubjekteffekte innerhalb der MANOVA, dass die zweite Kohorte eine höhere AgCAS aufweist als die erste Kohorte ($F(1, 490) = 8598.617$, $p < 0.001$, $\eta_p^2 = 0.946$, $n = 203$). Bonferroni-korrigierte Post-Hoc-Tests zeigen, dass die AgCAS der zweiten Kohorte jeweils signifikant höher ist als der ersten Kohorte (vgl. Tab. 2.6). Die Effektstärke f nach Cohen (1988) liegt bei 4.2 und entspricht einem starken Effekt. Damit ist die AgCAS der zweiten zeitlich späteren Kohorte nachweislich höher.

Eindeutige Ergebnisse lassen sich auch in Bezug auf die Entwicklung der sCAS-K ausmachen. Der Test der Zwischensubjekteffekte innerhalb der MANOVA zeigt, dass die zweite Kohorte sich besser einschätzt als die erste Kohorte (F(1, 202) = 11643.781, p < 0.001, η_p^2 = 0.983, n = 203). Bonferroni-korrigierte Post-Hoc-Tests zeigen, dass die sCAS-K der zweiten Kohorte jeweils signifikant höher ist als der ersten Kohorte (vgl. Tab. 2.7). Die Effektstärke f nach Cohen (1988) liegt bei 7.6 und entspricht einem starken Effekt. Außerdem zeigen die Bonferroni-korrigierte Post-Hoc-Tests, dass die sCAS-K im dritten Jahr in beiden Kohorten signifikant höher ist als im zweiten Jahr (vgl. Abb. 2.5). Die Effektstärke f nach Cohen (1988) liegt bei 0.14. Damit kann von einer klaren Steigerung der sCAS-K über die Zeit innerhalb und zwischen den beiden Kohorten von Lernenden gesprochen werden.

An dieser Stelle sei daran erinnert, dass beide Kohorten von denselben Lehrkräften unterrichtet wurden. Auch die AgCAS auf Seiten der Lehrenden hat über die Zeit nachweislich zugenommen (Chi-Quadrat-Streuungstest: $\chi^2(3)$ = 8.010, p = 0.46, n = 15 bzw. n = 10 mit einem mittleren Effekt φ = 0.422). Außerdem berichten die Lehrenden über die Jahre von stetig weniger Schwierigkeiten im Umgang mit CAS und fühlen sich sicherer im Umgang. Die Abnahme der durchschnittlichen Anzahl an Nennungen von Schwierigkeiten zu den sechs Messzeitpunkten wird durch eine Rangvarianzanalyse nach Friedman bestätigt ($\chi^2(5)$ = 28.665, p < 0.001, n = 10). Anschließend durchgeführte Bonferroni-korrigierte Post-Hoc-Tests zeigen, dass sich SJ 11/12 und SJ 12/13 jeweils zum SJ 18/19 signifikant unterscheiden (z = 2.9 bzw. 2.55, p = 0.008 bzw. 0.035). Die Effektstärken nach Cohen (1992) (r = 0.91 bzw. 0.8) sind als stark zu bewerten. Man kann von einer eindeutigen und nachweislichen Abnahme an Schwierigkeiten mit CAS auf Seiten der Lehrenden über die Zeit sprechen. Daher kann ebenfalls angenommen werden, dass die sCAS-K der Lehrenden über die Zeit gestiegen ist.

Der Zusammenhang der drei Variablen aus Sicht der Lernenden wurde mittels multipler Regressionsanalyse untersucht. Es zeigt sich, dass die AgCAS im zweiten Jahr und die sCAS-K im zweiten Jahr (im Gegensatz zum GaO im zweiten Jahr) einen Einfluss auf die sCAS-K im dritten Jahr haben, $F(3, 492) = 27.645$, $p < 0.001$, $n = 273 + 203$. Die standardisierten Beta-Koeffizienten entsprechen 0.141 und 0.262 und sind signifikant ($p < 0.05$). Je höher die AgCAS sowie die sCAS-K im zweiten Jahr waren, desto höher ist die sCAS-K im dritten Jahr. Dieser Zusammenhang weist einen mittleren Effekt auf (Cohen, 1992).

Dass der GaO keinen Einfluss auf die sCAS-K hat, stützen die Ergebnisse der Befragung der Lehrenden. Auf Nachfrage gaben die Lehrkräfte an, ob sie einen Zusammenhang zwischen der Offenheit des Unterrichts und dem CAS-Einsatz sehen. Die Aussagen dazu zeigen kein einheitliches Bild. Eine Veränderung über die Zeit ist ebenso nicht zu erkennen. Die Varianz der Einschätzung der Lehrenden unterscheidet sich nicht signifikant zwischen den Jahren (Chi-Quadrat-Streuungstest: $\chi^2(5) = 1.950$, $p = 0.856$, $n = 15$ bzw. $n = 10$).

Zumindest in dieser Studie kann kein eindeutiger Zusammenhang zwischen der Offenheit (bzw. Schülerzentrierung) und den sCAS-K hergestellt werden. Es muss ein differenzierteres Bild von den Wechselwirkungen des Einsatzes von CAS im Mathematikunterricht und der Schülerzentrierung bzw. Offenheit des Unterrichts gezeichnet werden. Dazu sind weitere Untersuchung erforderlich (Lee, 2018; Engelschalt & Upmeier zu Belzen, 2019). Die anfänglichen Erwartungen von Seiten der Wissenschaft und den bildungspolitischen Entscheidungstragenden vor dem Hintergrund der verbindlichen CAS-Einführung (im Thüringer Mathematikunterricht) im Hinblick auf den Zusammenhang von CAS-Einsatz und Schülerzentrierung können in dieser Studie nicht nachgewiesen werden. Das ist stimmig mit anderen Ergebnissen aus der aktuellen fachdidaktischen Forschung (Weigand, 2018).

Allerdings kann vor dem Hintergrund der hier vorgestellten Studienergebnisse klar festgehalten werden, dass die AgCAS ein wichtiger Bedingungsfaktor für die sCAS-K ist und dieser Zusammenhang auch über die Zeit wirkt. Eine Steigerung der AgCAS führt zu einer Steigerung der sCAS-K über die Zeit. Diese Aussage trifft auch auf Lehrende und Lernende bei einem verbindlichen CAS-Einsatz zu. Die Ergebnisse der vorliegenden Untersuchungen zeigen, dass es zu einem nachweislichen Zuwachs der AgCAS und der sCAS-K über die Zeit in einem Mathematikunterricht mit verbindlichem CAS-Einsatz kam.

Forschungsfrage **F1.3** lautet: **Lässt sich in diesem Kontext ein Unterschied zwischen den Perspektiven der Lehrenden und Lernenden ausmachen?**

Innerhalb der Diskussion zu den Forschungsfragen F1.1 und F1.2 wurde deutlich, dass es weder bei der Entwicklung des GaO im Unterricht, noch bei der mittleren Ausprägung des GaO über die Zeit oder dem Zusammenhang mit der sCAS-K Unterschiede zwischen den Perspektiven der Lehrenden und Lernenden gibt. Die generellen Antworten auf die Forschungsfragen F1.1 und F1.2 sind nicht im Hinblick auf die Sichtweisen der Lehrenden und Lernenden zu differenzieren; so werden die Aussagen sogar durch beide Perspektiven gestützt. Das spricht für den gewählten theoretischen Zugang und das gewählte Studiendesign. Die formulierten Aussagen treffen auf zwei wichtige Gruppen von Akteuren im Mathematikunterricht zu bzw. teilen sie dieselben Einschätzungen:

Es zeigt sich, dass es Zeit bedarf, damit Veränderungen im Hinblick auf die Offenheit des Mathematikunterrichts und die AgCAS nachweisbar werden. Eine Steigerung der AgCAS führt zu einer Steigerung der sCAS-K über die Zeit. Auf Grundlage der erhobenen Daten kann der Einfluss der Verbindlichkeit des CAS-Einsatzes in Bezug auf die Offenheit und die Akzeptanz nicht abschließend bewertet werden. Zu prüfen wäre z. B. inwieweit der verpflichtende CAS-Einsatz zu einer Verlangsamung der Veränderungen führt.

Kapitel 3

Digitale Mathematikwerkzeuge beim forschend-entdeckenden Lernen mit mathematischen Experimenten

© Der/die Autor(en), exklusiv lizenziert an
Springer Fachmedien Wiesbaden GmbH, ein Teil von Springer Nature 2023
M. Müller, *Lehren und Lernen mit digitalen Mathematikwerkzeugen*,
https://doi.org/10.1007/978-3-658-41115-2_3

3.1 Motivation der Arbeit mit digitalen Mathematikwerkzeugen an mathematischen Experimenten[3]

In den letzten beiden Jahrzehnten wurden große Anstrengungen von Seiten der Politik, Gesellschaft und auch Wirtschaft unternommen, um die Zahl der Studierenden in den MINT-Fächern zu erhöhen (Funk, 2017). So erfolgte beispielsweise die Etablierung von Breitenförderung in Kindergärten und Schulen, Exzellenzförderungen in den mathematisch-naturwissenschaftlichen Spezialgymnasien sowie von außerschulischen Förderungen über Wettbewerbe und Schülerforschungszentren (Vogel, 2017, S. 9). Ein konkretes Beispiel für eine solche Initiative, welche das Ziel verfolgt, frühzeitig Interesse und Talent von Kindern für Mathematik, Informatik, Naturwissenschaften und Technik (MINT) zu wecken und über den gesamten Bildungsweg auszubauen (Vogel, 2017, S. 9), ist die Initiative *Jungforscher Thüringen*, welche von der Stiftung für Technologie, Innovation und Forschung Thüringen (STIFT) implementiert wurde (Breitsprecher & Müller, 2020, S. 1).

Innerhalb dieses Projekts erfolgte die Gründung verschiedener sogenannter *Schülerforschungszentren* (SFZ) an mehreren Thüringer Standorten, wie z. B. Erfurt, Jena und Gera (Vogel, 2017, S. 9), in denen innerhalb von Arbeitsgemeinschaften, sogenannten *Schülerforscherclubs* (SFC), unterschiedlichste Themen, insbesondere im mathematischen Bereich, behandelt und erforscht werden. Das *SFZ Jena* wurde 2016 gegründet und verfolgt einen didaktischen Ansatz zum forschend-entdeckenden Lernen. Die Konzepte und Angebote werden fortlaufend evaluiert und weiterentwickelt

---

3) Das Kapitel basiert in Auszügen auf der Veröffentlichung **Breitsprecher, L., & Müller, M.** (2020). *Mathe.Schülerforscherguide. Mathematische Schülerexperimente.* Bamberg: C. C. Buchner. Auszüge sind kenntlich gemacht.

(Walther, Geitel, Schulze, & Müller, 2020), dabei orientiert man sich eng an den Qualitätskriterien für Schülerforschungszentren (Netzwerk SFZ, 2019). Die wöchentlich angebotenen SFC ermöglichen den Lernenden ein kontinuierliches Arbeiten über ein Schuljahr an einer oder mehreren selbstgewählten Fragestellung(en). Die Projekte werden in Wettbewerben wie z. B. *Jugend forscht* oder in schulischen Seminarfacharbeiten realisiert (Müller & Geitel, 2018).

Während die meisten Personen sofort ein Bild von experimentell forschenden jungen Lernenden in naturwissenschaftlichen Fachbereichen, wie zum Beispiel Chemie oder Physik, vor Augen haben, kann im mathematischen Kontext die Frage aufkommen, wie innerhalb eines solchen SFC gearbeitet wird. Mathematik als eine Wissenschaft, der vorrangig ein beweisender, deduktiver Charakter zugesprochen wird, verbindet man auf den ersten Blick nicht mit Experimentieren (Philipp, 2013, S. 18). Doch ebenfalls in der Mathematik ist eine forschende Inhaltsbetrachtung möglich. Ausgehend von der theoretischen Konzeption des SFZ Jena wurde ein Arbeitsmaterial für den Einsatz in den SFC erarbeitet: Der *Schülerforscherguide* (SFG). Dieser stellt eine Sammlung mathematischer Experimente dar, in denen verschiedene DMW das forschend-entdeckende Lernen unterstützen können. Dem Konzept der SFC entsprechend und im Sinne des forschend-entdeckenden Lernens sollen die Lernenden bei der Arbeit an den mathematischen Experimenten möglichst selbstständig neue Erkenntnisse gewinnen. Ebenso wie die SFC stellt auch der SFG eine Brücke zwischen dem regulären Mathematikunterricht und außerschulischen Angeboten dar und kann in unterschiedlichen Lernumgebungen Anwendung finden (Breitsprecher & Müller, 2020, S. 1).

Entsprechend der Zielstellung Z2 soll die fachdidaktische Konzeption der SFC und des SFG vorgestellt werden, um die Begriffe forschend-entdeckendes Lernen und mathematische Experimente theoretisch zu fassen (vgl. Kapitel 3.2). Daran anschließend kann die Forschungsfrage F2 formuliert werden (vgl. Kapitel 3.3), der im Rahmen einer empirischen Studie nachgegangen werden soll (vgl. Kapitel 3.4). Die Studienergebnisse ermöglichen es, individuelle Bezüge der instrumentalen Genese herzustellen und den Prozess der Werkzeug-Aneignung stufenweise zu beschreiben (vgl. Kapitel 3.5 und 3.6). Doch zunächst sollen zur Motivation Besonderheiten des SFZ Jena vorgestellt und einige mathematische Experimente der SFC bzw. des SFG beispielhaft illustriert werden.

3.1.1 Schülerforschungszentrums Jena

In den ersten beiden Jahren nach Gründung des SFZ Jena (SJ 16/17, SJ 17/18) wurde die Arbeit in den SFC dokumentiert, das Konzept evaluiert und mit einem weiteren Thüringer Angebot zur Interessierten- und Begabtenförderung (*Schülerakademie Mathematik, SAM, des Wurzel e. V.*) von Geitel (2020) verglichen. Die Ergebnisse der Untersuchungen lassen sich zusammenfassen:

Dem Konzept des SFZ entsprechend wird im Sinne der Nachhaltigkeit des Angebotes wöchentlich über ein SJ hinweg eine kontinuierliche Arbeit an durch die Lernenden selbstgewählten Fragestellungen angestrebt. Ausgehend von mathematischen (Impuls-) Experimenten werden die Lernenden beim forschend-entdeckenden Lernen unterstützt.

Die Lehrenden der SFC besitzen mehrheitlich einen lehramtsbezogenen Hintergrund. Die Lehrkräfte teilen die Einschätzung, dass sich die SFC an mathematisch interessierte Lernende richten. Lehrkräfte des SFZ betonen explizit, dass Leistungsstärke zweitrangig oder irrelevant sei, argumentieren allerdings dennoch mit dem Begriff der Begabung. Für die Lehrenden nimmt der Prozess-Aspekt von Mathematik einen hohen und der Schema-Aspekt einen niedrigen Stellenwert bei den eigenen Vorstellungen von Mathematik ein. Auf der Formalismus-Ebene wird die Axiomatik und die deduktive Methode wichtiger als Exaktheit und Widerspruchsfreiheit eingeschätzt. Lehrende der SFC weisen im Durchschnitt eine niedrigere Übereinstimmung zwischen den eigenen Vorstellungen von Mathematik und deren Relevanz für das mathematische Arbeiten im Vergleich zu den Lehrenden der SAM auf. Bei der SAM existiert ein engerer methodischer und didaktischer Rahmen, der durch dessen Konzeption vorgegeben ist. Allgemein lässt sich festhalten, dass die Vorstellungen von Mathematik auf Seiten der Lehrenden eine starke Diversität aufweisen; sowohl zwischen den Angeboten als auch (trotz ähnlicher Ausbildung) innerhalb der Angebote. Eine Tendenz zur dynamischen oder statischen Sicht auf Mathematik in Abhängigkeit von der Zugehörigkeit zum Angebot besteht nicht.

Zur Untersuchung der individuellen Vorstellungen von Mathematik der Teilnehmenden an den SFC wurden von den Lernenden angefertigte Zeichnungen ikonografisch ausgewertet. Etwa ein Fünftel der untersuchten Zeichnungen zeigen Darstellungen von Mathematikunterricht oder Mathematiklehrkräften. Etwa 67 % der Zeichnungen zeigen mathematische Elemente aus den verschiedensten mathematischen Teilgebieten. Teilnehmende der SFC stellen Mathematik signifikant häufiger als eine Ansammlung mehrerer mathematischer Elemente dar als Teilnehmende der SAM. Die dargestellten Elemente stammen dabei fast ausschließlich aus Teilgebieten der Schulmathematik. Während sich bei der Erfolgs-Attribution durch die Teilnehmenden an den SFC über die Zeit keine Veränderung zeigte, konnte sich eine Tendenz in der Entwicklung von Attributionsmustern bezüglich Misserfolg feststellen lassen. Bei den Teilnehmenden der SFC verschoben sich die Misserfolgs-Attributionen von external stabil zu internal variabel. Sowohl Interesse als auch Selbstkonzept und Selbstwirksamkeit erwiesen sich als stabile Merkmale über die Zeit, die bei den Teilnehmenden auf hohem Niveau ausgeprägt waren (Geitel, 2020, S. 150ff.).

3.1.2 Sammlung mathematischer Experimente: Schülerforscherguide[3]

Der entwickelte SFG stellt eine Sammlung von insgesamt zehn mathematischen Experimenten dar. Dabei stehen für jedes Experiment eine Handreichung für Lehrende sowie Arbeitsblätter für die Lernenden zur Verfügung. Die Handreichung für die Lehrenden umfasst die Durchführung der Experimente, welche illustriert ist und die benötigten Materialien auflistet. Zudem werden weitere für das Experiment bedeutsame Informationen, wie z. B. eine etwaige Erläuterung des Spielablaufs, Hinweise zur Umsetzung oder interessante Aspekte bezüglich des zu behandelnden Themas gegeben. Nach der Beschreibung der Durchführung folgt die Erläuterung der mathematischen Inhalte des jeweiligen mathematischen Experiments. Des Weiteren enthält jede Handreichung für die Lehrenden einen Kommentar, indem didaktische Aspekte des zu behandelnden mathematischen Experiments beleuchtet und Hinweise für eine unterrichtspraktische Umsetzung beschrieben werden. Der Kommentar versteht sich allerdings lediglich als Empfehlung für die Lehrkräfte. Zuletzt werden weiterführende Aufgaben präsentiert, die inhaltlich an das jeweilige Experiment anknüpfen und im Anschluss bearbeitet werden könnten.

Die Arbeitsblätter für die Lernenden umfassen ebenso die Durchführung, welche in Form schrittweiser Bearbeitungsvorschläge dargelegt wird. Außerdem werden für das Experiment relevante Informationen sowie die von den Lernenden benötigten Materialien aufgeführt. Der Aufbau ermöglicht eine direkte schriftliche Sicherung der gewonnenen Erkenntnisse. Somit soll das Arbeitsblatt als eine zusammenfassende, prozessorientierte Lernhilfe dienen. Generell wurden die Versuchsanleitungen so konzipiert, dass eine selbstständige Auseinandersetzung mit dem jeweiligen Experiment möglich ist und eine Handlungsaktivität der Lernenden gewährleistet wird. Damit soll ein forschend-entdeckendes Lernen ermöglicht werden, sodass die Lernenden eigenständig neue Erkenntnisse gewinnen können. Zur weiteren Unterstützung stehen daher gestufte Hilfen im Sinne der prozessorientierten Lernhilfe bereit. Die Hilfekarten ermöglichen ein differenziertes Arbeiten in heterogenen Lerngruppen. Überdies können die Experimente in verschiedenen unterrichtlichen Organisationsformen eingesetzt werden. Der SFG wurde für den Einsatz in Arbeitsgemeinschaften wie z. B. den SFC entwickelt. Da solche Angebote meist eine geringe Anzahl an Teilnehmenden sowie variierende zeitliche und organisatorische Rahmenbedingungen aufweisen, erlauben die Arbeitsblätter und gestuften Hilfen eine erleichterte Umsetzung in Bezug auf die benötigten Materialien, die eigentliche Durchführung und den zeitlichen Umfang. Die Entwicklung des SFG für außerschulische Angebote schließt jedoch nicht aus, dass sich die Durchführung der mathematischen Experimente auch für den regulären Unterricht eignet. Denkbar wäre ebenfalls, dass vereinzelte Experimente von Lernenden zu Hause durchgeführt werden könnten, da der Aufbau der Experimente, wie bereits beschrieben, ein selbstständiges Handeln erlaubt. Bei der Erarbeitung der Experimente wurde zudem versucht, eine Einbettung der mathematischen Inhalte innerhalb eines für die Lernenden alltagsnahen Themas darzulegen, zu Beginn einen spielerischen Charakter aufzuzeigen oder eine relevante Aufgabe aufzurufen.

Der SFG soll eine selbstständige, handlungsaktive Auseinandersetzung mit zehn mathematischen Experimenten ermöglichen. Dabei wird ein forschend-entdeckendes Lernen im Sinne des *guided discovery learning* (vgl. Kapitel 3.2.3) angestrebt. Die Lernenden sollen im Zuge der eigenständigen Bearbeitung der mathematischen Experimente neue Erkenntnisse gewinnen. Dieser Anspruch spiegelt sich in der Bezeichnung SFG wider. Das Wort zeigt die Personengruppe auf, an welche die Sammlung an mathematischen Experimenten gerichtet ist. Zudem soll auch auf die forschend-entdeckende Arbeitsweise verwiesen werden, wobei ebenso ausgedrückt werden soll, dass ein geführtes Entdeckungslernen (guided discovery learning) möglich wird. Die genannten Begriffe werden in der theoretischen Konzeption des SFG und der SFC untersetzt (vgl. Kapitel 3.2).

3.1.3 Mathematische Ergänzungen der Schülerforscherguide-Experimente

Anhand von zwei Beispielen soll gezeigt werden, wie die in den SFC bearbeitete mathematische Experimente zu tiefergehenden Überlegungen anregen können. Sodass fortführende Fragestellungen im Sinne des forschend-entdeckenden Lernens und des Forschungskreislaufes (vgl. Kapitel 3.2, Abb. 3.3 und Abb. 3.4) aufgestellt und untersucht werden können. Bei beiden Beispielen kommen DMW (CAS, 3D-Druck) zum Einsatz. Das Fortentwickeln der Fragestellungen zu den mathematischen Experimenten des SFG steht beispielhaft für die forschend-entdeckende Arbeitsweise in den SFC.

Aufenthaltswahrscheinlichkeiten beim Monopoly[4]

Zwei der mathematischen Experimente des SFG sind *Spiel 21* (vgl. Abb. B.1 bis B.3 im Anhang) und *Die Würfel sind gefallen* (vgl. Abb. B.4 bis B.7 im Anhang). Beide Experimente lassen sich um relevante mathematische Fragestellungen erweitern. Beim *Spiel 21* gibt es aufgrund der Verwendung von zwei Spielwürfel die erweiterte Aufgabe mit Fragestellungen zum Gesellschaftsspiel Monopoly. Die Spielidee des Monopoly-Spiels ist mehr als hundert Jahre alt. Ein Grund für die anhaltende Beliebtheit unter Spielenden weltweit ist sicher die Anpassungsfähigkeit der Spielidee. Mittlerweile kann man über tausend unterschiedliche Versionen unterscheiden. Die zentrale Gefängnis-Regel ist allen Versionen gemein, diese hat unterschiedliche Aufenthaltswahrscheinlichkeiten der Spielfelder eines Spielplans zur Folge. Für die Spielgestaltung und Attraktivität ist der Einfluss der Gefängnis-Regel auf die Aufenthaltswahrscheinlichkeiten in Abhängigkeit der Größe des Spielplans und der Anzahl an Würfeln interessant. Die Aufenthaltswahrscheinlichkeiten der vierzig Felder des Spielplans der Classic-Version sind bekannt. Durch ein abstrakteres Modell des Spiels kann eine Variation der Anzahl an Feldern und Würfeln ermöglicht werden. Dies erlaubt eine Untersuchung der Aufenthaltswahrscheinlichkeiten der Spielfelder in Abhängigkeit der Anzahl an Feldern und Würfeln. Die Ergebnisse der Modellierung verdeutlichen den Einfluss der Gefängnis-Regel und das damit verbundene Ungleichgewicht der summierten Aufenthaltswahrscheinlichkeiten zwischen dem oberen und unteren Spielfeldbereich. Als zentrales Ergebnis der Modellierung kann festgehalten

---

4) Das Kapitel basiert in Auszügen auf der Veröffentlichung **Müller, M., & Thiele, R.** (2021). Monopoly – Mathematische Anmerkungen zu einem polarisierenden Gesellschaftsspiel. *Mathematische Semesterberichte, 5*, 1-17. Auszüge sind kenntlich gemacht.

Kapitel 3

werden, dass für eine beliebige (aber feste) Anzahl an Würfeln w die Wahrscheinlichkeit p_O, sich oberhalb der Hauptdiagonalen auf dem Spielplan aufzuhalten, mit zunehmender Anzahl an Feldern n konvergiert:

$$\lim_{n \to \infty} p_O = \frac{7w}{14w - 2} \ .$$

Es kann zusammengefasst werden, dass der Einfluss der Gefängnis-Regel beim Monopoly-Spiel auf die Aufenthaltswahrscheinlichkeiten ober- und unterhalb der Hauptdiagonalen mit variierender Anzahl an Spielfeldern bestehen bleibt und durch die Steigerung der Anzahl an Würfeln abgeschwächt wird. Für die bisherigen Monopoly-Varianten sind die Effekte nicht zu stark, als dass die Unterschiede der Aufenthaltswahrscheinlichkeiten zu groß und damit das Spiel unattraktiv werden könnte. Eine Verringerung oder Steigerung der Anzahl an Spielfeldern über die bisherigen Anzahlen hinaus scheinen allerdings fragwürdig (Müller & Thiele, 2021, S. 15). Bei dem eben skizzierten Beispiel kann ein CAS sinnvoll eingesetzt werden, um z. B. die Gleichung zur stationären Verteilung zu lösen (Müller & Thiele, 2021, S. 9):

$$p = Mp \Leftrightarrow 0 = Mp - p \Leftrightarrow 0 = (M - I)p \ .$$

Dabei ist I die Einheitsmatrix, M die Übergangsmatrix und der stationären Verteilung p (Spaltenvektor der Aufenthaltswahrscheinlichkeiten). Im folgenden Beispiel soll der Einsatz eines weiteren DMW zur Herstellung eines 3D-Druck-Körpermodells verdeutlicht werden.

Volumenberechnung eines Allzweck-Stöpsels[5]

---

5) Das Kapitel basiert in Auszügen auf der Veröffentlichung **Müller, M. & Poljanskij, N.** (2021). Gibt es mehr als einen Pólya-Stöpsel? Verschiedene Zugänge

Die folgende geometrische (Problem-)Aufgabe hat Mathematiker und Mathematikerinnen zweihundert Jahre lang beschäftigt. Pólya (1966, S. 200f.) formulierte die Problemstellung (P1) mittels dreier Bedingungen: Gesucht ist ein Körper, dessen Projektion auf den Boden einem Kreis, dessen Projektion auf die Vorderwand einem Quadrat und dessen Projektion auf die Seitenwand einem gleichschenkligen Dreieck entspricht. Dabei wird der gesuchte Körper als *Allzweck-Stöpsel* bezeichnet (Pólya, 1966, S. 200). Es wird selten beschrieben, dass es mehrere konvexe Körper gibt, die diesen Bedingungen genügen. Möchte man die Körper entsprechend ihrer Volumina ordnen, so lassen sich ein Körper mit dem maximalen und ein Körper mit dem minimalen Volumen bestimmen. Um die Berechnungen zum maximalen Volumen besser nachvollziehen zu können, bietet es sich an, ein Modell eines solchen Allzweck-Stöpsels mit 3D-Druck herzzustellen. Der konvexe Körper, der den Bedingungen aus P1 entspricht und das maximale Volumen besitzt (Gardner, 1987, S. 58), kann aus einem Kreiszylinder herausgeschnitten werden. Das Volumen lässt sich auf verschiedenen Wegen bestimmen. Für die Erläuterung des gewählten Ansatzes werden die Bezeichnungen in Abb. 3.1 eingeführt (Müller & Poljanskij, 2021, S. 228ff.).

zu einer geometrischen Problemstellung. In J. Sjuts & É. Vásárhelyi (Hrsg.), *Theoretische und empirische Analysen zum geometrischen Denken* (S. 227-242). Münster: WTM. Auszüge sind kenntlich gemacht.

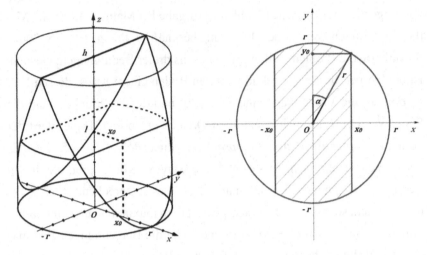

Abb. 3.1: *Skizze mit Bezeichnungen des Allzweck-Stöpsels mit maximalem Volumen* (Müller & Poljanskij, 2021, S. 232). Links: Kreiszylinder mit Schnittkörper. Rechts: Schnittfigur in der Höhe l.

Wir schneiden in der Höhe $l, 0 \leq l \leq h$, parallel zur x-y-Ebene. Die Schnittfigur ist in Abb. 3.1 (rechts) abgebildet, für den oberen Halbkreis gilt die Beziehung $y = \sqrt{r^2 - x^2}$.

Für $x_0 = x_0(l)$ erhalten wir:

$$\frac{x_0}{r} = \frac{h - l}{h} \Leftrightarrow x_0 = \left(1 - \frac{l}{h}\right) \cdot r \ .$$

Nun berechnen wir die Fläche $A(l)$ der Schnittfigur in Abhängigkeit von l.

$$A(l) = 2 \int\limits_{-x_0}^{x_0} \sqrt{r^2 - x^2} \, dx \ .$$

Das Volumen des Schnittkörpers ergibt sich folglich:

$$V = \int\limits_0^h A(l)\, dl = \frac{3\pi - 4}{3} r^2 h \ .$$

Entsprechend den Bedingungen aus P1 ist die Höhe h des Schnittkörpers gleich dem Durchmesser des Kreiszylinders. Daher gilt $2r = h$ mit

$$V = \frac{3\pi - 4}{6} h^3 \ .$$

Bei der Herstellung eines Modells des Körpers können verschiedene Verfahren gewählt werden. Ein 3D-Druckverfahren bietet sich an, um die Konzepte der Schnittfigur und der Volumen-Integrale zu veranschaulichen. Außerdem ist es ein Vorteil, ein konkretes haptisches Körpermodell des Allzweck-Stöpsels herstellen zu können (Müller & Poljanskij, 2021, S. 231ff.).

Die in Windows integrierte Software *3D-Builder* kann genutzt werden, um ein solches 3D-Druck-Modell zu erstellen. Die Software ist so aufgebaut, dass die Steuerung über Registerkarten erfolgt (vgl. Abb. 3.2, links). Beim Register Einfügen können Körper ausgewählt werden, welche dann in der Szene erscheinen. Der gesuchte Körper wird aus einem Zylinder geschnitten, was genau der Idee zur Berechnung des Volumens entspricht. Deshalb wird zunächst der Befehl Zylinder ausgewählt. Es wird ein weiterer Körper eingefügt, welcher sich mit dem bereits erstellten Zylinder überschneidet. Der Befehl Keil liefert die beiden beschriebenen Schnitte am einfachsten (vgl. Abb. 3.2, links). Um den Schnittkörper zu erhalten, wird unter Register Bearbeiten der Befehl Überschneiden gewählt. Abschließend kann ein Druckauftrag erstellt werden. Ein gedrucktes 3D-Druck-Körpermodell, welches aus Kunststoff gefertigt ist, zeigt Abb. 3.2 (rechts). Der schichtweise Aufbau des 3D-Druck-Körpermodells ist eine gute Veranschaulichung der Integration zur Berechnung des Volumens (Müller & Poljanskij, 2021, S. 236f.).

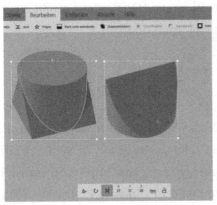

Abb. 3.2: *Herstellung eines Körpermodells eines Allzweck-Stöpsels mit maximalem Volumen mittels 3D-Druck* (Müller & Poljanskij, 2021, S. 236f.). Links: Design-Ansicht der Software 3D-Builder. Rechts: 3D-Druck-Körpermodell.

3.2 Forschend-entdeckendes Lernen und mathematische Experimente

Nach der Vorstellung der SFC und SFG sowie den vertieften mathematischen Betrachtungen zweier Experimente und den verwendeten DMW sollen das Konzept verortet sowie die genannten Begrifflichkeiten des forschend-entdeckenden Lernens und der mathematischen Experimente theoretisch gefasst werden.

3.2.1 Entdeckendes Lernen

Wilde (1984, S. 7) vertritt den Standpunkt, dass sich der Begriff des entdeckenden Lernens einer eindeutigen Definition entzieht und der Begriff

DMW und mathematische Experimente

von Pädagogen und Psychologen unterschiedlich genutzt wird. Dieser (ältere) Standpunkt erfuhr eine Reflexion und verschiedene Autoren unternahmen Ansätze der Begriffsbestimmung. Von entdeckendem Lernen wird gesprochen, wenn der Inhalt des zu lernenden Materials nicht gegeben ist, sondern vom Lernenden entdeckt werden muss, bevor der Inhalt sinnvoll in die kognitive Struktur des Lernenden inkorporiert werden kann (Ausubel, 1974).

Ein weiter Klärungsansatz fasst alle Formen des Wissenserwerbs mit Hilfe des eigenen Verstandes unter dem Begriff *discovery learning*. Eine Entdeckung ist in diesem Sinne eine Neuordnung oder Transformation des Gegebenen. Dabei besteht insbesondere die Möglichkeit, über das Gegebene hinauszugehen und zu weiteren, neuen Einsichten zu gelangen (Bruner, 1981, S. 16). Vergleicht man die beiden Klärungsansätze, zeigt sich, dass der erste eine Lernmethode beschreibt, der zweite hingegen den Begriff zur Charakterisierung eines konstruktiven entdeckerischen Lernprozesses verwendet. Beide Ansätze können als allgemeines Lernziel bzw. Unterrichtsprinzip zusammengeführt werden (Wilde, 1984, S. 7). Ein phänomenologischen Klärungsansatz lautet:

> Entdeckendes Lernen heißt fragen nach dem, was mich beschäftigt, verstehen wollen, was ich erfahren habe, mit anderen zusammen die Welt ein Stück entzaubern, um dabei immer neue Rätsel aufzutun.
>
> (Zocher, 2000, S. 8)

Allen Ansätzen ist gemein, dass das entdeckende Lernen als didaktisches Prinzip verstanden werden kann, die grundsätzlich von einer Handlungsaktivität der Lernenden gekennzeichnet ist. Die Lernenden erhalten die Möglichkeit sich selbstständig und eigentätig, mit Unterstützung der Lehrperson, die Inhalte anzueignen. Die direkte und konkrete Auseinandersetzung mit dem Inhalt nimmt dabei den zentralen Platz in der Lernumgebung ein (Zocher, 2000, S. 18). Durch die unmittelbare Beschäftigung mit dem Inhalt können sich die Lernenden mit dem Konzept der jeweiligen Thematik vertraut machen. Es kann folglich zur Entdeckung von Regeln, Prinzipien, Gesetzmäßigkeiten, Zusammenhängen oder heuristischen Methoden sowie Begrifflichkeiten kommen (Wilde, 1984, S. 10).

Das entdeckende Lernen als didaktisches Prinzip zur Gestaltung von Lerngelegenheiten zeichnet sich also dadurch aus, den Lernenden aktive Erfahrungen mit Lerngegenständen zu ermöglichen. Winter (2016) stellt die Eigenaktivität der Lernenden beim entdeckenden Lernen heraus:

> Entdeckendes Lernen ist weniger die Beschreibung einer Sorte von beobachtbaren Lernvorgängen (wenn so etwas überhaupt möglich ist), sondern ein theoretisches Konstrukt, die Idee nämlich, dass Wissenserwerb, Erkenntnisfortschritt und die Ertüchtigung in Problemlösefähigkeiten nicht schon durch Information von außen geschieht, sondern durch eigenes aktives Handeln unter Rekurs auf die schon vorhandene kognitive Struktur, allerdings in der Regelangeregt und somit erst ermöglicht durch äußere Impulse.
>
> (Winter, 2016, S. 3)

Der Ausdruck entdeckendes Lernen wird im kognitionspsychologischen Sinne für das Entdecken als Lernprozess verwendet, damit ist das Gewinnen von Erkenntnissen durch den produktiven Einsatz bereits erworbener Kenntnisse gemeint (Neber, 1981). Das allgemeine Lernziel des entdeckenden Lernens besteht somit darin, dass die Lernenden ihre eigenen Wissenswidersprüche und -lücken erfassen können und ihr bisheriges Wissen produktiv einsetzen, um neue Erkenntnisse zu generieren. Es sollen dadurch vernetzte kognitive Strukturen aufgebaut werden, in denen die einzelnen Wissenselemente sinnvoll zusammenhängen. Diese Wissenskonstruktion kann im folgenden Verlauf immer wieder erweitert und zur

Schaffung neuer Vernetzungen führen. Das Entdeckungslernen zielt darauf ab, dass die Lernenden versuchen, entweder neue Informationen zu suchen oder durch Nachdenken über das eigene Wissen neue Informationen zu generieren (Neber, 1981, S. 9). Diese Art des Lernens ist eng mit dem erfahrungsbasierten Lernen nach Dewey (1951) verknüpft. Lernen erfolgt dabei durch aktive Auseinandersetzung mit einem Lerngegenstand oder Sachverhalt und durch reflexive Auseinandersetzung mit den Erfahrungen, die an diesem gemacht werden.

3.2.2 Forschendes Lernen

Mehlhase (1994, S. 9) zieht den Begriff forschendes Lernen dem entdeckenden Lernen vor, denn das Wort Entdeckung meint etwas Überraschendes oder Sensationelles. Hingegen kann bei der Auseinandersetzung mit dem Inhalt auch das zuvor Erwartete entdeckt werden. Des Weiteren birgt der Begriff der Entdeckung den Anschein eines Willkür- bzw. Zufallsmoments. Dagegen beinhaltet das Wort Forschen weit mehr das aktive, strukturierende Element dieser Tätigkeit (Mehlhase, 1994, S. 9). Forschendes Lernen beim mathematischen Arbeiten charakterisiert sich durch vier Aspekte (Mehlhase, 1994, S. 10): (1) Die Lernenden stehen im Mittelpunkt. (2) Es laufen Prozesse im Unterricht ab, die zu einem Verständnis von Konzepten, Beziehungen und Regeln führen. (3) Größtmögliche mathematische Aktivitäten bei den Lernenden werden mit Unterstützung des Lehrenden erzeugt. (4) Die mathematische Diskussion erhält einen wichtigen Stellenwert. Diese vier Aspekte des forschenden Lernens (Mehlhase, 1994) lassen sich in dem Konzept des offenen Unterrichts (Peschel, 2003a) verorten und stehen daher in starker Korrespondenz (vgl. Kapitel 2.2). Ein offener (daher schülerzentrierter) Mathematikunterricht kann die Basis für forschendes Lernen darstellen.

Forschendes Lernen konkretisiert sich in dem Handeln der Lernenden, wenn diese alle Phasen des Forschungszyklus durchlaufen. Dazu zählen die Entwicklung von Fragen oder Hypothesen, die Wahl und Ausführung der Methoden sowie die Prüfung und Darstellung der Ergebnisse in selbstständiger Tätigkeit oder in aktiver Mitarbeit in einem übergreifenden Prozess. Dabei erlangen Lernende neue Erkenntnisse, die auch für Dritte interessant sein können (Huber, 2014, S. 25f.). In Abb. 3.3 sind die acht Phasen des zyklischen Forschungsprozesses nach Huber (2014, S. 23) dargestellt. Weitere Modelle anderer Autoren sind an dieses angelehnt und stellen forschendes Lernen als zyklischen Prozess dar. Beim forschenden Lernen von Mathematik ist die Frage nach der Relevanz und dem Innovationsgrad teils schwierig zu beurteilen. Die Erarbeitung objektiv neuen Wissens ist ein wünschenswertes Ziel des forschenden Lernens, allerdings sind in den meisten Fällen die Erkenntnisse lediglich für die Lernenden subjektiv neu. Für die Durchführung und das Nachvollziehen des zyklischen Forschungsprozesses und die Aneignung von prozeduralem Wissen über eine forschende Tätigkeit ist dies dennoch zielführend (Geitel, 2020, S. 33).

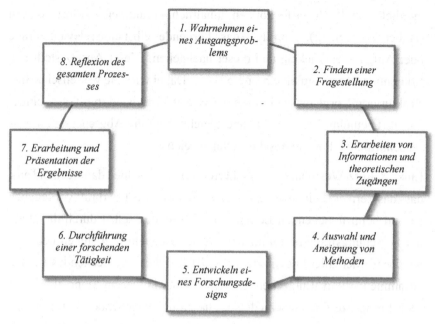

Abb. 3.3: *Zyklischer Forschungskreislauf mit acht Phasen.* Eigene Darstellung
(Huber, 2014, S. 23).

Roth & Weigand (2014, S. 4f.) charakterisieren daher forschendes Lernen
von Mathematik als selbsttätige, zielgerichtete Auseinandersetzung mit einem neuen Sachverhalt oder Problem, deren Ziel es ist, dass die Lernenden
selbstständig etwas für sie Neues entdecken, reflektieren und die erarbeiteten Ergebnisse geeignet darstellen. Ein entsprechendes Modell des For-
schungsprozesse ist demnach kein kontinuierlicher Kreislauf, sondern es
umfasst mehrere Rückkopplungen (vgl. Abb. 3.4). Von besonderer Bedeutung für das Lehren und Lernen von Mathematik ist dementsprechend die
Notwendigkeit von Forschungsangeboten und Lernanreizen.

Mit der Auffassung forschendes Lernen als didaktisches Prinzip zu verstehen, ist eine (begriffliche) Verknüpfung mit dem entdeckenden Lernen

möglich. Beide Begriffe können inhaltlich zusammengenführt werden (Huber, 2004, S. 32). Zentral ist, dass Lernende selbst eine relevante Frage oder Aufgabe entwickeln und dieser nachgehen. Dieser Ansatz stellt den Erkenntnisprozess auf eine breitere Basis. Dabei wird die wissenschaftlich strukturierte Vorgehensweise, die der Begriff forschend impliziert, einbezogen (Diethelm, 2011, S. 34) und gleichzeitig eine Abgrenzung zu wissenschaftlichen Forschungsaktivitäten erreicht.

Linke & Lutz-Westphal (2018) schärfen den Unterschied dahingehend aus, dass das Lernziel beim entdeckenden Lernen von der Lehrkraft vorgegeben ist und beim forschenden Lernen vom Lernenden selbst durch die Wahl der Forschungsfrage bestimmt wird. Beide Bedeutungen stehen nebeneinander werden allerdings in dem Begriff forschend-entdeckendes Lernen zusammengeführt. Entdeckendes Lernen kann in diesem Sinne als kognitiver Lernprozess in verschiedenen Phasen des forschenden Lernens passieren. Andererseits kann entdeckendes Lernen als didaktisches Prinzip als Wegbereiter für das forschende Lernen dienen, da es zum Finden von Fragestellungen beitragen kann, was für forschende Tätigkeiten notwendig ist (Geitel, 2020, S. 35).

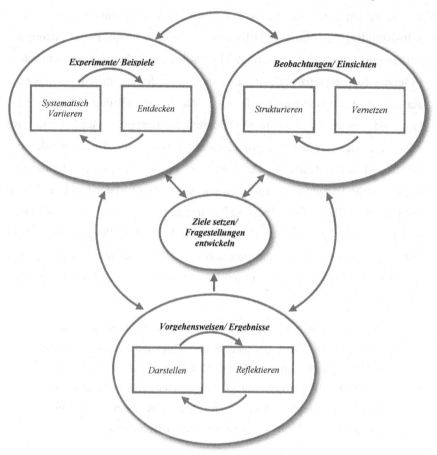

Abb. 3.4: *Modell des forschenden Lernens.* Eigene Darstellung (Roth & Weigand, 2014, S. 5).

3.2.3 Self und guided discovery learning

Anhand des Lenkungsgrades werden grob zwei unterschiedliche Ausprägungen des entdeckenden Lernens unterschieden, das *self discovery learning* sowie das *guided discovery learning* (Wilde, 1984, S. 8f.). Das self discovery learning zeichnet sich dadurch aus, dass die Lernenden sich selbstständig, also ohne die Hilfe einer weiteren Person, in der Auseinandersetzung mit einer bestimmten Thematik neue Erkenntnisse erarbeiten. In letzter Konsequenz bedeutet dies, dass auch der eigentliche Lerngegenstand vom Lernenden eigenständig gewählt wird (Wilde, 1984, S. 8f.). Dies bedeutet ein Höchstmaß an Offenheit des Lernprozesses (vgl. Kapitel 2.2). Läuft der Entdeckungsprozess jedoch so ab, dass die Lernenden bei der Auseinandersetzung die Hilfe weiterer Personen, z. B. von Lehrenden oder anderen Lernenden, benötigen und somit nicht in der Lage sind, sich die Inhalte vollkommen selbstständig anzueignen, so wird vom guided discovery learning gesprochen (Wilde, 1984, S. 8). Im alltäglichen Umfeld kann es zu self discovery learning kommen. Im Unterricht findet dagegen fast ausschließlich das vom Lehrenden unterstützte guided discovery learning statt:

> Wenn „ohne jede Hilfe" und „völlig selbstständig" bedeutet, dass der Lernende einen Lerngegenstand ohne Beeinflussung selbst wählt […], dann scheint selbstentdeckendes Lernen im Schulunterricht in der Regel nicht möglich zu sein. Denn jede noch so frei gestaltete Unterrichtssituation […] ist ohne ein gewisses Arrangement und damit ohne Mithilfe des Lehrers nur schwer denkbar.
>
> (Wilde, 1984, S. 9)

Auch weitere Autoren vertreten die Meinung, dass sich entdeckendes Lernen im Unterricht in der Regel nicht selbst trägt. Es bedarf des planmäßigen, professionellen Angebots an Erfahrungs- und Übungsmöglichkeiten (Winter, 2016, S. 4).

Der Begriff des guided discovery learning ist weit gefasst, da Umfang und Art der Lenkung stark variieren können. Findet, wie in Abb. 3.5 dargestellt, eine geringe Lenkung statt, beispielsweise wenn lediglich eine

(Problem-)Aufgabe von Seiten der Lehrenden initiiert wird, die die Lernenden im weiteren Verlauf selbstständig untersuchen, liegt diese Lernumgebung eher auf Seiten des selbstentdeckenden Lernens. Geht jedoch eine starke Lenkung von den Lehrenden aus, wodurch wiederum die Eigenaktivität der Lernenden immer weiter eingeschränkt wird, so nähert sich die Lernumgebung eher dem rezeptiven Lehren und es ist zu hinterfragen, inwieweit noch entdeckendes Lernen vorliegt (Wilde, 1984, S. 9).

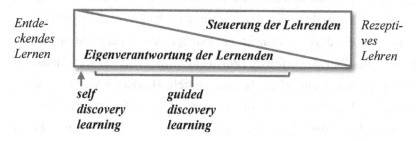

Abb. 3.5: *Entdeckendes Lernen in Abhängigkeit von der Steuerung des Lehrenden und der Eigenverantwortung des Lernenden.* Eigene Darstellung (Wilde, 1984, S. 10; Mehlhase, 1994, S. 5).

Ein mathematisches Experiment sollte sich grundsätzlich am self discovery learning orientieren. Allerdings werden Lenkungs- und Unterstützungsangebote für die Lernenden innerhalb der mathematischen Experimente und der Hilfen bereitgehalten, was klar dem guided discovery learning entspricht. Das Konzept der SFC bewegt sich zwischen den beschriebenen Polen. Der SFG soll den Lernenden helfen, das discovery learning zu initialisieren und zu rahmen. Ausgangspunkt für konkrete Lernumgebungen ist dabei das guided discovery learning.

3.2.4 Entdeckendes Lernen und Problemlösen

Wie bereits beschrieben, wird der Begriff des entdeckenden Lernens unterschiedlich verstanden. Daher kommt es häufig zu Überschneidungen beziehungsweise zur synonymen Verwendung mit anderen Begrifflichkeiten. So wird beispielsweise das entdeckende Lernen vielfach mit dem Begriff des Problemlösens gleichgesetzt, da zu Beginn des entdeckenden Lernprozesses eine Problemstellung steht (Wilde, 1984, S. 7). Ein Problem wird dahingehend charakterisiert, dass bewusst nach einer Handlungsweise gesucht wird, die dazu angetan ist, ein klar erfasstes, aber nicht unmittelbar erreichbares Ziel zu verfolgen (Pólya, 1966, S. 173). Diesem Ansatz folgend wird der Problembegriff auch mittels Hindernis-Metapher veranschaulicht. Dabei ist ein Problem durch einen Anfangszustand gekennzeichnet, der mittels einer Transformation in einen gewünschten Zielzustand überführt werden soll. Die Barriere zwischen diesen Zuständen zu überwinden, stellt jedoch eine Diskrepanz dar, die nicht augenblicklich gelöst werden kann (Leuders, 2017, S. 119).

Damit ist ein Problem eine an das Subjekt (Lernende) bezogene Anforderung, deren Lösung mit Schwierigkeiten verbunden ist. Bei einer Problem(-Aufgabe) wird ein Ziel verfolgt, bei dem allerdings nicht geklärt ist, wie es erreicht werden kann (Heinrich et al., 2015, S. 279). Im Verständnis eines allgemeinen Aufgabenbegriffs der einer Aufforderung zur Lernhandlung zugrunde liegt, stellt sich ein Problem als subjektbezogene schwierige Aufgabe dar (Heinrich et al., 2015, S. 280). Dieser Ansatz steht in Übereinstimmung mit der instrumentalen Genese, wonach eine Aufgabe ein Problem für das Subjekt beinhaltet, die mit einem Instrument zu lösen ist (Béguin & Rabardel, 2000; Rabardel, 2002). Daher wird im Rahmen der Arbeit konsequent der Begriff Aufgabe verwendet.

Problemlösen und entdeckendes Lernen können daher nicht gleichgesetzt werden. Lernen anhand einer Problemlösebearbeitung steht der Methode des entdeckenden Lernens nahe und kann sich mit ihr auch decken, wenn dem entdeckenden Lernprozess eine (Problem)-Aufgabe zugrunde liegt. Jedoch ist nicht zwangsläufig eine Gleichheit zwischen Problemlösen und Entdeckungslernen gegeben (Meyer, 2007, S. 13f.). So können Begriffe oder Gesetzmäßigkeiten auch ohne eine vorhergehende konkrete Problemstellung entdeckt werden (Wilde, 1984, S. 11). Zudem ist eine zufällige Entdeckung einer Problemlösung ohne Durchlaufen der Problemheuristik möglich (Meyer, 2007, S. 13f.). Abb. 3.6 veranschaulicht das Verhältnis zwischen Problemlöseprozessen und entdeckendem Lernen.

Beide Begriffe sind nicht identisch, besitzen allerdings im Entdecken durch Problemlösen eine Schnittmenge. Das beinhaltet im Besonderen (Problem-)Aufgaben, die sich im Verlauf des Entdeckungslernens für die Lernenden ergeben und welche sie im Sinne von Problemlösestrategien nach Pólya (1949) bearbeiten können. Es soll an dieser Stelle festgehalten werden, dass innerhalb der SFC Problemlöse-Prozesse auf Seiten der Lernenden zu beobachten sind. Der SFG stellt Materialien bereit, um entsprechende Prozesse anzustoßen.

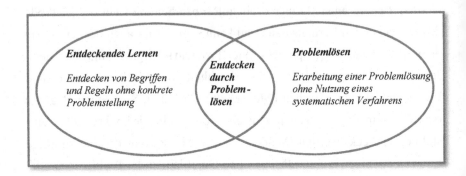

Abb. 3.6: *Verhältnis von Problemlösen und entdeckendem Lernen.* Eigene Darstellung (Wilde, 1984, S. 11).

3.2.5 Begrifflichkeit Experiment

Der Begriff des Experimentierens, welcher auch im alltäglichen Sprachgebrauch häufig Verwendung findet, besitzt je nach Kontext eine unterschiedliche Bedeutung. So kann die alltagsbezogene Bedeutung negativ besetzt sein und das Experiment steht für ein unsystematisches Ausprobieren, aus dem unerwünschte Konsequenzen folgen können. Wird im Gegensatz dazu der Begriff des Experiments im Hinblick auf eine wissenschaftliche Thematik verwendet, so besitzt er fast ausschließlich eine positive Konnotation. Experimentieren steht in diesem Fall für eine bewährte und zuverlässige Handlungsweise, deren Ergebnisse als begründet und gesichert anerkannt werden (Rieß, Wirtz, Barzel, & Schulz, 2012, S. 7). Doch selbst in den empirischen Wissenschaften gibt es keine Einigkeit darüber, was genau unter einem Experiment zu verstehen ist (Philipp, 2013, S. 16). Eine lange Tradition und die besondere Bedeutung hat das Experiment in den Naturwissenschaften zum zentralen Mittel der Erkenntnisgewinnung gemacht. In diesem Kontext wird es dabei im weiten Sinn als eine Frage an die Natur angesehen (Philipp, 2013, S. 29). Enger betrachtet ist das Experiment ein planmäßiges Herbeiführen von variablen Bedingungen mit dem Ziel wissenschaftlicher Beobachtungen. Somit ist das Experiment ein wiederholbares, objektives Verfahren der Erkenntnisgewinnung, bei dem unter festgelegten und kontrollierten Bedingungen eine Variable systematisch variiert und alle anderen Variablen kontrolliert werden (Ropohl, 2017, S. 280). Mit Hilfe dieser systematischen Variation der Einflussgrößen soll auf kausale Zusammenhänge geschlossen werden. Wird demgegenüber das Experiment in den Geisteswissenschaften betrachtet, zeichnet sich eine andere Verwendung des Begriffes ab. Der Begriff wird metaphorisch im Sinne eines einmaligen, kreativen Ausprobierens gebraucht und zielt auf eine wesentlich schwächere und unsystematischere Form von Erkenntnisgewinn ab (Philipp, 2013, S. 16).

Beim Lehren und Lernen wird das Experimentieren in unterrichtlichen Formen beleuchtet. Der Begriff bewegt sich im Intervall zwischen ungerichtetem Ausprobieren und hochsystematischen Prüfen (Rieß et al., 2012, S. 7). Im Vergleich zu wissenschaftlichen Methoden steht hinter einem schulischen Experiment neben der Intention einer inhaltlichen Erkenntnisgewinnung ebenfalls eine pädagogisch-didaktische Zielsetzung. Bei Lerngelegenheiten müssen verschiedenste personelle und organisatorische Aspekte im Vorfeld einer Umsetzung beachtet werden. Das meint den Alters- und Entwicklungsstand der Lernenden, sowie strenge organisatorische Rahmenbedingungen, wie z. B. verfügbare Zeit oder räumliche, materielle Voraussetzungen (Becker, Glöckner, Hoffmann, & Günther, 1992, S. 336; Philipp, 2013, S. 29). Aus diesen Gründen ist es nicht möglich, jedes Experiment in unterrichtlichen Formen nach wissenschaftlichen Standards durchzuführen. Somit erfolgt eine Art didaktische Reduktion der wissenschaftlichen Experimentiermethode, um eine Umsetzung beim Lehren und

Lernen zu erlauben. Selbst disziplinintern wird die Bezeichnung des schulischen Experiments sehr heterogen verwendet. So findet man in fachdidaktischen und unterrichtspraktischen Veröffentlichungen zum Thema Experimentieren verwandte Benennungen wie Beobachtung, Versuch, Exploriment, Laborieren oder Quasi-Experiment (Grygier & Hartinger, 2009; Rieß et al., 2012; Philipp, 2013). Einige der genannten Begrifflichkeiten werden meist als Untereinheiten beziehungsweise Variationen des Experiments verstanden, wobei auch hier wiederum Uneinigkeit bei der Verwendung der Bezeichnungen herrscht. Um eine Eingrenzung beziehungsweise Abgrenzung zu erzielen, definierten Grygier & Hartinger (2009, S. 12-16) die Begrifflichkeiten Experiment, Versuch, Explorieren und Laborieren. Die vier Begrifflichkeiten können schlussfolgernd anhand von zwei Dimensionen unterschieden werden (vgl. Tab. 3.1).

Je nach der Funktion, welche das Experiment in der jeweiligen Fachrichtung erfüllen soll, resultiert eine unterschiedliche Verwendung der Bezeichnung (Philipp, 2013, S. 16). Gemeinsam ist allerdings, dass das Experiment als eine Methode der Erkenntnisgewinnung angesehen wird. Somit fungiert es als eine Art Vermittlervariable zwischen dem lernenden Subjekt und dem anzueignenden Objekt (Becker et al., 1992, S. 336). Weiterhin ist auffällig, dass auch der grobe Ablauf eines Experiments in den verschiedenen Domänen häufig als ein Dreischritt (Planung, Durchführung, Auswertung) beschrieben wird (z. B. Ropohl, 2017, S. 280). In der Planungsphase wird eine Fragestellung oder zu überprüfende Hypothese aufgestellt und ein Entwurf für die Untersuchung erarbeitet. In der Durchführungsphase wird das eigentliche Experiment nach dem zuvor gefertigten Plan ausgeführt. In der Auswertungsphase werden die Beobachtungen und erhobenen Daten analysiert und im Hinblick auf die anfängliche Fragestellung interpretiert (Doran, Lawrenz, & Helgeson, 1994; Philipp,

2013, S. 30). Anhand der Auswertung können möglicherweise wiederum neue Hypothesen und Fragestellungen generiert werden (Philipp, 2013, S. 34), sodass der Prozess sowohl linear als auch zyklisch ablaufen kann.

	Fragestellung vorhanden	Fragestellung nicht vorhanden
Vorgehensweise vorgegeben	Laborieren	Versuch
Vorgehensweise nicht vorgegeben	Experiment	Explorieren

Tab. 3.1: *Klassifikation experimenteller Formen* (Grygier & Hartinger, 2009, S. 15).

Die vielfältigen Begründungen, die Methode des Experimentierens im Unterricht zu integrieren, können auf zwei verschiedenen Ebenen verortet werden, wobei diese beiden Ebenen eng in Wechselwirkung miteinander stehen (Barzel, Reinhoffer, & Schrenk, 2012, S. 103). Als erste Ebene wird die fachliche Ebene betrachtet. Selbstverständlich ist eines der fachlichen Hauptziele die Aneignung neuer Inhalte wie Begriffe, Gesetzmäßigkeiten oder Prinzipien durch die Lernenden. Dabei sollen die Lernenden über konkrete Erfahrungen einen Erkenntniszuwachs erhalten. Das Experiment dient dabei als eine Art Vermittlervariable zwischen dem Lernenden und dem anzueignenden Inhalt und besitzt als Aufgabe, eine konkrete Erfahrung zu initiieren. Um die Kompetenzen der Lernenden zu fördern und gewünschte Lernziele zu erreichen, muss sich die Lehrperson im Vorfeld des Experiments überlegen, wie dieses sinnvoll eingesetzt werden kann. In diesem Kontext werden verschiedene Organisationsformen betrachtet. Für einen umfassenden Überblick über die Organisationsformen des Experimentierens erstellten Barzel et al. (2012, S. 118) eine Übersicht, welche die Organisationsformen nach verschiedenen Kriterien unterscheidet. Dabei wird in das (Lehrer-)Demonstrationsexperiment, das Schülerdemonstrationsexperiment und das Schülerexperiment unterschieden. Als didaktischer Ort im Sinne der Funktionsform eines Experimentes werden der Einstiegsversuch, der Problemlöseversuch und der Erarbeitungsversuch beschrieben (Barzel et al., 2012, S. 120).

Mathematische Experimente ermöglichen forschend-entdeckendes Lernen, wenn unter Berücksichtigung der Entwicklungsstufe und der Vorerfahrung der Lernenden die Möglichkeit geben wird, sich mit der Umwelt auseinanderzusetzen und diese selbstständig zu entdecken. Mathematische Experimente sind so zu konzipieren, dass eine aktive Auseinandersetzung mit der Thematik und eine konkrete Erfahrung möglich wird (Winter, 2016, S. 3).

Im Rahmen des Konzeptes des SFZ und damit für die Arbeit in den SFCs wird das Experiment im weiten Sinn als eine Methode der Erkenntnisgewinnung verstanden, die in einem strukturierten, mehrschrittigen Prozess eine Fragestellung mit dem Ziel der Beantwortung untersucht. In Bezug auf den SFG und den SFC finden sich die beschriebenen Formen wieder und werden unter dem Begriff des Experiments zusammengefasst. Die mathematischen Experimente ermöglichen experimentelle Erarbeitungsformen im Sinne des guided discovery learning (Grygier & Hartinger, 2009, S. 15).

3.3 Forschungsfrage zu Stadien der instrumentalen Genese bei der Arbeit an mathematischen Experimenten

Die Durchführung von Experimenten beim Lernen von Mathematik ist ebenso wie in anderen MINT-Fächern möglich. Es gibt eine Vielzahl an Beispielen aus dem Sachkundeunterricht der Primarstufe. Zum Lehren und

DMW und mathematische Experimente

Lernen von Mathematik zeigt beispielhaft das Projekt PRIMAS Ausgangspunkte für das forschend-entdeckende Lernen in der Primarstufe auf (Schäfer, 2017, S. 223-232). Für die Sekundarstufen findet man weniger Beispiele. In der mathematikdidaktischen Forschung wird ebenfalls das Experiment beim Lehren und Lernen von Mathematik und das forschend-entdeckende Lernen betrachtet, jedoch in einem wesentlich geringeren Umfang als es in den naturwissenschaftlichen Didaktiken untersucht wird. Dieses Ungleichgewicht spiegelt sich auch in fachdidaktischen Veröffentlichungen zum Thema wider; es gibt einen Mangel an fachdidaktischen Forschungen zum Einsatz mathematischer Experimente beim Lehren und Lernen (Rieß & Robin, 2012, S. 129).

Barzel, Büchter, & Leuders (2007, S. 70) beschreiben Experimente als eine (Lern-)Methode der Erkenntnisgewinnung von Lernenden in einem mathematikdidaktischen Kontext. Die Autoren wählen einen phänomenologischen Ansatz und unterstreichen die forschend-entdeckende Arbeitsweise der Lernenden. Experimente zeichnen sich im Sinne der Autoren dadurch aus, dass die Lernenden anhand einer gegebenen Fragestellung den Versuchsablauf selbstständig planen und durchführen. Weiterhin klassifizieren sie drei unterschiedliche Arten: innermathematische Experimente, Experimente mit Realisierung mathematischer Objekte oder Simulationen und Mathematik in der Anwendung (Barzel et al., 2007, S. 73f.). Die Eignung DMW als Unterstützung für die Lernenden wird dabei explizit herausgestellt.

Forschungsbedarf mit Fokus auf das Problemlösen besteht insbesondere in der Analyse von Zugangspräferenzen der Lernenden bei bestimmten (Problem-)Aufgaben und deren möglichen Abhängigkeiten von verschiedenen Instruktionsvarianten bzw. Präferenzen der Lehrkraft. Ferner sind

Forschungen zur Weite des Transfers heuristischer Kenntnisse und Fähigkeiten von besonderem Interesse sowie die Potenziale von DMW in diesem Zusammenhang (Heinrich et al., 2015, S. 297).

Um den Einsatz DMW bei der Bearbeitung mathematischer Experimente fassen zu können, bietet sich ein epistemologischer Zugang an. Die instrumentale Genese nach Rabardel (2002) ermöglicht es, den Prozess der Werkzeug-Aneignung vom Gebrauch als Artefakt bis hin zur Verwendung als Werkzeug zu fassen (Schmidt & Müller, 2020, S. 378f.). So kann der Einfluss der Lehrperson auf die instrumentale Genese der Lernenden im Rahmen der instrumentellen Orchestrierung beschrieben werden (Trouche, 2004). Speziell bei der Verwendung von DGS durch Lehrpersonen liegen erste Erkenntnisse dazu vor (Alqahtani & Powell, 2017). Die Lernumgebung und speziell die Aufgabe bestimmt die Werkzeug-Aneignung und daher die instrumentale Genese (Schmidt-Thieme & Weigand, 2015, S. 481). Damit kommt den mathematischen Experimenten eine besondere Bedeutung zu. Eine Ausweitung auf weitere DMW und eine Fokusverschiebung auf Lernende ist erstrebenswert. In Bezug auf die Instrumentation lassen sich Level ausfindig machen (Béguin & Rabardel, 2000). Es bleibt zu untersuchen, inwieweit diese auf die gesamte instrumentale Genese übertragbar sind. Speziell beim Einsatz von DMW bei mathematischen Experimenten ist zu erwarten, dass bei den Lernenden unterschiedliche Stadien der Werkzeug-Aneignung beobachtbar werden, da die (Problem-)Aufgaben eine kognitiv herausfordernde Situation schaffen, der unter Zuhilfenahme der DMW unterschiedlich begegnet werden kann. Vor dem Hintergrund der theoretischen Vorbetrachtungen zur instrumentalen Genese und den mathematischen Experimenten stellt sich folgende Frage: **(F2) Können bei Lernenden unterschiedliche Stadien der instrumentalen Genese**

beim Arbeiten mit DMW an mathematischen Experimenten bestimmt werden?

Der Fragestellung soll im Rahmen einer qualitativen Studie nachgegangen werden, da die Bobachtung epistemologischer Prozesse sich komplex darstellt und eine Operationalisierung im Rahmen qualitativer Methoden wie z. B. dem *lauten Denken* ein möglicher methodischer Ansatz ist (Konrad, 2010). Die Auswahl der Methodik wird im Folgenden weiter begründet sowie das Studiendesign und die Datenauswertungen erläutert.

3.4 Methodik der Studie zu Stadien der instrumentalen Genese bei der Arbeit an mathematischen Experimenten[6]

Gemäß der eingangs formulierten Zielstellung Z2 und zur Beantwortung von Forschungsfrage F2 wird ein Mixed-Method-Ansatz gewählt. Im Rahmen der empirischen Pilotierung des SFG wurde ein qualitatives Erprobungsdesign genutzt. Diesbezüglich erfolgte eine Beobachtung der Lernenden bei der Arbeit mit den mathematischen Experimenten und den DMW. Zur Auswertung des Arbeitsprozesses wurden u. a. die entstandenen Arbeitsprodukte der Lernenden herangezogen. Es wurden die empirischen Schwierigkeiten der einzelnen Aufgaben der mathematischen Experimente bestimmt. Zur tiefergehenden Auseinandersetzung mit der Verwendung der DMW beim forschend-entdeckenden Lernen wurde die Methode des lauten Denkens (Konrad, 2010) gewählt. Nach einer Erläuterung

---

6) Das Kapitel basiert in Auszügen auf der Veröffentlichung **Schmidt, S., & Müller, M.** (2020). Students learning with digital mathematical tools – three levels of instrumental genesis. In B. Barzel, R. Bebernik, L. Göbel, M. Pohl, H. Ruchniewicz, F. Schacht, & D. Thurm (Hrsg.), *Proceedings of the 14th International Conference on Technology in Mathematics Teaching – ICTMT 14* (S. 378-383). Auszüge sind kenntlich gemacht.

und Einordnung der Methode folgen die Beschreibung der Stichprobe, das Studiendesign, eine Schilderung der Versuchsdurchführung und eine Erläuterung der Datenauswertung sowie -analyse.

3.4.1 Methode des lauten Denkens

Um lautes Denken handelt es sich, wenn das Subjekt eine handlungsbegleitende, mündliche Beschreibung seiner gedanklichen Planungen und Vorgehensweisen formulieren soll. Bei der Methode werden die Lernenden im Einzelgespräch mit einer Interviewperson aufgefordert, ihre Gedanken während der Bearbeitung einer Aufgabe zu verbalisieren. Die Methode gehört zu den empirisch-induktiven Verbalisierungsverfahren, da durch qualitative Daten auf kognitive Prozesse bei Lernenden im Allgemeinen geschlossen wird (Konrad, 2010, S. 476ff.).

Lautes Denken tritt in den Formen Introspektion, unmittelbare Retrospektion und verzögerte Retrospektion auf. Die drei Formen lassen sich nicht immer eindeutig voneinander abgrenzen (Konrad, 2010, S. 476). Für die Beantwortung von Forschungsfrage F2 ist die Introspektion, die Form der unmittelbaren Verbalisierung, am besten geeignet, da die engste Verbindung zwischen Denken und verbalen Berichten dann nachweisbar ist, wenn das Subjekt seine Gedanken unmittelbar im Zuge der Aufgabenbearbeitung in Worte fasst (Ericsson & Simon, 1993; Konrad, 2010, S. 476).

Konrad (2010) sieht die Grenzen der Methode insbesondere in den Bereichen Verbalisierung, Artikulation, Vollständigkeit sowie Veränderung kognitiver Leistung. Die Methode des Lauten Denkens ist für die vorliegende Studie dennoch geeignet, da sie die Möglichkeit bietet, Gedankengänge der Lernenden während der Bearbeitung mathematischer Experimente nachzuvollziehen, auch wenn keine Vollständigkeit gewährleistet

DMW und mathematische Experimente

werden kann. Gerade Lernende, bei denen einige mentale Prozesse routiniert ablaufen, können die dabei ablaufenden Gedanken nicht aussprechen. Ferner gibt es Gedanken, die im Zuge der Verbalisierung eine zusätzliche Denkhandlung erfordern, was wiederum den ursprünglichen Gedankengang stören bzw. verzögern kann:

> However, if the information is nonverbal and complicated then verbalization will not only cost time but also space in working memory because it becomes a cognitive process by itself. This will cause the report of the original process to be incomplete and it can sometimes even disrupt this process. [...] experts that perform a task as a routine and very fast, are unable to verbalize their thoughts during this performance.
>
> (Someren, Barnard, & Sandberg, 1994, S. 33f.)

In diesem Sinne bietet sich die gewählte Methode an, um die Gedankengänge der Lernenden zu dokumentieren. Da es im Rahmen dieser Studie nicht um die vollständige, schnelle Bearbeitung der Aufgaben, sondern um die Herangehensweise und die Unterstützung durch die DMW geht, nimmt die Veränderung kognitiver Leistungen, welche ohnehin unter den Kritikern umstritten ist, keinen Einfluss auf die Ergebnisse der Studie (Konrad, 2010, S. 486).

Die Methode wurde bereits mehrfach in der Problemlöseforschung (Funke & Spering, 2006) und in der Medienforschung (Eveland & Dunwoody, 2000) eingesetzt. Auch für mathematikdidaktische Studien zum Problemlösen wurde diese Method gewählt (Heinrich, Jerke, & Schuck, 2015; Heinrich, 2016).

3.4.2 Studiendesign

Entsprechend der Zielstellung Z2 erfolgte die Auswahl des Studiendesigns. Dieses beinhaltete die Beobachtung der Lernenden innerhalb der
Versuchsdurchführung durch eine Interviewperson. Die getroffenen Beobachtungen wurden für jedes Experiment in einem Protokoll dokumentiert. Darin wurden biografische Daten sowie Notizen zu nonverbalen Aktivitäten der Lernenden festgehalten. Um eine umfassendere Aussage im
Hinblick auf die Zielstellung Z2 zu treffen, wurden die Arbeitsprodukte
der Lernenden, die Arbeitsblätter und mögliche weitere Ergebnisse, die im
Bearbeitungsprozess entstanden sind, ausgewertet (Schmidt & Müller,
2020, S. 381). Zur Initiierung des lauten Denkens lag der Interviewperson
ein Leitfaden für die Versuchsdurchführung vor, welcher sich an den Ausführungen von Konrad (2010, S. 484) orientiert und in fünf Abschnitte
gliedert ist (vgl. Tab. 3.2). Die Einführung wurde von Heine & Schramm
(2007) übernommen:

> Sprich bitte alles aus, was dir in den Sinn kommt und durch den
> Kopf geht, während du die Aufgabe löst. Dabei ist es wichtig, dass
> du nicht versuchst, zu erklären oder zu strukturieren, was du tust.
> Stell dir einfach vor, du bist allein im Raum und sprichst mit dir
> selbst.
>
> (Heine & Schramm, 2007, S. 178)

Wichtige Faktoren für das Gelingen der Methode sind eine klare Aufgabenstellung und eine freundliche und ungezwungene Arbeitsatmosphäre.
Um die ungewohnte Situation zu entschärfen, werden die an der Studie
teilnehmenden Lernenden im zweiten Schritt anhand einer Übungsaufgabe
an das Vorgehen gewöhnt. Sind alle Fragen zum Vorgehen geklärt, wird
im dritten Schritt die (Problem-)Aufgabe präsentiert und erneut an das
laute Denken erinnert (Konrad, 2010, S. 485f).

Inter-view-schritt	Interview-abschnitt	Interviewleitfaden
1	Einfüh-rung	1.1) Aufnahme persönlicher Daten (Alter, Klassen-stufe, Geschlecht) 1.2) *Ich werde dir gleich eine Aufgabe zur Bearbei-tung geben. Sprich bitte alles aus, was dir in den Sinn kommt und durch den Kopf geht, während du die Auf-gabe löst. Dabei ist es wichtig, dass du nicht ver-suchst, zu erklären oder zu strukturieren, was du tust. Stell dir einfach vor, du bist allein im Raum und sprichst mit dir selbst.*
2	Übungsbei-spiel zur Absicher-ung	2.1) Multiplikationsaufgabe 2.2) *Sprich bitte alles aus, was dir beim Lösen der Multiplikationsaufgabe in den Sinn kommt und durch den Kopf geht. Dabei ist es wichtig, dass du nicht versuchst, zu erklären oder zu strukturieren, was du tust. Stell dir einfach vor, du bist allein im Raum und sprichst mit dir selbst.* 2.3) Lernende lösen Aufgabe und wendet *lautes Den-ken* an. 2.4) Bei Redepausen: *Lautes Denken nicht vergessen.* 2.5) *Hast du noch Fragen zum Ablauf?*
3	Vorstel-lung der Aufgabe	3.1) mathematisches Experiment siehe Arbeitsblatt 3.2) Bei Redepausen: *Lautes Denken nicht vergessen.*
4	Bearbei-tung der Aufgabe	4.1) Lernende bearbeiten mathematisches Experi-ment mit selbstgewählten DMW und wendet lautes Denken an. 4.2) Erfolgt keine Verwendung eines DMW nach 15 Minuten: *Hast du eine Idee, wie man den Computer beim Lösen der Aufgabe zu Hilfe nehmen könnte? Vergiss dabei nicht laut zu Denken.* "

		4.3) Vergleich der Arbeitsergebnisse mit digitalen Hilfen: *Was kommt dir bekannt vor? Was ist dir neu? Verstehst du, wie die Datei aufgebaut ist?* 4.4) Bei Redepausen: *Lautes Denken nicht vergessen.*
5	Nachbe-sprechung	5.1) Klärung offener Fragen: *Hast du noch Fragen zur Aufgabe?* 5.2) subjektiver Eindruck des Interviews: *Wie sicher fühlst du dich im Umgang mit der Technik? Hat dich das Aussprechen deiner Gedanken beim Bearbeiten der Aufgabe gestört?*

Tab. 3.2: *Interviewschritte, -abschnitte und -leitfaden der Studie zu Stadien der instrumentalen Genese bei der Arbeit mit DMW an mathematischen Experimenten* (Konrad, 2010, S. 483ff.; Heine, 2014).

Zu Beginn jedes mathematischen Experiments hatten die Lernenden im vierten Schritt die Wahl, ob und in welcher Art bzw. in welchem Umfang sie ein DMW einsetzen möchten. Dafür standen Ihnen die vertrauten DMW (TK, DGS, CAS) zur Verfügung. Falls sich die Teilnehmenden gegen die Unterstützung durch ein DMW entschieden hatten, wurde durch die Interviewperson nach 15 Minuten nachgefragt, worin diese Entscheidung begründet war. Im nächsten Schritt wurden die vorbereiteten digitalen Hilfestellungen bzw. das digitale Feedback zu den jeweiligen mathematischen Experimenten einbezogen. Die Teilnehmenden sollten anhand der vorbereiteten digitalen Hilfen (z. B. in Form von vorbereiteten Dateien oder Befehlen) erläutern, was ihnen bekannt bzw. fremd vorkommt und nach Möglichkeit den Zweck der verwendeten Funktionen des DMW erläutern. Falls eine eigene Datei erstellt wurde, konnte diese zum Vergleich herangezogen werden. Der abschließende fünfte Interviewteil behandelt die Klärung offener Fragen, sowie Fragen zum subjektiven Eindruck des Interviews. Zum einen sollen die Lernenden einschätzen, wie sicher sie sich im Umgang mit den DMW fühlen und zum andern, ob sie die Methode beim Bearbeiten der Aufgabe gestört hat (Schmidt & Müller, 2020, S. 381).

3.4.3 Beschreibung der Stichprobe

Die Erprobung des SFG wurde an drei Thüringer Partnerschulen des SFZ durchgeführt. Dabei handelt es sich um eine kooperative Gesamtschule, eine Gemeinschaftsschule und ein Gymnasium. Die Leitbilder der drei Schulen sind passfähig zu den Zielen des SFZ, das gemeinsame und kooperative Lernen als auch das Erlangen von Selbstständigkeit und Eigenverantwortlichkeit für den Lernprozess sind Maximen des pädagogischen Handelns. Im Hinblick auf die Zusammensetzung der Stichprobe wurde keine Auswahl vorgenommen. Es waren alle Lernenden zur Teilnahme an der Studie eingeladen. Allerdings war diese aus organisatorischen Gründen mit der Teilnahme an den schulischen SFC verbunden, sodass insbesondere mathematisch interessierte Lernende an der Studie teilnahmen. An der Erprobung des SFG nahmen 34 Lernende teil. Die hier vorgestellte Studie umfasst im Hinblick auf Forschungsfrage F2 eine Teilgruppe von 14 Lernenden. Diese Stichprobe setzt sich aus 8 männlichen und 6 weiblichen Lernenden zusammen (vgl. Tab. 3.3).

	N	Alter in Jahren (SD)	Anteil Schüler-innen (in %)	Mathematik-note (SD)
teilnehmende Lernende	14	12.8 (0.91)	43	1.65 (0.81)

Tab. 3.3: *Stichprobeneigenschaften der Studie zu Stadien der instrumentalen Genese bei der Arbeit mit DMW an mathematischen Experimenten.*

Die Arbeitsmaterialien der vierzehn bearbeiteten Experimente sind dem SFG entnommen wurden. Die Auswahl der mit der Methode des lauten Denkens bearbeiteten mathematischen Experimenten oblag den teilnehmenden Lernenden. Es wurde allerdings auf die in SFG beschrieben Voraussetzungen (z. B. Jahrgangsempfehlung) durch die Interviewperson Rücksicht genommen. Teilnehmende Lernende, die jeweiligen Erziehungsberechtigten sowie die verantwortlichen Lehrenden wurden über Ziele und Absichten der Untersuchung informiert. Es wurde hervorgehoben, dass die Teilnahme freiwillig erfolgt, dass keine Nachteile aus einer Nichtteilnahme entstehen und dass die Daten anonymisiert werden.

Die Lernenden hatten unterschiedliche Vorerfahrungen mit DMW. Speziell jüngere Lernende hatten im Mathematikunterricht noch nicht damit gearbeitet. Wie eingangs beschrieben nahmen die Lernenden allerdings an den SFC teil, in deren Rahmen mit DMW gearbeitet wurde. Zum Zeitpunkt der Untersuchung hatten alle Lernenden mindestens ein halbes Jahr in einem SFC mit einem DMW gearbeitet.

3.4.4 Versuchsdurchführung

Die Datenerhebung fand jeweils in der zweiten Hälfte der SJ 17/18 und 18/19 statt. Dabei wurden pro Schule zwei Wochen (daher zwei Sitzungen eines SFC) eingeplant. Für die Versuchsdurchführung stand pro mathematischem Experiment eine 45-minütige SFC-Sitzung zur Verfügung. Ein Interview dauerte im Schnitt 29 Minuten, wobei die Spanne von 15 Minuten bis 53 Minuten reichte. Zu Beginn wurden die Lernenden über Ziele und Absichten aufgeklärt und es wurde hervorgehoben, dass nicht die vollständige Lösung der Aufgabe vordergründig ist und auch keine Bewertung erfolgt. Anschließend wurden die qualitativen Interviews nach dem Leitfa-

den (vgl. Tab. 3.2) durchgeführt und mit einem Audioaufnahmegerät auf-
gezeichnet. Nach der Aufnahme der persönlichen Daten wurde das Vorgehen erläutert. Die Formulierung orientierte sich dabei immer am Leitfaden
(Schmidt & Müller, 2020, S. 381).

Im Rahmen der Erprobung des SFG wählten alle Teilnehmenden die zu
bearbeitenden mathematischen Experimente selbst aus. Bei der Auswahl
der mathematischen Experimente wurden die Altersempfehlungen des
SFG und die Interessen der Teilnehmenden berücksichtigt. Ebenso wurde
eine ausgewogene Verteilung der ausgewählten mathematischen Experimente angestrebt. Aus organisatorischen Gründen konnte die Methode des
lauten Denkens allerdings nur bei vierzehn bearbeiteten mathematischen
Experimenten mit den Teilnehmenden durchgeführt werden, diese bilden
die beschriebene Stichprobe für die vorliegende Untersuchung. Vor jeder
Versuchsdurchführung wurde der Raum vorbereitet, sodass der Arbeits-
platz mit den zum mathematischen Experiment zugehörigen Arbeitsblät-
tern und DMW ausgestattet war. Zur Bearbeitung wurden die vertrauten
DMW genutzt. Daher fanden die Befragungen in den jeweiligen Compu-
terräumen der drei Partnerschulen statt. In diesen Räumen wurden auch die
SFC durchgeführt, sodass die Arbeitsumgebung für die Lernenden vertraut
war. Als DMW kamen DGS, TK und teilweise CAS zum Einsatz, die als
Software auf den schuleigenen Desktop-PCs installiert waren. Während
der Versuchsdurchführung lag der Beobachtungsfokus darauf, wann und
wie DMW durch die Lernenden bei der Bearbeitung der mathematischen
Experimente eingesetzt wurden.

Für ein von den Lernenden mit DMW bearbeitetes mathematisches Experiment sei das Beispiel *Rund herum* (vgl. Abb. B8 im Anhang) des SFG
genannt. Gesucht ist der kürzeste Streckenzug auf der Oberfläche eines
Tetraeders, der alle vier Seiten schneidet. Als geeignetes DMW konnte der

GeoGebra 3D Rechner genutzt werden. Die vorbereite 3D-Animation enthielt digitale Hilfen (vgl. Abb. 3.7), über die die Lernenden digitales Feedback erhalten konnten, um die eigenen Lösungsansätze zu überprüfen. Durch die digitalen Hilfen kann erarbeitet werden, dass die Länge des kürzestes Streckzuges genau der doppelten Kantenlänge entspricht. Wird der virtuelle Streckenzug in der 3D-Animation verändert, so wird dessen veränderte Länge automatisch angezeigt. Weiterhin motivieren die digitalen Hilfen eine Begründung der Minimalitäts-Eigenschaft auf Grundlage des (virtuellen) Flächennetzes und der Uneindeutigkeit der Lösung. Die drei digitalen Hilfen konnten durch die Lernenden schrittweise ausgewählt und sich in der 3D-Animation angezeigt werden lassen. Alle digitalen Hilfen sind im Sinne eines DGS dynamisch (Schmidt & Müller, 2020, S. 380).

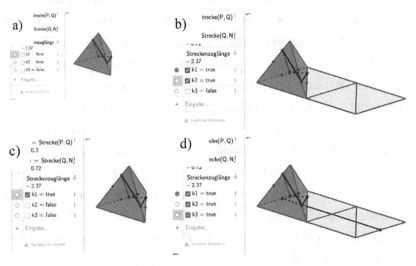

Abb. 3.7: *3D-Annimation mittels GeoGebra 3D-Rechner des mathematischen Experimentes Rund herum.* Abgebildet ist der animierte Streckenzug (a) sowie die drei digitalen Hilfen (b, c, d).

3.4.5 Datenaufbereitung und -auswertung

Die Auswertung der schriftlichen Arbeitsprodukte der Teilnehmenden erfolgte in Anlehnung an Drüke-Noe (2012, S. 285). Jedes verschriftlichte Ergebnis einer (Teil-)Aufgabe, die die Lernenden bearbeiteten, wurde wie folgt codiert: Code L1 (vollständig und inhaltlich korrekte Lösung), Code L0.5 (einzelne Lösungsteile sind unvollständig oder fehlerhaft), Code L0 (keine beziehungsweise ungenügende Lösung). Die von Drüke-Noe (2012) beschriebene Codierung wurde somit in eine trichotome Codierung erweitert, um Grenzfälle zwischen vollständig richtig bzw. falschen Lösungen betrachten zu können. Der für die Codierung benötigte Erwartungshorizont wurde im SFG implementiert. Eine Anpassung dieses Erwartungshorizonts erfolgte, wenn Lösungen der Lernenden mathematisch inhaltlich korrekt waren, allerdings nicht innerhalb der Ausführungen beschrieben wurden. Im Anschluss an die Codierung der einzelnen Lösungen einer Aufgabe erfolgte die Summation der vergebenen Werte. Alle Codierungen des Experiments wurden addiert und ins Verhältnis zur gesamt möglichen Punktzahl gesetzt. Dieser Quotient, welcher als Lösungsquote angesehen wird, gibt einen Hinweis auf die vermutete empirische Schwierigkeit des jeweiligen mathematischen Experiments. Eine vollständige Ergebnisdarstellung aller Experimente und der zugeordneten Codierungen enthält Tab. B.8 im Anhang. Die Lösungsquote stellt eine gute Schätzung der empirischen Schwierigkeit dar (Müller, 2015, S. 56).

Die Transkription der Interviewdaten erfolgte nach dem Regelsystem von Dresing & Pehl (2018, S. 19ff.) mit Hilfe des Programms f5. Unverständliche Stellen wurden mit unv. Gekennzeichnet. Alle Absätze wurden mit Zeitmarken versehen und die Passagen wurden den einzelnen Schritten des vorgestellten Leitfadens (vgl. Tab. 3.2) zugeordnet. Die Analyse der Daten erfolgte nach Mayring (2010). Es wurde ein induktives Kategoriensystem auf Grundlage der aufbereiteten Daten erstellt. Die erarbeiteten Codier-Leitfäden der insgesamt sieben erstellten Kategorien sind in Tab. B.1 bis B.7 im Anhang dargestellt. Die Interviews wurden einzeln analysiert, da die Experimente verschiedene mathematische Inhalte betreffen und auch mit verschiedenen DMW bearbeitet wurden (Schmidt & Müller, 2020, S. 380f.).

Bei der qualitativen Inhaltsanalyse nach Mayring (2010) wurden Textpassagen der Interviews den Kategorien zugeordnet und mit den erarbeiteten Codier-Leitfäden die Ausprägung ermittelt. Da besonders Lernende mit fundierten Kenntnissen keine Aussage zur Bedienung getätigt haben, wurden bei der Analyse auch nonverbale Handlungen miteinbezogen, sofern diese von der Interviewperson bemerkt und notiert wurden. Alle notierten Beobachtungen wurden an der entsprechenden Stelle in den Transkripten vermerkt. Um einen Überblick über die jeweiligen Zuordnungen zu den Ausprägungen zu erhalten, werden im Folgenden einige Extremfälle vorgestellt. Die Transkript-Stellen, auf die in den folgenden beiden Kapiteln verwiesen wird, sind in der Reihenfolge der Nennung im Anhang B aufgelistet.

Bei SFZ_L9 ist aufgefallen, dass die Stimme bei der Bearbeitung des mathematischen Experiments ohne DMW überwiegend leise und an vielen Stellen unverständlich war. Bei der einführenden Übungsaufgabe wurde deutlich, dass Schwierigkeiten bestanden, die Gedanken laut zu verbalisieren. Sobald jedoch die Arbeit mit DMW ausgeführt wurde, wurde lauter und verständlicher gesprochen. Die digitalen Arbeitsprodukte enthielten keine zusätzlichen Informationen zu den analogen Arbeitsprodukten. Es wurden keine Formeln oder graphischen Darstellungen verwendet, allerdings wurde Zweck und Zeitfaktor der Verwendung von DMW hervorgehoben:

DMW und mathematische Experimente

Man könnte Diagramme anzeigen lassen. Man kann auch sich das ausrechnen lassen. Ich weiß nur nicht mehr wie. Also ist das sinnlos. [...] Das es eher umständlicher ist sich das machen zu lassen, anstatt man das selbst macht [...] Und wenn ich was ausrechne gehe ich ja nicht in Excel rein und lass mir das ausrechnen [...] Ich wüsste jetzt kein Ding mit dem ich schneller mit Excel wäre, als wenn ich es so machen würde.

(SFZ_L9, Z. 114-120)

Bei der Besprechung des digitalen Feedbacks wurde auch von SFZ_L2 geäußert, dass Schwierigkeiten mit der Methode des lauten Denkens bestanden und diese bei der Bearbeitung der (Problem)-Aufgabe ablenkte (SFZ_L2, Z. 237-245). In den zugehörigen digitalen Arbeitsprodukten konnten jedoch mehrere der verwendeten Formeln und Funktionen erklärt werden. Es wurde auf Aufbau und Bezüge der verwendeten Befehle eingegangen (SFZ_L2, Z. 145-146). Durch den Vergleich ähnlicher Formeln gelang es, eine Idee zu entwickeln, wie man die Datei erweitern könnte (SFZ_L2, Z. 164-165, Z. 175-177). Aus den genannten Gründen wurde eine hohe Ausprägung der Kategorien *Beschreibung Bedienschemata* und *Auseinandersetzung mit digitalem Feedback* festgestellt und eine mittlere Ausprägung in den Kategorien *Beschreibung Verwendungsschemata* und *Nutzung DMW als Instrument* zugeschrieben, obwohl die Kategorie *Einfluss des Verbalisierens der Gedanken* mit Ja bewertet wurde.

Während SFZ_L2 Schwierigkeiten in Zusammenhang mit der Methode des lauten Denkens angab, unterstrich z. B. SFZ_L6 sogar die Vorteile einer solchen Arbeitsweise:

Das mache ich eigentlich selber zu Hause auch. Also wenn ich selber am Schreibtisch sitze, dann spreche ich mir das vor, weil manchmal habe ich dann halt so/ Wenn ich es in mich rein spreche, dann übersehe ich etwas öfters. Und dann habe ich auch so im Kopfrechnen kann ich es zwar eigentlich ganz gut, aber ich habe trotzdem immer Fehler mal drin. Und wenn ich es dann laut vor mir her spreche, dann habe ich so die Zahlen vor mir und habe es besser geordnet.

(SFZ_L6, Z. 176-180)

SFZ_L5 und SFZ_L6 haben z. B. noch wenig Erfahrung und wenig Kenntnisse im Umgang mit DMW und deshalb ist die Kategorie *selbstwahrgenommene DMW-Kompetenz* jeweils mit Code B1 (geringe Ausprägung) bewertet wurden (SFZ_L5, Z. 144-150; SFZ_L6, Z. 55-68, Z. 168-170). Dies bestätigte sich während der Bearbeitung des Experimentes. So konnten kaum Verwendungs- und Bedienschemata zum gewählten DMW beschrieben werden. Dies führte zu niedrigen Bewertungen (Codes D1 bzw. E1) bei den Kategorien Beschreibung Verwendungsschemata und Beschreibung Bedienschemata. Weiterhin konnte kein digitales Arbeitsprodukt (z. B. in Form einer aussagekräftigen Datei) erstellt und die Besprechung des digitalen Feedbacks in Form einer vorhandenen Datei konnte nicht zur Beschreibung von Lösungsschemata beitragen. Deshalb wurden die Kategorien Nutzung DMW als Instrument und Auseinandersetzung mit digitalem Feedback mit Codes F1 bzw. G1 (geringe Ausprägung) bewertet.

SFZ_L4 versuchte das mathematische Experiment mit einem DMW zu bearbeiten. Dies gelang nur in Ansätzen; geeignete Befehle konnten nicht eingegeben oder nachvollzogen werden (SFZ_L4, Z. 86-88, Z. 97-99). Allerdings wurde angegeben, vergleichbare (Problem-)Aufgaben mit dem DMW bearbeitet zu haben (SFZ_L4, Z. 66-68) und es konnten auch einige mathematischen Inhalte benannt werden. Zur Lösung der vorliegenden

DMW und mathematische Experimente

(Problem-)Aufgabe konnten Lösungs- oder Bedienschemata nicht transferiert werden (SFZ_L4, Z. 79-83, Z. 100-102, Z. 104-105). Auch bei der Besprechung der digitalen Hilfen konnten Bedien- und Verwendungsschemata der DMW nur oberflächlich beschrieben werden. Daher wurden in den Kategorien Beschreibung Verwendungsschemata, Beschreibung Bedienschemata, Nutzung DMW als Instrument und Auseinandersetzung mit digitalem Feedback die niedrigste Ausprägung (Codes D1, E1, F1 und G1) vergeben.

SFZ_L3 konnte erfolgreicher agieren. Es fiel auf, dass analoge Werkzeuge (z. B. Lineal) verwendet wurden, um die (Problem-)Aufgabe auch mit DMW zu bearbeiten (SFZ_L3, Z. 35-36, Z. 50-52, Z. 54-56). Bei der Bearbeitung mit DGS fielen jedoch mangelnde Bedien- und Verwendungsschemata auf, obgleich ein planvolles Vorgehen beschrieben werden konnte (SFZ_L3, Z. 96-98). Die Umsetzung des Plans scheiterte an der Verwendung ungeeigneter Befehle (SFZ_L3, Z. 91-93). Auch bei dem Versuch ein gleichseitiges Dreieck im 2D-Modus zu konstruieren, wurde intensiv daran gearbeitet die exakte Seitenlänge auszuwählen (SFZ_L3, Z. 96-103). Bei der Konstruktion des Seitenmittelpunktes traten Schwierigkeiten auf (SFZ_L3, Z. 116-118). Selbstständig war eine Lösung der Aufgabe nicht möglich. Unter Einbezug des digitalen Feedbacks konnten allerdings Längen exakt definiert und Schnittpunkte konstruiert werden. Dies führte zur Lösung der Aufgabe. Damit konnten Bedien- und Verwendungsschemata beschrieben und Lösungsschemata erarbeitet werden. Vor diesem Hintergrund wurden die Ausprägungen der Kategorien Beschreibung Verwendungsschemata, Beschreibung Bedienschemata, Nutzung DMW als Instrument und Auseinandersetzung mit digitalem Feedback mit Codes D2, E2, F2 sowie G2 (mittlere Ausprägung) bewertet.

Bei SFZ_L1 ist eine große Diskrepanz innerhalb des bearbeiteten mathematischen Experiments zu vermerken. Es wurde angeben, dass die (Problem-)Aufgabe teilweise bekannt und bereits mit DMW bearbeitet wurde (SFZ_L1, Z. 53-54, Z. 115). Dennoch konnte die (Problem-)Aufgabe nur teilweise gelöst werden. Ein DMW wurde dabei allerdings genutzt. Da die digitalen Arbeitsprodukte wichtige Informationen zur Lösung der Aufgaben aufweisen, ist die Ausprägung der Kategorie Nutzung DMW als Instrument hoch (Code F3). Bei den weiteren Kategorien wurden lediglich mittlere und niedrige Ausprägungen vergeben. Insbesondere bei der Auseinandersetzung mit dem digitalen Feedback wurde deutlich, dass die Kenntnisse stark mit analogen (Problem-)Aufgaben verknüpft sind und ein Transfer nicht ohne weiteres möglich ist.

3.5 Ergebnisse der Studie zu Stadien der instrumentalen Genese bei der Arbeit an mathematischen Experimenten

Anhand der Lösungsquoten der mit DMW bearbeitenden mathematischen Experimente zeigt sich, dass die Lernenden gut gewählt hatten. Nur in zwei Fällen konnten keine Lösungsansätze von den Lernenden innerhalb der Erprobung des SFG gefunden werden. Die Lösungsquoten der 14 ausgewerteten mathematischen Experimente, bei der die teilnehmenden Lernenden die Methode des lauten Denkens angewandt haben, bewegen sich zwischen 0.66 und 0.93, was zu den ermittelten empirischen Schwierigkeiten des SFG passt (62.5 bis 91.7; vgl. Tab. B8 im Anhang).

Das auf Grundlage der Daten erarbeitete induktive Kategoriensystem umfasst insgesamt sieben Kategorien. Die ersten beiden Kategorien enthalten Informationen zur Selbsteinschätzung der Lernenden. Die Kategorie Einfluss des Verbalisierens der Gedanken beschreibt den subjektiven Eindruck der Lernenden, ob sie bei der Arbeit an den mathematischen Experimenten durch die Methode des lauten Denkens beeinträchtigt wurden. Fünf Lernende gaben an, dass sie die Methode des lauten Denkens bei der Bearbeitung der (Problem-)Aufgabe gestört hat. Die Kategorie selbstwahrgenommene DMW-Kompetenz beschreibt die Selbsteinschätzung der eigenen Werkzeugkompetenzen zu den gewählten DMW. Bei dieser Kategorie zeigt sich ein heterogenes Bild. Die Lernenden bewerten die eigenen Kompetenzen im Hinblick auf die Verwendung von DMW individuell unterschiedlich (vgl. Tab. 3.4).

Die weiteren fünf Kategorien haben theoretische Bezüge zur instrumentalen Genese und erfassen beobachtbare Teile der Beschreibung der mathematischen Inhalte, Instrumentalisation, Instrumentation und Mediation. Die Kategorie Beschreibung mathematischer Inhalte ist im Sinne der instrumentalen Genese Teil der Wechselwirkung zwischen Subjekt (Lernende) und Objekt (mathematischer Inhalt). Hierzu zählt auch, wie gut die durch DMW gewonnenen Informationen mit Hilfe von mathematischen Kenntnissen interpretiert werden können. Es kann festgehalten werden, dass die überwiegende Mehrheit der Lernenden mindestens eine mittlere Ausprägung in dieser Kategorie aufweisen und damit in der Lage waren, die (Problem-)Aufgabe größtenteils zu bearbeiten (vgl. Tab. 3.5).

Kategorie	Code	Kurzbeschreibung	Anzahl
Einfluss des Verbalisierens der Gedanken	A2 (Ja)	subjektive Einschätzung der Methode des lauten Denkens als belastend, störend oder ablenkend	5
	A1 (Nein)	subjektive Einschätzung der Methode des lauten Denkens als hilfreich oder zumindest als nicht belastend, störend oder ablenkend	9
Selbstwahrgenommene DMW-Kompetenz	B3 (sicher)	umfangreiche Kompetenzen; großer Erfahrungsschatz vorhanden; Gefühl von Sicherheit	5
	B2 (teilweise sicher)	grundlegende Kompetenzen vorhanden; unsicher nur bei bestimmten (unbekannten) Befehlen oder Funktionen	4
	B1 (unsicher)	wenig Kompetenzen; kaum Erfahrung oder verwendete Befehle und Funktionen sind unbekannt; Gefühl von Unsicherheit	5

Tab. 3.4: *Kategorien Einfluss des Verbalisierens der Gedanken und selbstwahrgenommene DMW-Kompetenz.* Dargestellt sind Codes, Ausprägung, Kurzbeschreibung sowie absolute Häufigkeiten (n = 14).

Alle ausgewerteten Experimente konnten bearbeitet werden. Keiner der Lernenden, die die Methode des lauten Denkens ausführten, mussten die Bearbeitung ohne Lösungsansatz abbrechen. Daher wurde auch kein Code C1 vergeben und es konnte kein Ankerbeispiel notiert werden (vgl. Tab. B3 im Anhang).

Kategorie	Code	Kurzbeschreibung	Anzahl
Beschreibung mathematischer Inhalte	C3 (hohe Ausprägung)	Mathematischer Hintergrund der Aufgabe wird vollständig erfasst; Vermutungen werden mit mathematischen Kenntnissen begründet; Lösungen werden überwiegend durch Anwendung mathematischer Kenntnisse (Formeln, Sätzen ...) gefunden; Auswahl geeigneter Darstellungsformen	6
	C2 (mittlere Ausprägung)	Mathematischer Hintergrund der Aufgabe wird überwiegend erfasst; Aufgabe wird in Teilen gelöst; Vermutungen werden aufgestellt, aber nicht vollständig begründet	8
	C1 (geringe Ausprägung)	Große Verständnisschwierigkeiten; fehlende mathematische Kenntnisse im Bereich der Aufgabe; Aufgabe wird überwiegend nicht gelöst oder falsch beantwortet bzw. begründet	0

Tab. 3.5: *Kategorie Beschreibung mathematischer Inhalte.* Dargestellt sind Codes, Ausprägung, Kurzbeschreibung sowie absolute Häufigkeiten (n = 14).

Die Kategorien Beschreibung Bedienschemata und Beschreibung Verwendungsschemata zielen speziell auf die Wechselbeziehungen zwischen Subjekt (Lernende) und Artefakt bzw. Instrument. Sie betrachten den Fortschritt der Instrumentation und Instrumentalisation (vgl. Kapitel 1.3), also in welchem Maß Bedien- und Verwendungsschemata beschrieben werden. Bei der Instrumentation (vgl. Kapitel 1.3.2) schreibt das Subjekt (Lernende) dem DMW Eigenschaften und Lösungsschemata zu. Ob ein Subjekt (Lernende) einem Instrument dabei bestimmte Eigenschaften eher kurz- oder langfristig zuweist, ist in diesen Kategorien nicht differenziert (vgl. Tab. 3.6).

Kategorie	Code	Kurzbeschreibung	Anzahl
Beschreibung Verwendungsschemata	D3 (hohe Ausprägung)	Kenntnis vieler Funktionen und deren Zweck (vernetzte Schemata); gezielte Auswahl und Nutzung von Funktionen; Kenntnis darüber, wo neue Funktionen zu finden sind; Wechsel zwischen Funktionen	2
	D2 (mittlere Ausprägung)	einzelne Funktionen bekannt; Kenntnisse stark mit bearbeiteten Aufgaben verknüpft; Auswahl von Funktionen und Befehlen nicht immer zielgerichtet	7
	D1 (geringe Ausprägung)	kaum Kenntnisse darüber, was mit dem DMW möglich ist; nur bildhafte Erinnerungen an bisher erstellte oder bekannte Dateien; erstellte Dateien können nicht reproduziert werden	5
Beschreibung Bedienschemata	E3 (hohe Ausprägung)	Aufbau von Menü- bzw. Werkzeugleiste ist bekannt; fundierte Kenntnisse zur Bedienung des DMW	4
	E2 (mittlere Ausprägung)	grundlegende Kenntnisse vom Menü; mehrere oben genannte Bedienelemente unbekannt oder in geeigneten Situationen nicht genutzt	4
	E1 (geringe Ausprägung)	ungeübt in der Bedienung; Aufbau von Menü- bzw. Werkzeugleiste ist überwiegend unbekannt; überwiegend lange Suche nach dem geeigneten Befehl oder Funktion	6

Tab. 3.6: *Kategorien Beschreibung Bedienschemata (Instrumentalisation) und Beschreibung Verwendungsschemata (Instrumentation).* Dargestellt sind Codes, Ausprägung, Kurzbeschreibung sowie absolute Häufigkeiten (n = 14).

Die Kategorien Nutzung DMW als Instrument und Auseinandersetzung mit digitalem Feedback zielen schließlich auf die Anwendung der Kenntnisse ab, um zu erfahren, wie stark inhaltliche (mathematische) und technische Schemata mit dem Artefakt verknüpft sind. Die Kategorie Nutzung DMW als Instrument unterscheidet, ob das DMW als Artefakt oder bereits als Instrument zur Lösung der Aufgabe genutzt werden kann, ob das Subjekt (Lernende) in der Lage ist, eine funktionstüchtige Datei zur Lösung der Aufgabe zu erstellen und ob anhand dieser Erkenntnisse ein Bezug auf die Aufgabe generiert werden konnte. Die Kategorie Auseinandersetzung mit digitalem Feedback erfasst die epistemische Mediation, inwiefern das Subjekt (Lernende) mit ihren Kenntnissen gegebene digitale Dateien analysieren und interpretieren können (vgl. Tab. 3.7).

Kapitel 3

Kategorie	Code	Kurzbeschreibung	Anzahl
Nutzung DMW als Instrument	F3 (überwiegend)	Nutzung verschiedener Funktionen und Befehle; Datei bringt neue Erkenntnisse zur Aufgabe; Planung und Reflektion des Vorgehens	4
	F2 (teilweise)	ein Versuch bringt kaum neuen Erkenntnisse; Plan kann in Ansätzen umgesetzt werden	3
	F1 (nicht)	keine Idee, wie die Aufgabe mit DMW umsetzbar ist bzw. ist ein Plan zwar vorhanden, kann aber nicht umgesetzt werden	7
Auseinandersetzung mit digitalem Feedback (Mediation)	G3 (hohe Ausprägung)	eher tiefgründig; Subjekt versteht den Aufbau der Datei, erkennt und erläutert genutzte Funktionen und Befehle; erkennt Zusammenhänge (und Unterschiede zwischen Dateien und Funktionen)	2
	G2 (mittlere Ausprägung)	teilweise; Subjekt kann nur einen Teil der verwendeten Funktionen, Befehle, Formeln, Diagramme oder Konstruktionen deuten	7
	G1 (geringe Ausprägung)	eher oberflächlich; Subjekt beschreibt nur, was sichtbar ist, kann verwendete Funktionen, Befehle, Formeln, Diagramme oder Konstruktionen nicht deuten, versteht nicht, was Datei aussagt	5

Tab. 3.7: *Kategorien Nutzung DMW als Instrument und Auseinandersetzung mit digitalem Feedback (Mediation).* Dargestellt sind Codes, Ausprägung, Kurzbeschreibung sowie absolute Häufigkeiten, n = 14 (Schmidt & Müller, 2020, S. 381).

Im Vergleich der Kategorien fällt auf, dass die höchste Ausprägung D3 der Verwendungsschemata unter allen Subjekten (Lernenden) nur bei zwei ausgewerteten mathematischen Experimenten erreicht werden konnte. Mit den Bedienschemata verhält es sich anders. Die Ausprägungen der Bedienschemata sind alle etwa gleich belegt (vgl. Tab. 3.6). Die Häufigkeitsanalysen der Kategorien Nutzung DMW als Instrument und Auseinandersetzung mit digitalem Feedback ergeben, dass die teilnehmenden Lernenden eher in der Lage waren, die gegebene Datei zu erklären, als eine eigene Datei zu erstellen (vgl. Tab. 3.7). Im Vergleich der Teilnehmenden konnte zudem festgestellt werden, dass Lernende, die sowohl bei den Bedienschemata als auch bei den Verwendungsschemata eine geringe Ausprägung aufwiesen, nicht in der Lage waren die (Problem-)Aufgabe mit dem DMW zu bearbeiten. Generell wurden höhere Ausprägungen vergeben, wenn DGS als DMW von den Lernenden zur Bearbeitung des mathematischen Experiments ausgewählt wurde (z. B. SFZ_L3, SFZ_L7, SFZ_L10). Lediglich zwei Lernende (SFZ_L2, SFZ_L13) erreichen bessere Werte mit TK als einem weiteren DMW.

3.6 Diskussion der Studie zu Stadien der instrumentalen Genese bei der Arbeit an mathematischen Experimenten[6]

3.6.1 Diskussion der Methodik

Zunächst kann positiv festgehalten werden, dass alle Teilnehmenden, die die Methode des lauten Denkens angewendet haben, die mathematischen Experimente bearbeiten konnten. Die Zusammensetzung der Stichprobe ist allerdings kritisch zu bewerten, da sie aufgrund der organisatorischen Rahmenbedingungen der SFC nicht zufällig erfolgen konnte. Die Stichprobe wird von mathematisch interessierten Lernenden dominiert, die gleichzeitig technikinteressiert sind.

Die zur Ermittlung der Lösungsquote verwendete trichotome Codierung hat sich bewährt. Die Erweiterung der von Drüke-Noe (2012) beschriebenen 0-1-Codierung kann als gelungen angesehen werden, da Zwischenlösungen codiert werden konnten. In diesen Fällen konnte eine Bewertungsabstufung der Lösungen vorgenommen werden. Eine weitere Verfeinerung könnte den Bearbeitungsgrad noch stärker differenzieren und den Einbezug des verwendeten digitalen Feedbacks noch besser abbilden. Das gewählte methodische Vorgehen gab dennoch Hinweise, dass eine selbstständige Arbeitsweise im Sinne des forschend-entdeckenden Lernens möglich ist.

Mit Blick auf Z2 kann die Methodenauswahl als geeignet bewertet werden. Allerdings könnte die Aussagekraft der Ergebnisse und insbesondere des Kategoriensystems erhöht werden, wenn ein zweiter unabhängiger Rater zur Auswertung der Interview-Daten hinzugezogen wird. Mit Respekt auf die Gütekriterien kann festgehalten werden, dass der vorgestellte Leitfaden (vgl. Tab. 3.2) eingehalten wurde. Damit wurden wichtige Kriterien der Methode des lauten Denkens im Rahmen der Versuchsdurchführung beachtet und umgesetzt (Konrad, 2010; Heine, 2014). Sicherlich könnte zusätzlich zu den Transkripten und Protokollen eine Video-Aufzeichnung die Datenlage weiter verbessern. Insbesondere die Arbeitsphasen der Teilnehmenden mit den DMW könnten im Hinblick auf Körpersprache, Augenbewegung, Mimik und Gestik weiter dokumentiert und die Daten analysiert werden, um z. B. die epistemische Mediation durch DMW durch beobachtbare äußere Merkmale noch genauer zu erfassen. Kritisch ist anzumerken, dass fünf der Teilnehmenden angaben, durch die Methode des lauten Denkens bei der Arbeit gestört wurden. Dies führte z. B. zu längeren Dialogen mit der Interviewperson (SFZ_L2, Z. 26-62). Die Reaktionen der Interviewperson konnten den Lernenden in seinem Gedankengang beeinflussen. Wie in Kapitel 3.4.1 beschrieben, ist das laute Aussprechen der Gedanken ein mögliches Vorgehen, kognitive Prozesse der Lernenden während der Aufgabenbearbeitung zu untersuchen, da eine Verbalisierung des tatsächlichen Gedankengangs angenommen wird.

Durch die intensive Verwendung von DMW kam es während der Versuchsdurchführung vereinzelt zu technischen Schwierigkeiten, wie Kompatibilitätsproblemen der Software-Synchronisation, die Ausführung von System-Updates und sowie Netzwerk- und Verbindungsproblemen. Derartige Schwierigkeiten konnten operativ behoben werden. Es ist allerdings nicht abzuschätzen, welchen Einfluss sie auf die Versuchsdurchführung und evtl. die Teilnehmenden hatten. Diese Schwierigkeiten betrafen allerdings nur vier Interviews, sodass deren Auswirkung auf die Untersuchungsergebnisse als vernachlässigbar angesehen werden kann (Schmidt & Müller, 2020, S. 382).

3.6.2 Diskussion der Ergebnisse

Im Kontext der genutzten Arbeitsblätter des SFG kann die Begrifflichkeit des Experimentierens kritisch gesehen werden. Wie durch die Klassifikation von Grygier & Hartinger (2009) oder durch die Verwendung des mathematischen Experiments nach Barzel et al. (2007) beschrieben, kann von einem Experiment im Kontext von Lehren und Lernen nur dann gesprochen werden, wenn lediglich ein zu erforschender Sachverhalt gegeben ist und die Entwicklung des Untersuchungswegs von den Lernenden eigenständig erfolgt. Wird als Betrachtungsgrundlage die gerade genannte Klassifikation gewählt, so würde die Tätigkeit, welche bei der Umsetzung des

SFG ausgeführt wird, unter die Kategorie des Laborierens fallen, da sowohl die Fragestellung als auch die Vorgehensweise durch die Experimentieranleitungen gegeben sind. Allerdings sind die Experimentierschritte im Sinne des guided discovery learning lediglich Hilfestellungen und keine verbindlichen Handlungsanleitungen. Speziell bei der Verwendung von DMW weichen die Lernenden häufig im selbstgewählten Vorgehen davon ab. Damit haben die untersuchten (Pro- blem-)Aufgaben einen klaren experimentellen Charakter.

Die Lösungsquoten der bearbeiteten mathematischen Experimente zeigen, dass die Lernenden die Aufgaben erfolgreich bearbeiten konnten. Diese Einschätzung wird auch durch die Ergebnisse der Kategorie Beschreibung mathematischer Inhalte unterstützt (vgl. Tab. 3.5). Es muss festgehalten werden, dass die Lernenden die Experimente selbst auswählen konnten. Die Auswahl erfolgte vor dem Hintergrund der mathematischen Vorkenntnisse und der jeweiligen Interessen. Die Ergebnisse zeigen auch, dass nicht alle Lernenden die gewählten Experimente vollumfänglich bearbeiten konnten. Das war mit Blick auf die Zielstellung Z2 und die Forschungsfrage F2 auch nicht notwendig. Die Lösungsquoten und die Ausprägungen der Kategorien Beschreibung mathematischer Inhalte belegen, dass eine wichtige Grundlage für die Einschätzungen der weiteren Kategorien im Hinblick auf die Verwendung der DMW und die Untersuchung der individuellen instrumentalen Genese gegeben ist. Die Ergebniswerte zeigen ein gutes Endresultat hinsichtlich einer eigenständigen Versuchsbearbeitung und -mathematisierung auf.

Die ermittelten Lösungsquoten sind zudem ein Hinweis auf die empirischen Schwierigkeiten der mathematischen Experimente. Da jedoch die Stichprobengröße klein ist und die Durchführungsvariablen der Experimente nicht exakt vergleichbar sind, ist dementsprechend die Aussagekraft

DMW und mathematische Experimente

gering und die Lösungsquote lediglich ein erster möglicher Schätzwert in Bezug auf das Schwierigkeitsniveau. Wie oben bereits beschrieben, fließen auch der Einsatz der digitalen Hilfen bzw. das digitale Feedback in Form von vorbereiteten Hilfsdateien in die Ergebnisse mit ein. Dies führt zu einer Verbesserung der Lösungsquoten und folglich müssen diese in Relation gesetzt werden. Eine verfeinerte Betrachtung der verwendeten digitalen Hilfen bzw. des digitalen Feedbacks ermöglicht die Kategorie Auseinandersetzung mit digitalem Feedback. Ein Einbezug in Form einer Quantifizierung könnte die Aussagekraft der Lösungsquote weiter erhöhen. Die Zielstellung Z2 und Forschungsfrage F2 erfordern dies allerdings nicht.

Im Vergleich der (Problem-)Aufgaben fiel auf, dass die Lernenden mit anschaulichen geometrischen und alltäglichen Bezügen weniger Schwierigkeiten hatten als mit formaleren algebraischen Aufgaben. Die Lernenden konnten hier zwar funktionale Zusammenhänge am gegebenen Beispiel beschreiben, aber das Aufstellen von expliziten oder rekursiven Bildungsvorschriften fiel ihnen dagegen schwer. Meyer (2010) stellte in einer Untersuchung zum forschend-entdeckenden Lernen unter den Teilnehmenden der neunten Jahrgangsstufe ebenfalls fest, dass die Lernenden Schwierigkeiten haben, algebraische Symbolsprache für die Argumentation zu gebrauchen. Bereits Malle (1993, S 135ff.) beschrieb, welche Aspekte den Lernenden im Rahmen der elementaren Algebra Schwierigkeiten bereiten und sah die Hürden vor allem in der Zuweisung von Variablen, aber auch im richtigen Einsatz von Notationen (z. B. Klammern) begründet. Einige Lernende konnten allerdings funktionale Zusammenhänge auch algebraisch fassen. Bemerkenswert ist der Ansatz von SFZ_L8. Dabei wurde das symmetrische Ansteigen und Abfallen der Produkte mit einer quadratischen Funktion beschrieben (vgl. SFZ_L8, Z. 7-9).

Im Vergleich der verwendeten DMW fiel auf, dass die Lernenden bei DGS auch mit wenigen Vorkenntnissen aktiv arbeiten konnten. Es ist ein beschriebener Vorteil von DGS, dass Lernende durch eine übersichtliche Menüleiste auf Befehle und Funktionen zugreifen, an die sie zuvor nicht gedacht haben (Barzel, 2012, S. 28). Die Lernenden können Befehle erproben und werden durch die vorgegebenen Funktionen der Menüleiste gelenkt. So bietet eine TK diesbezüglich weniger Hilfen. Lernende, die in der Erstellung von Diagrammen ungeübt sind und die nötigen Formeln nicht kennen, war es ohne die digitalen Hilfen (vorbereitete Dateien) kaum möglich, DMW erfolgreich zu nutzen.

3.6.3 Ein gestuftes Modell der instrumentalen Genese

Vor dem Hintergrund der beschrieben Studienergebnisse kann Forschungsfrage **F2** beantwortet werden: **Können bei Lernenden unterschiedliche Stadien der instrumentalen Genese bei der Arbeit mit DMW an mathematischen Experimenten bestimmt werden?**

Die instrumentale Genese stellt sich als gestufter Prozess dar, der in mindestens drei Stadien unterteilt werden kann. Diese Stadien lassen sich durch den Ausprägungsgrad des erstellten induktiven Kategoriensystems charakterisieren (Schmidt & Müller, 2020, S. 382). Die vier Kategorien Beschreibung Bedienschemata (Instrumentalisation), Beschreibung Verwendungsschemata (Instrumentation), Nutzung DMW als Instrument und Auseinandersetzung mit digitalem Feedback (Mediation) sind dabei maßgeblich (vgl. Tab. 3.6 und 3.7).

Stadium 1 lässt sich als niedrige Ausprägung der vier Kategorien (Codes D1, E1, F1 sowie G1) zusammenfassen. Das DMW wird als Artefakt wahrgenommen. Das Subjekt (Lernende) verfügt nur vereinzelt über Bedien-

und Verwendungsschemata. In Interaktion mit dem Artefakt und den Aufgaben (mathematische Experimente) werden Mediations-Prozesse initiiertet. Die Erfahrung mit den Aufgaben (mathematischen Experimente) werden anfänglich mit Schemata und dem Artefakt verknüpft. Lösungsschemata vergleichbarer Aufgaben sind (wenn überhaupt) für das Subjekt nur visuell verfügbar. Eine Transferleistung ist in diesem Stadium nicht möglich, insbesondere ist das Subjekt (Lernende) nicht in der Lage, das DMW zur Bearbeitung von unbekannten (Problem-) Aufgaben einzusetzen.

Stadium 2 lässt sich als mittlere Ausprägung der vier Kategorien (Codes D2, E2, F2 und G2) zusammenfassen. Das DMW wird als Instrument angewandt. Einzelne Bedien- und Verwendungsschemata sind stabil mit dem Artefakt und entsprechenden Aufgaben (mathematische Experimente) verknüpft. Die epistemische Mediation kann umfänglich erfolgen und das Subjekt (Lernende) erhält über das Instrument vertiefte Kenntnisse über das Objekt (mathematischer Inhalt). Die Lösungsschemata zur Aufgabe sind für das Subjekt (Lernende) verfügbar und reproduzierbar. Diese sind jedoch zunächst mit der bestimmten Aufgabe (mathematisches Experiment) verknüpft und können nicht transferiert werden. Die Bearbeitung weiterer (Problem-)Aufgaben kann nicht ohne weiteres erfolgen. Daher können die Ausprägungen in diesem Stadium bei dem Subjekt (Lernende) variieren und hängen von den Aufgaben (mathematische Experimente) bzw. den Kenntnissen zu den Aufgaben ab.

Stadium 3 lässt sich als hohe Ausprägung der vier Kategorien (Codes D3, E3, F3 bzw. G3) zusammenfassen. Das DMW steht dem Subjekt (Lernende) stabil als Instrument zur Verfügung und kann als Werkzeug verwendet werden. Es ist mit mehreren Bedien- und Verwendungsschemata zu verschiedenen Aufgaben (mathematische Experimente) verknüpft. Die Kenntnisse sind transferierbar und ermöglichen die Bearbeitung weiterer

(Problem-)Aufgaben. Insbesondere die pragmatische Mediation ermöglicht es dem Subjekt (Lernende), über das Instrument auf das Objekt (mathematischer Inhalt) einzuwirken. Der Prozess der Instrumentalisation ermöglicht neben der Anwendung auch eine Gestaltung des Werkzeugs.

Wie im Kapitel 1.3.4 beschrieben, ist die Mediation im Sinne der instrumentalen Genese eine Wechselbeziehung zwischen Subjekt (Lernenden) und Instrument. Dabei kann die epistemische Mediation (vom Objekt zum Subjekt) und in die pragmatische Mediation (vom Subjekt zum Objekt) unterschieden werden. Beide Mediationsprozesse wirken erkenntnisgenerierend, wenn das Subjekt das Artefakt mit Schemata und Aufgaben verknüpft. Mit voranschreitender Genese entwickeln sich die Mediationsprozesse quantitativ und qualitativ, sodass der Erkenntnisgewinn fortentwickelnd ermöglicht wird.

Das den drei beschrieben Stadien zugrundeliegende induktive Kategoriensystem könnte durch eine weitere empirische Überprüfung mit einer vergrößerten Stichprobe verfeinert werden. Ebenso könnten die Teilnehmenden mehrmals über die Zeit hinweg zu demselben DMW interviewt werden, um eine mögliche Entwicklung innerhalb des vorgeschlagenen Stadien-Modells zu verfolgen und damit auch die instrumentale Genese über die Zeit abzubilden. In diesem Zusammenhang könnte das methodische Vorgehen angepasst werden, um die Entwicklung und Verteilung zu den drei Stadien mit quantitativen Methoden zu operationalisieren und weiter zu untersuchen. Hierfür müssten geeignete Diagnose-Items erarbeitet werden, die auf Bedien- und Verwendungsschemata abzielen. Um die pragmatischen und epistemischen Mediationen zu untersuchen, wäre es wichtig den Prozess der Interaktion mit dem DWM und der Aufgabe abzubilden. Die beschriebene qualitative Studie bietet Ansatzpunkte zur methodischen

Fortentwicklung. Eine weitere Überprüfung des Stadien-Modells der instrumentalen Genese ist erstrebenswert.

Kapitel 4

Digitale Mathematikwerkzeuge als Mittler im bilingualen Mathematikunterricht[7]

---

7) Das Kapitel basiert auf der Veröffentlichung **Müller, M. (2021b).** Digitale Mathematikwerkzeuge als Mittler im bilingualen Mathematikunterricht im MISTI GTL Germany und an der GISB – Theoretische Rahmung aus Instrumentaler Genese und 4C Framework. *mathematica didactica*, *44*(2), 1-25. Auszüge sind kenntlich gemacht.

© Der/die Autor(en), exklusiv lizenziert an
Springer Fachmedien Wiesbaden GmbH, ein Teil von Springer Nature 2023
M. Müller, *Lehren und Lernen mit digitalen Mathematikwerkzeugen*,
https://doi.org/10.1007/978-3-658-41115-2_4

4.1 Motivation der Verknüpfung der instrumentalen Genese mit dem 4C Framework

Ausgehend von der Einordnung der DMW als Medium ist die Funktion des Mittlers zwischen Inhalt und Lernenden von besonderer Bedeutung (Rink & Walther, 2020, S. 7f.). Die Funktion der DMW als Mittler kann der Ausgangpunkt sein, um den Einsatz der DMW in einem bilingualen Mathematikunterricht zu untersuchen (Müller, 2020b). Um die Funktion als Mittler zwischen Inhalt und Lernenden genauer zu untersuchen, ist ein Verständnis für den Prozess der Werkzeug-Aneignung notwendig. Diesen Prozess beschreibt die instrumentale Genese, welche insbesondere das Lernen mit DMW theoretisch fassen kann. Werden DMW in einem bilingualen Mathematikunterricht eingesetzt, ist zu erwarten, dass sie vergleichbar zum regulären Unterricht einen Einfluss auf das Lernen haben. Um die Beziehungen untersuchen zu können, soll allerdings zunächst erläutert werden, was in diesem Zusammenhang unter bilingualem Mathematikunterricht gemeint ist. Bilingualer Mathematikunterricht ist ein großer Bereich und kann verschiedene Ausprägungen im konkreten Unterrichtssetting aufweisen. Die meisten Lehrpläne im deutschsprachigen Raum orientieren sich an Vereinbarungen der KMK (2013, S. 3), in denen bilingualer Unterricht allgemein definiert ist als Fachunterricht der nicht-sprachlichen Fächer, in dem überwiegend eine Fremdsprache für den Diskurs verwendet wird. Für den Mathematikunterricht ist dabei die Möglichkeit relevant, dass in Modulen phasenweise bilingual an fachlichen Inhalten gearbeitet wird. Damit sollen Synergieeffekte für den Fach- und Fremdsprachenunterricht entstehen und genutzt werden (TMBJS, 2018, S. 10). Diese Sequenzen können je nach Schule oder Projekt zeitlich variieren und sogar operativ angepasst werden (KMK, 2013, S. 8f.). Für die europäischen Länder hat sich der Begriff des *Content and Language Integrated Learning* (CLIL) durchgesetzt, der die verschiedenen Ansätze und Konzepte begrifflich zusammenfasst (Bonnet, Breitbach, & Hallet, 2009, S. 173). Zwei vergleichbare US-amerikanisch-deutsche Lernumgebungen entsprechen dem bilingualen Unterricht im Sinne des CLIL: Im Projekt MISTI Global Teaching Lab (MISTI GTL) unterrichten US-amerikanische Lehrkräfte deutschsprachige Lernende und an der German International School Boston (GISB) unterrichten deutschsprachige Lehrkräfte US-amerikanisch-sprachige Lernende. In beiden Lernumgebungen kommen DMW zur Anwendung, da sie sich an vergleichbaren didaktischen Basispapieren zum Mathematikunterricht (Lehrpläne und Bildungsstandards) orientieren. Die theoretische Grundlage für den CLIL-Unterricht ist das 4C Framework, welches Anknüpfungspunkte bietet, um die Theorie der instrumentalen Genese um sprachlich-kulturelle Aspekte zu erweitern (Müller, 2021b, S. 1).

4.2 Bilingualer Mathematikunterricht und Content and Language Integrated Learning

Bilingualer Sachfachunterricht bezieht sich auf ein Fach, in dem z. B. über bilinguale Module hinweg phasenweise bilingual an fachlichen Inhalten gearbeitet wird. Diese Sequenzen können zeitlich variieren und nach Bedarf bzw. Initiative der Lehrkraft angepasst werden (KMK, 2013, S. 8f.). Gesellschaftliche und technologische Veränderungen verstärken den Trend zur Ausweitung des bilingualen Unterrichts weltweit (Breidbach, 2007, S. 28). Das CLIL fasst die verschiedenen Ansätze und Konzepte begrifflich zusammen (Bonnet et al., 2009, S. 173). Daher schließt CLIL sämtliche bilinguale Lernumgebungen mit ein und hat einen breiteren Fokus als die reine Förderung der fremdsprachlichen Kompetenz. Lernende sollen im CLIL sachfachliche, fächerübergreifende, methodische, kognitive und kommunikative Kompetenzen erwerben. Inhalt, Kommunikation und Wissen stehen im CLIL in besonderer Weise in einem Beziehungs-dreieck. Kulturelle Aspekte beeinflussen das Beziehungsgefüge auf ver-schiedenen Ebenen (Coyle, Hood & Marsh, 2010, S. 41); einen Überblick über das s. g. 4C Framework gibt Abb. 4.1 (Müller, 2021b, S. 3)

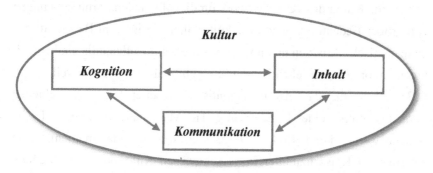

Abb. 4.1: *4C Framework*. Beziehungsgefüge der CLIL-Dimensionen Kommuni-kation, Kognition, Inhalt und Kultur. Eigene Darstellung (Coyle et al., 2010, S. 41).

Für die vorliegende Untersuchung wird angenommen, dass die Wechsel-beziehungen zwischen den Dimensionen Kommunikation, Kognition und Inhalt in beiden Lernumgebungen bestehen und belegt sind. Die Arbeit an den deutschen Auslandsschulen wie z. B. der GISB zeigt, dass ein bilingu-aler Mathematikunterricht möglich und gewinnbringend ist (Küppers, 2013, S. 308). Die symbolische Darstellung von mathematischen Formeln und Sätzen unterstützt auch in der Fremdsprache das Verständnis von ma-thematischen Zusammenhängen. Das Verbalisieren der Formeln in der Fremdsprache kann zu einem tieferen Verständnis der Zusammenhänge beitragen (Küppers, 2013, S. 311f.). Insbesondere der Wechsel zwischen den enaktiven, ikonischen und symbolischen Darstellungsformen, der im Fach Mathematik üblich ist, unterstützt das Arbeiten in bilingualen Lernumgebungen (Leisen, 2013, S. 156f.). Die verschiedenen Darstellungsformen und insbesondere deren Wechsel regen die Kommunikation an, und damit ist der bilinguale Mathematikunterricht sogar zur Vorbereitung für weitere bilinguale Module in anderen Fächern geeignet. Insofern ist die Dimension Kultur des 4C Framework für die bilingualen Lernumgebungen von großer Bedeutung. Schon die kulturellen Einflüsse in Bezug auf das mathematische Arbeiten und noch enger die Schulmathematik sind von einigen Autoren beschrieben worden. So geht insbesondere Barwell (2003, S. 38) davon aus, dass das mathematische Arbeiten sich in verschieden Sprachen unterscheidet. Es ist wichtig, dass Mathematik als universell verstanden werden kann (Rolka, 2004), allerdings kann das mathematische Arbeiten im Klassenzimmer in verschiedenen Kulturen unterschiedlich sein. Darüber hinaus trägt die Berücksichtigung kultureller Einflüsse dazu bei, die Probleme von Lernenden im Mathematikunterricht besser zu verstehen (Müller, 2021b, S. 4).

> However, positioning mathematics as culture-free and neutral reinforces the belief that the problem lies with the students or their families as opposed to with the curriculum, pedagogical choices, or the educational system.
>
> (Felton-Koestler & Koestler, 2017, S. 68)

Allgemein kann man sagen, je komplexer die mathematischen Themen sind, desto mehr verschwinden die sprachlichen oder kulturellen Unterschiede (Novotná & Moraová, 2005). Im schulischen Kontext kann man davon ausgehen, Unterschiede in der mathematischen Arbeit ausmachen zu können. Es ist interessant, wie mit diesen Unterschieden in einer bilingualen Lernumgebung umgegangen wird. Wenn sich der kulturelle Hintergrund der Lehrenden von denen der Lernenden unterscheidet, fällt es den Lehrkräften möglicherweise schwer, die Lernausgangslage der Lernenden richtig einzuschätzen (González, Andrade, Civil, & Moll, 2001). Der Mathematikunterricht im Projekt MISTI GTL und an der GISB sind gute Beispiele für bilinguale mathematische Lernumgebungen. In beiden Lernumgebungen unterscheidet sich die Unterrichtssprache (Fremdsprache) von der Sprache, die von den Lernenden als erste Sprache erlernt wurde (Erstsprache). In beiden Fällen unterrichten die Lehrkräfte Mathematik in ihrer Erstsprache. Der Einfluss von DMW auf das Lernen im Unterricht ist belegt (Barzel, 2012). Es kann angenommen werden, dass dieser Einfluss ebenso in einer bilingualen Lernumgebung (in adaptierter Form) existiert. Um das Lernen mit DMW zu verstehen, ist der bilaterale Prozess der Werkzeug-Aneignung (Instrumentalisation und Instrumentation) von besonderem Interesse. Die instrumentale Genese kann den Prozess epistemologisch fassen (Müller, 2021b, S. 4).

4.3 Forschungsfragen zur Verknüpfung der instrumentalen Genese mit dem 4C Framework

In Anbetracht der dargestellten theoretischen Überlegungen kann zentral eine Forschungsfrage formuliert werden, die empirisch überprüft werden soll: **(F3.1) Können DMW als Mittler für die Fremdsprache in bilingualen Lernumgebungen fungieren und somit ein tieferes Verständnis für mathematische Inhalte fördern?**

Dabei wird unter dem Begriff DMW ein spezielles digitales Medium verstanden, dessen primärer Zweck die Unterstützung des mathematischen Arbeitens ist. Aus dieser Begriffsdefinition leitet sich auch die Mittler-Funktion her. Das DMW wird im Rahmen der Studie als Mittler zwischen Lernenden und Inhalt aufgefasst (Rink & Walther, 2020). Entsprechend dem Studienrahmen bezieht sich die Fragestellung auf bilinguale Lernumgebungen. Konkret sind damit CLIL-Lernumgebungen gemeint, für die als theoretischer Bezugsrahmen das 4C Framework herangezogen wird. Speziell die Dimension Kommunikation des 4C Framework bietet Anknüpfungspunkte im Hinblick auf die Interaktion der Lernenden mit DMW innerhalb der Lernumgebungen. Wenn es zum Einsatz von DMW kommt, kann angenommen werden, dass die Prozesse der instrumentalen Genese erfolgen. In dieser Hinsicht wird der theoretische Zugang der instrumentalen Genese gewählt, um sich der Verständnisförderung auf Seiten der Lernenden zu nähern. Der Begriff des Artefakts wird im Rahmen dieser Studie im Sinne der instrumentalen Genese verwendet. Daher zielt F3.1 implizit auf die Wechselbeziehung zwischen dem Artefakt und der Dimension Kommunikation. Entsprechend der theoretischen Bezüge kann daher die Forschungsfrage 3.2 formuliert werden: **(F3.2) Finden sich in bilingualen Lernumgebungen, in denen DMW eingesetzt werden, Belege für eine Verbindung zwischen dem Artefakt im Sinne der instrumentalen Genese und der Dimension Kommunikation des 4C Framework?**

Für die bilingualen Lernumgebungen, welche dem CLIL-Konzept zuzuordnen sind, ist das 4C Framework von hoher Relevanz. Neben der benannten Dimension Kommunikation ist auch die Dimension Kultur immanent. Von Bedeutung sind daher kulturelle Unterschiede aus den beiden Kulturkreisen, die in den konkreten bilingualen Lernumgebungen aufeinandertreffen. Für die exemplarisch untersuchten Lernumgebungen (MISTI GTL und GISB) sollen die kulturellen Unterschiede auf das mathematische Arbeiten im Unterricht (genauer die Schulmathematik) begrenzt werden. Daher soll einer weiteren Fragestellung im Rahmen der Studie nachgegangen werden: **(F3.3) Gibt es Unterschiede zwischen der US-amerikanisch- und deutschsprachigen (Schul-) Mathematik und sind diese relevant für bilinguale mathematische Lernumgebungen?**

Die Auseinandersetzung mit den drei Forschungsfragen führt zu einer Verknüpfung der theoretischen Modelle. Für die beiden Lernumgebungen kann die instrumentale Genese mit dem 4C Framework in Verbindung gebracht werden. Eine mögliche theoretische Brücke soll vor dem Hintergrund der Ergebnisse der empirischen Studie kritisch diskutiert werden. Es wird angenommen, dass die insgesamt sechs Wechselbeziehungen der instrumentalen Genese und des 4C Framework im bilingualen Mathematikunterricht, indem DMW eingesetzt werden, bestehen. Dies legen die theoretischen Vorbetrachtungen da. Die Studie zielt entsprechend der Fragestellung F3.2 darauf ab, die Wechselbeziehung des Artefakts (instrumentale Genese) und der Dimension Kommunikation (4C Framework) zu untersuchen. Das DMW übernimmt an dieser Stelle die Funktion als Mittler für die Fremdsprache, wie es in der Fragestellung F3.1 formuliert ist. Die Bedeutung der Dimension Kultur für das 4C Framework im US-amerikanisch-deutschen Kontext wird durch Fragestellung F3.3 untersucht. Den formulierten Fragestellungen wird innerhalb zweier bilingualer Lernumgebungen, die dem CLIL-Konzept zuzuordnen sind und in denen vergleichbare DMW eingesetzt werden, nachgegangen. Der Geltungsbereich der Aussagen der Studie kann sich daher nur auf ähnliche bilinguale Lernumgebungen beziehen. Damit sind Lernumgebungen gemeint, in denen US-amerikanisch und Deutsch als Sprachen und DMW wie z. B. GeoGebra verwendet werden. Auch wenn die theoretischen Grundlagen und die daraus abgeleiteten Fragestellungen (speziell F3.2) einen weiteren interpretativen Kontext eröffnen könnten, wird dieser durch die Rahmenbedingungen der Studie eingegrenzt (Müller, 2021b, S. 4).

4.4 Rahmenbedingungen der Studie zur Verknüpfung der instrumentalen Genese mit dem 4C Framework

Um den formulierten Forschungsfragen nachgehen zu können, konnte eine empirische Untersuchung in zwei bilingualen Lernumgebungen durchgeführt werden. Sowohl das MISTI GTL als auch die GISB zeichnen sich durch bestimmte organisatorische und institutionelle Rahmenbedingungen aus, die im Studiendesign berücksichtigt werden mussten. In beiden bilingualen Lernumgebungen kommen DMW zum Einsatz. Dies liegt zum einen in den Lehrplänen begründet, an denen sich orientiert wird (z. B. TMBJS, 2018). Zum anderen sind die Lehrkräfte jung, motiviert und technikinteressiert (vgl. Tab. 4.1). Die Lernenden arbeiten mit DMW wie z. B. DGS, TK und CAS. Sowohl der Mathematikunterricht im Rahmen des MISTI GTL als auch an der GISB sind dem CLIL-Konzept zuzuordnen. Das 4C Framework ist für beide Lernumgebungen adäquat, um das Beziehungsgefüge zwischen den CLIL-Dimensionen zu beschreiben (vgl. Abb. 4.1). Neben den spezifischen institutionellen und organisatorischen Rahmenbedingungen sind auch die kulturellen Kontexte der US-amerikanischen und deutschen Schulmathematik zu beachten (Müller, 2021b, S. 5).

4.4.1 US-amerikanisch- und deutschsprachiger Mathematik-unterricht[8]

Die US-amerikanische und die deutsche Mathematikausbildung zeichnen sich durch kulturelle Spezifika aus, die regional und kontextabhängig stark

---

8) Das Kapitel basiert in Auszügen auf der Veröffentlichung **Müller, M. (2020a)**. Bilingual math lessons with digital tools. challenges can be door opener to language and technology. In B. Barzel, R. Bebernik, L. Göbel, M. Pohl, H. Ruchnie-

variieren können. Daher ist es schwierig, Verallgemeinerungen vorzunehmen. Erstens kann man nicht klar definieren, was einen deutschsprachigen Mathematikunterricht ausmacht. Unterschiede zwischen den 16 Bundesländern mit ihren jeweiligen Bildungssystemen sind vorhanden und empirisch belegt, wie der INSM-Bildungsmonitor zeigt (Anger, Plünnecke, & Schüler, 2018). Darüber hinaus ist die Unterrichtssprache an österreichischen und vielen Schweizer Schulen ebenso Deutsch. In den USA gibt es genauso wenig ein homogenes Bild des US-amerikanischen Mathematikunterrichts. Die 50 Staaten unterscheiden sich in ihren Bildungssystemen. Vergleiche in Form von Ratings und Rankings sind üblich. Beispielsweise wird das Bildungssystem des Staates Massachusetts in den USA als das beste angesehen (Trimble, 2018). Trotz der Schwierigkeiten mit einer abgrenzenden Definition können einige Beobachtungen zum Mathematikunterricht in den USA formuliert werden, ohne den Anspruch einer Verallgemeinerung zu verfolgen. Bereits 1913 brachte der US-amerikanische Mathematiker Jourdain seine Erwartungen an die Verständlichkeit mathematischer Theorien und Sachverhalte mit den folgenden Worten zum Ausdruck (Müller, 2021b, S. 5):

> He was never satisfied with his knowledge of a mathematical theory
> until he could explain it to the next man in the street.
>
> (Jourdain, 2007, S. 1)

Das schließt zwei Sichtweisen ein, die ein gewisses Spannungsfeld ausmachen. Zum einen kann jeder (Lernende) erwarten, dass Mathematik in einfachen Worten erklärt wird. Zum anderen kann eine mathematische Theorie jedoch nicht beliebig vereinfacht werden, bis sie nur für Spezialfälle

---

wicz, F. Schacht, & D. Thurm (Hrsg.), *Proceedings of the 14th International Conference on Technology in Mathematics Teaching – ICTMT 14* (S. 312-319). Auszüge sind kenntlich gemacht.

gilt. Das würde die Aussagekraft zu sehr schmälern (Jourdain, 2007). Mathematiklehrkräfte bewegen sich zwischen diesen beiden Sichtweisen. Es ist interessant zu sehen, wo die Prioritäten gesetzt werden (Müller, 2020a, S. 1).

In der Lehrerausbildung ist es wichtig, sich auf die Herausforderungen des Unterrichts vorzubereiten. Einige Autoren unterstreichen die Unmöglichkeit allgemeiner Lösungen für bestimmte Lernsituationen (Müller, 2021b, S. 5).

> We are highly aware that there are no two teachers exactly alike and that no one solution fits all circumstances.
>
> (Breaux & Whitaker, 2015, S. xii)

Dennoch fühlen sich z. B. Breaux & Whitaker (2015) in der Lage, 60 einfache Antworten auf (allgemeine) Probleme im Unterricht anzubieten. Dieser pragmatische Ansatz ist vorteilhaft für junge Lehrkräfte, die noch wenig eigene Unterrichtserfahrungen gesammelt haben. Weiterhin gehen einige US-amerikanische Lehrkräfte (vermutlich eine größere Anzahl als unter deutschen Lehrkräften) davon aus, dass mathematische Leistungen in Multiple-Choice-Tests gut erfasst und gemessen werden können. Die Ergebnisse in standardisierten Abschlussprüfungen mit thematisch einheitlichen, kompakten Aufgaben (Items) bestimmen die Schulkarriere von der Mittel- und Oberstufe bis zur Universität. Der Mathematikunterricht berücksichtigt demnach die Vorbereitung auf standardisierte Tests im besonderen Maße (Hyun, 2006; Kaplan, 2009). Interessant ist dabei, dass Elementargeometrie in der gesamten Ausbildung anscheinend thematisch vorherrschend ist und elementargeometrische Problemstellungen in allen Klassenstufen behandelt werden. So jedenfalls legen es entsprechende Unterrichtsmaterialien nahe (Balley, 2012; Lappan, Fey, Fitzgerald, Friel, &

Phillips, 2009). Diese Beobachtungen vermitteln einen ersten (unvollständigen) Eindruck von dem Umfeld, in dem sich US-amerikanische und deutsche Lehrkräfte bewegen. Entscheiden sich die Lehrkräfte in bilingualen Lernumgebungen tätig zu werden, sehen sie sich mit besonderen Herausforderungen aufgrund des unterschiedlichen pädagogisch-kulturellen Backgrounds (Felton-Koestler & Koestler, 2017, S. 68) konfrontiert. Für die vorliegende Studie werden beide Fälle im Sinne des CLIL betrachtet. Im Projekt MISTI GTL unterrichten US-amerikanische Lehrkräfte deutschsprachige Lernende, und an der GISB werden deutschsprachige Lehrkräfte im Fachunterricht tätig (Müller, 2021b, S. 6).

4.4.2 MIT Science and Technology Initiative Global Teaching Lab Germany und German International School Boston[2, 8]

Im Januar 2019 besuchten 43 Studentinnen und Studenten des Massachusetts Institute of Technology (MIT) Deutschland im Rahmen des Austauschprogramms MISTI GTL Germany, um mit deutschen Lernenden im mathematisch-naturwissenschaftlichen Unterricht an Schulen in Deutschland zusammenzuarbeiten. Dabei begeisterten die Studierenden die Schülerinnen und Schüler für ihre mathematisch-naturwissenschaftlichen Forschungsgebiete und lieferten viele wichtige Anregungen für den Lernprozess. Die Teilnahme am GTL-Programm bildete die Grundlage für die Zusammenarbeit der Schulen in Deutschland mit den MIT Science and Technology Initiatives (MISTI). Ziel des Projekts ist es, aktuelle MINT-Forschungsergebnisse für Lernende didaktisch aufzubereiten. Die eingegangenen Kooperationen werden in den folgenden Jahren fortgesetzt. Die US-amerikanisch-deutschen Lernumgebungen im Rahmen des Projekts MISTI GTL entsprechen einem bilingualen Mathematikunterricht im Sinne des CLIL. Dabei haben die bilingualen Lernumgebungen modularen Charakter

(TMBJS, 2018). Entsprechend der jeweiligen Basisdokumente kommen DMW in den bilingualen Lernumgebungen regulär zum Einsatz (Müller, 2020b, S. 2).

Die German School Boston wurde 2001 von einer Gruppe Eltern und Lehrkräften innerhalb der deutschsprachigen Community in Boston gegründet. Der Eröffnung ging eine vierjährige Planungs- und Organisationsphase voraus. Da die Schule Schülerinnen und Schüler verschiedener Nationalitäten vereint und dem Multikulturalismus verpflichtet ist, wurde der Name zu German International School Boston (GISB) erweitert. In den vergangenen Jahren sind die Anmeldezahlen stetig gestiegen, sodass der Campus schrittweise erweitert wurde. Zurzeit hat die GISB knapp 300 Lernende vom Vorschulalter bis Klasse 12. Seit 2013 erhalten erfolgreiche Absolventen der Schule sowohl das Massachusetts High School Diploma als auch das Deutsche Internationale Abitur. Damit können sie in den USA und in Deutschland bzw. einem Land innerhalb der Europäischen Union studieren. Das pädagogische Konzept wird beständig evaluiert und weiterentwickelt. Das Schulspezifische Integrative Medienkonzept (SIM) der GISB ist ein aktuelles Ergebnis dieses Evaluationsprozesses. Weitere Ergebnisse werden in den nächsten Schuljahren erwartet. In erster Linie erfolgt der Evaluationsprozess innerhalb des pädagogischen Austauschs im Lehr-Team an der GISB. Dafür treffen sich verschiedene Arbeitsgruppen (z. B. Mathematikfachschaftsgruppe, Steuergruppe, ...) mehrmals im Jahr, um das pädagogische Konzept (inklusive des SIM) vor dem Hintergrund der Erfahrungen im Schulalltag zu reflektieren. Standardisierte Instrumente im Sinne der empirischen Bildungsforschung kommen im Evaluationsprozess bisher nicht zum Einsatz. Eine externe Begleitung erfolgt nicht nur durch Beraterinnen und Berater für das deutsche Auslandschulwesen, sondern z. B. durch das Gutachten für die erfolgreiche Nominierung zum deutschen Schulpreis 2017. Die eingangs geschilderten Herausforderungen der Digitalisierungen (vgl. Kapitel 1.1) stellen sich der Schulgemeinschaft der GISB gleicher Maßen. Ein SIM kann helfen, sowohl informatische Bildungsinhalte zu integrieren als auch das Lernen mit und über digitale Medien in verschiedenen Fächern zu ermöglichen. Damit können Impulse gesetzt, Synergien genutzt und Projekte strukturiert werden (Müller et al., 2020, S. 102f.).

Auch der bilinguale Mathematikunterricht an der GISB ist dem CLIL zuzuordnen und orientiert sich neben den lokalen Lehrplänen auch an dem Thüringer Lehrplan (TMBJS, 2018), was für eine deutsche Auslandschule üblich ist. Entsprechend dem Thüringer Lehrplan ist der Einsatz digitaler Mathematikwerkzeuge (z. B. GeoGebra) ein integraler Bestandteil des Unterrichts. Damit hat der bilinguale Mathematikunterricht im Rahmen des MIST GTL und an der GISB vergleichbare didaktische Eckpunkte (Müller, 2021b, S. 6).

4.4.3 Schulspezifisches Integratives Medienkonzept der German International School Boston[2]

Das SIM der GISB soll im Folgenden kurz vorgestellt werden. Wie in Abb. 1.2 verdeutlicht, sollen sich die Lernenden in drei Stufen Kompetenzen mit und über digitale Medien aneignen. Dabei sollen auf der ersten Stufe alle Lernenden allgemeine Kompetenzen im Umgang mit digitalen Medien in einem möglichst frühen Alter erwerben, um auch kritisch entscheiden zu können, was die Medien leisten und wie sie die Lernenden im Lernprozess unterstützen können. Bereits im Grundschulalter sammeln die Lernenden an der GISB erste Erfahrungen mit digitalen Medien. Die Kinder werden im Laufe der vierjährigen Grundschulzeit schrittweise an die Medienarbeit herangeführt. In den jahrgangsübergreifenden Klassen 3/4 werden den Lernenden beispielsweise verschiedene kindgerechte Suchmaschinen vorgestellt und gemeinsam für die themenspezifische Recherche eingesetzt. Zudem erstellen die Lernenden in diesen Jahrgangsstufen erste Präsentationen am Computer. Ab der 6. Klasse werden dann in allen Fächern Unterrichtssequenzen mit Chromebooks durchgeführt. Das reicht von der themengebundenen Internetrecherche bis zur Arbeit mit individuellen (onlinegestützten) Lernumgebungen. Die Nutzung der Chromebooks wird ab der 7. Klasse verstetigt, indem jedem Lernenden ein eigenes Gerät für die Arbeit in allen Fächern (und der Freiarbeitszeit) zur Verfügung steht. Das digitale Medium ist ein verlässlicher Lernbegleiter, der den Lernenden grundsätzlich zur Verfügung steht. In bestimmten Unterrichtsphasen wird allerdings global durch die Lehrenden oder individuell durch die Lernenden bewusst auf den Einsatz verzichtet. Im Rahmen der Projektarbeit werden die digitalen Medien im fächerverbindenden oder -übergreifenden Unterricht eingesetzt. Ein Beispiel ist das alljährliche *Science Café*; an einem Tag im Jahr stellen alle Lernenden ihre mathematisch-naturwissenschaftlichen Projekte der gesamten Schulgemeinschaft (inklusive der Eltern) vor. Dabei werden auch fachspezifische Kompetenzen im Umgang mit und über digitale Medien erworben. Das entspricht der zweiten Stufe des SIM. Auch im Fachunterricht wird auf dieser Stufe gearbeitet. Z. B. im Deutschunterricht der 8. Klasse erarbeiteten sich die Lernenden im Dezember 2018 einen Debattier-Wettstreit in Anlehnung an *Jugend debattiert*. Zum Thema Chancen und Risiken künstlicher Intelligenz haben sie im Klassenverbund eine App entwickelt, die die Abschlussdebatte flankierte (vgl. Abb. 4.2). Der Schwerpunkt lag dabei auf dem Design der App (Was sollte eine solche App können?). Erste Schritte der Umsetzung sind die Lernenden mit dem MIT App Inventor 2 gegangen (Müller et al., 2020, S. 103).

Innerhalb der ersten beiden Stufen des SIM arbeiten die Lehrkräfte der GISB im Unterricht und unterrichtsnahen Lernangeboten wie den beschriebenen Projekttagen (z. B. *Science Café*) und unterstützen die Lernenden beim Kompetenzerwerb mit und über digitale Medien. Damit die Lehrkräfte für diese Aufgabe befähigt sind, bestehen Fortbildungsangebote. Zwei Tage im Schuljahr sind generell für Fortbildungen reserviert (Teacher-Development-Days). Das gesamte Lehr-Team nimmt an diesen beiden Tagen an allgemeindidaktischen und fachspezifischen Fortbildungsangeboten teil, die in den Räumen der GISB organisiert werden. Darüber hinaus zeigen viele Lehrkräfte ein hohes Maß an persönlichem Engagement und nehmen Fortbildungsangebote im Großraum Boston (z. B. am MIT oder im Museum of Science) wahr (Müller et al., 2020, S. 104f.).

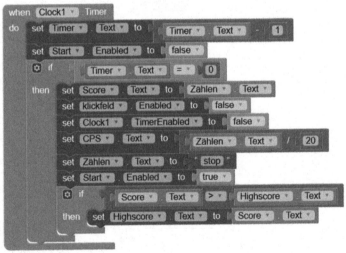

Abb. 4.2: *Produkte der Lernenden zum Design der App „DebatePRO" und zum Programm Code der App „Click-Spiel".* Links: Designer-Ansicht des MIT App Inventors. Rechts: Code des Spiels in der Blocks-Ansicht des MIT App Inventors (Müller et al., 2020, S. 104).

Auf der dritten Stufe des SIM wird an die Arbeit im Unterricht angeknüpft. Die Grundlagen werden genutzt, um gezielt informatische Kompetenzen im Umgang mit und über digitale Medien zu erwerben. Auf dieser Stufe wird neigungsspezifisch sowie interessen- und leistungsdifferenziert gearbeitet. In Ganztagsangeboten und Arbeitsgemeinschaften werden z. B. Themen zur Robotik (z. B. mit Lego Mindstorms) und App-Entwicklung (z. B. mit MIT App Inventor) über ein Schuljahr hinweg ausführlich und eingehend behandelt. Für die GISB ist dabei speziell das After-School-Programm (ASP) am Nachmittag relevant. Im ASP werden den Lernenden verschiedene Angebote zu unterschiedlichen Themen von in der Projektarbeit erfahrenen Pädagogen unterbreitet, die auch mit anderen Bildungsinstitutionen (z. B. Goethe-Institut) assoziiert und meist auf einen Fachbereich spezialisiert sind. Das ASP verfolgt einen ganzheitlichen Ansatz und wird von den Lernenden gut angenommen. Zusammenfassend kann das SIM der GISB, wie in Abb. 4.3 zu sehen, zu den drei Stufen zugordnet werden (Müller et al., 2020, S. 105f.).

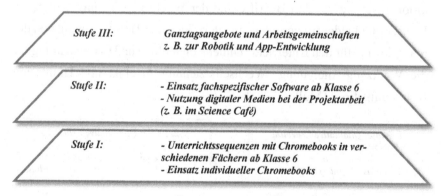

Abb. 4.3: *Schulspezifisches Integratives Medienkonzept (SIM) für die German International School Boston (GISB). Aufbau in drei Stufen zum allgemeinen,* fachspezifischen und informatischen Kompetenzerwerb. Eigene Darstellung (Müller et al., 2020, S. 106).

4.5 Methodik der Studie zur Verknüpfung der instrumentalen Genese mit dem 4C Framework

Um den aufgestellten Forschungsfragen empirisch nachgehen zu können, wurde ein zweiphasiges Mixed-Method-Design gewählt. In der ersten qualitativen Phase sollte das Erhebungsinstrument entwickelt und in der zweiten quantitativen Phase angewandt werden (vgl. Abb. 4.4). Grundlegend hat die Studie einen explorativen Charakter. Entsprechend der Forschungsfragen sollte die Beziehung des Artefakts (instrumentale Genese) und der Dimension Kommunikation in den Fokus genommen werden (vgl. F3.1 bzw. F3.2). Dem 4C Framework folgend, muss auch die Dimension Kultur Beachtung finden und kulturell bedingte Unterschiede des Mathematikunterrichts betrachtet werden (vgl. F3.2). Daher zielen die Auswahl der Methodik bzw. die Entwicklung der zugehörigen Erhebungsinstrumente auf die drei eben genannten theoretischen Begriffe und der Wechselbeziehung zwischen dem Artefakt und der Dimension Kommunikation ab. Die Operationalisierung der drei Begriffe und der Wechselbeziehung erfolgte im Dreischritt (1) Identifizierung von Unterschieden, (2) Bestimmung von deren Relevanz für den Unterricht (Dimension Kultur) und (3) Bedeutung für die Werkzeug-Aneignung (Wechselbeziehung Artefakt und Dimension Kommunikation) (Müller, 2021b, S. 7).

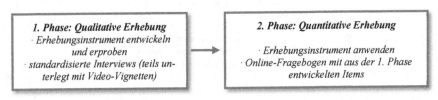

Abb. 4.4: *Zweiphasiges Mixed-Method-Design der Studie zur Verknüpfung der instrumentalen Genese und dem 4 C Framework.* Eigene Darstellung (Müller, 2021b, S. 7).

4.5.1 Erste Studienphase: Qualitative Erhebung

Die erste Studienphase hatte explorativen Charakter und umfasste im Wesentlichen qualitative Instrumente wie z. B. standardisierte Interviews. Geleitet von den formulierten Forschungsfragen wurde die qualitative Inhaltsanalyse nach Mayring (2010) als Vorgehensweise für diese Phase gewählt. Das Ausgangsmaterial für die Analyse wurde in den unter 4.4.2 beschriebenen bilingualen Lernumgebungen erhoben. An dieser Stelle sei daher auf die beschriebenen Rahmenbedingungen verwiesen (vgl. Kapitel 4.4.2). Im Folgenden wird das Beispielmaterial konkretisiert, aus dem das Analysematerial hervorging. Befragt wurden insgesamt neun US-amerikanische und deutsche Lehrkräfte mithilfe eines standardisierten Interviewleitfadens (Szücs & Müller, 2013). Die Lehrenden des Projektes MISTI GTL konnten anhand von Video-Vignetten über ihre eigenen Aktionen im Unterricht nachdenken, denn ihre Lehraktivität wurde von einer Kamera begleitet. Die Auswertung im Rahmen einer interpretativen Videoanalyse erfolgte nach Knoblauch, Schnettler, & Tuma (2010). Daher wurde für jede Videovignette ein deskriptiver Fallbericht ohne inhaltliche Deutung hinsichtlich der jeweiligen Aktivitäten und des Medieneinsatzes angefertigt. Fünf Lehrkräfte der GISB und vier Lehrkräfte des MISTI GTL nahmen an der Interviewstudie teil. Die Transkription der Interviews und Videoaufnahmen erfolgte standardisiert nach festen Vorgaben (Kuckartz et al., 2008). So wurde jeder akustische Wechsel und die vom Sprechenden abgrenzbaren Nebengeräusche mit einer Zeitmarke versehen sowie unverständliche Stellen mit (unv.) gekennzeichnet. Im Video genannte Namen wurden wegen der notwendigen Anonymisierung mit (Name) transkribiert. Vermutungen wurden in Klammern notiert und mit einem Fragezeichen versehen. Die Transkripte wurden mit dem Programm *f4 transkript* angefertigt. Die Video-Vignetten wurden anonymisiert, indem zufällig und nichtnachvollziehbare Label (z. B. V_I-1) als Bezeichnung der Dateien ausgewählt wurden (Müller, 2021b, S. 7).

Die Bestimmung des Analysematerials erfolgte durch die begründete Reduzierung des Beispielmaterials. Bei dieser Studie wurde das Beispielmaterial äußert geringfügig reduziert, da alle neun Transkripte analysefähige Informationen enthalten. Es sind lediglich unverständliche Abschnitte ausgeschlossen wurden, wenn z. B. Zwischenrufe längere Zeit dominierten oder die Aufnahmen unterbrochen wurden. Damit standen für die Analyse neun Interview- und vier Video-Transkripte zur Verfügung. Die Analyse innerhalb der ersten Phase diente der Item-Entwicklung für den geplanten Online-Fragebogen der zweiten Studienphase und orientierte sich an qualitativen Verfahren. Daher wurden für die Video-Transkripte ein induktives und darauf aufbauend für die Interview-Transkripte ein verfeinertes inhaltsanalytisches Kategoriensystem gebildet (vgl. Tab. C.1 im Anhang). Für alle Kategorien sind zwei Ausprägungen (jeweilige Codierung 0 und 1) im Codier-Manual vorgesehen, dabei bildet die Ausprägung 1 das Auftreten der jeweiligen Kategorie ab. Es wurde darauf geachtet, dass nur solche Kategorien und Ausprägungen gebildet wurden, die im Analysematerial beobachtet wurden. Aus dem Codier-Manual waren neben der Zuordnung der Kategorien die jeweiligen Ausprägungen mit den dazugehörigen Definitionen sowie die zugeordneten Ankerbeispiele ersichtlich (Müller, 2021b, S. 7).

Das entwickelte induktive Kategoriensystem zur Auswertung der Video-Transkripte zielte auf die Bestimmung der für den bilingualen Unterricht relevanten Unterschiede ab und umfasst fünf Kategorien (IK1: Mathematisieren, IK2: (fremd-)sprachliche Besonderheiten, IK3: mathematische Symbole und Notation, IK4: DMW als Mittler für die (Fremd)-Sprache, IK5: DMW als Mittler für mathematische Inhalte). Vor dem Hintergrund der Analyse der Interviewdaten wurde in einem normativen Schritt das Kategoriensystem verfeinert (DK1: Mathematisieren, DK2: Notation, DK3: traditionelle Vereinbarungen, DK4: Fachtermini, DK5: Wortgebrauch bei mathematischen Bezeichnungen, DK6: linguistische Interferenz, DK7: Mehrdeutigkeit mathematischer Fachbegriffe, DK8: Sprachtypische mathematische Fachbegriffe). Als Codier-Beispiel für eine Reflexion des eigenen Unterrichts einer Lehrperson im Projekt MISTI GTL sei die Interviewsequenz (MIT_GTL_V_I-1) angeführt. Darin wird die Handhabung des CAS-Befehls *nCr* zur Berechnung des Binomialkoeffizienten erläutert (Müller, 2018, S. 1281; Müller, 2021b, S. 8).

> I: Are there differences in notation?
>
> S: [...] One of the small ones I noticed was for / I like / If you say n choose 3, I think that is n over 3, but we say n choose 3. N over 3 would be divided by.
>
> (MIT_GTL_V_I-1, 05:55 -06:15)
>
> [...]
>
> I: Do you think the use of the calculator was a help for you in these lessons?
>
> S: Yes, sometimes. Maybe, one of the difficult things was the problem n choose 3 I mentioned. One of the students had a different calculator, but we could do it in one way. We used the same command. We didn´t need to do it in different ways on different systems. // Or, Yeah, we wouldn´t know how to do // We knew how to do it by hand, but to get to the place how to do it with the calculator was difficult. The command is close to the English term. That was helpful. // It is a very useful tool for this topic.
>
> (MIT_GTL_V_I-1, 11:33 -12:35)

Der obere Teil der Interviewsequenz (05:55-06:15) ist ein Ankerbeispiel für die Kategorie IK2: (fremd-) sprachliche Besonderheiten mit positiver

Kapitel 4

Codierung (Ausprägung), denn es entspricht insbesondere der Definition der Kategorie IK2 als sprachliche Besonderheit im Sinne des Wortgebrauchs mathematischer Bezeichnungen. Der untere Teil der Interviewsequenz (11:33-12:35) ist ein Ankerbeispiel für die Kategorie IK4: DMW als Mittler für die (Fremd)-Sprache mit positiver Codierung (Ausprägung), da es der Definition der Kategorie als Beispiel für die Erschließung (fremd-)sprachlicher Inhalte mittels des DMW entspricht. Als Codier-Beispiel für ein Interview mit einer Lehrkraft der GISB sei folgende Sequenz genannt (Müller, 2021b, S. 8).

> I: (..) Sind jetzt auch vielleicht Unterschiede aufgetreten, wie die Schüler an die Mathematik herangehen, wie sie Mathematikaufgaben berechnen als du es vielleicht von Haus aus gewohnt bist? Ja, was hast du da / Hast du da ein, zwei Beispiele oder / für mich, nur stichpunktartig.
> B: Also zum Beispiel bei der Division (.), die (.) / Es gibt ja unterschiedliche Wege, wie man dividiert und wie man multipliziert. Ich hab im amerikanischen Schulsystem in der Grundschule gearbeitet. Die haben zum Beispiel bei der Multiplikation ganz unterschiedliche Herangehensweisen gehabt. Oder sie haben unterschiedliche Wege den Kindern beigebracht. Eins war die Bow-Tie-Method, ja, also Bow-Tie, das geht so überkreuz. Eine hieß die Lattice-Method, also die Salat-Methode. Das war dann eigentlich so ein Gerüst oder wie so ein (unv.) (..). Und (..) die Schreibweise, zum Beispiel, dass du bei Mal-Nehmen, dass du den Punkt hast als Symbol / die Symbole / die mathematischen Symbole sind anders. Und bei / in Amerika hast du auch das Kreuz als Mal, wie beim Taschenrechner, bei den amerikanischen Taschenrechnern. (..) Zum Beispiel (..) / Also, dass die Kinder dann auf so eine Aufgabe schauen und sie sehen den Punkt, also hier, und sie wissen eigentlich überhaupt nicht, was damit gemeint ist.

I: //Das kann passieren ja.//

B: //Was ist denn dieser Punkt?// Das kann passieren. Was ist das denn? Dann sage ich, na ja, das ist Mal-Nehmen.

I: Mit dem Kreuz wissen sie es dann.

B: Mit dem Kreuz wissen sie es dann.

(GISB_V_I-5, 13:36-15:09)

Der obere Teil der Interviewsequenz (Z. 7-16, 13:36-15:09) ist ein Ankerbeispiel für die Kategorie DK1 Mathematisieren mit positiver Codierung (Ausprägung) 1, da es auf die Kategoriendefinition des mathematischen Arbeitens mit mathematischen Definitionen und Verfahren zutrifft. Der mittlere Teil der Sequenz (Z. 17-21, 13:36-15:09) steht als Ankerbeispiel für die Kategorie DK2 Notation mit positiver Codierung (Ausprägung), denn die Kategoriendefinition als symbolische Verschriftlichung mathematischer Begriffe oder Konzepte ist erfüllt. Der untere Teil der Sequenz stellt ein weiteres Beispiel für die Kategorie IK4: DMW als Mittler für die (Fremd)-Sprache mit positiver Codierung (Ausprägung) dar, da sie der Definition der Kategorie als Beispiel für die Erschließung (fremd-) sprachlicher Inhalte mittels des DMW entspricht. Auf Grundlage der entwickelten Kategorien und deren Ankerbeispielen konnten alle Transkripte mittels Codierleitfäden gesichtet und analysiert werden. Die Daten wurden genutzt, um die Items für das Erhebungsinstrument (Online-Fragebogen) der zweiten Erhebungsphase zu erstellen (Müller, 2021b, S. 8).

4.5.2 Zweite Studienphase: Quantitative Erhebung

Auf Grundlage der Erkenntnisse der ersten Studienphase kann die Wechselbeziehung zwischen Artefakt und der Dimension Kommunikation nicht von der Dimension Kultur getrennt betrachtet werden, wenn man dem 4C Framework folgt. Insofern zielte die Entwicklung des Erhebungsinstrumentes für die quantitative Phase (gemäß der Operationalisierung der theoretischen Begriffe) auf die Überprüfung etwaiger kultureller Unterschiede und deren Relevanz für den Unterricht (Dimension Kultur) sowie auf die Bedeutung bei der Werkzeug-Aneignung (Wechselbeziehung Artefakt und Dimension Kommunikation). Diesem Ansatz folgend enthält der entwickelte Online-Fragebogen 13 (vermeintliche) Unterschiede, die in der ersten Studienphase identifiziert wurden. Auf alle 13 Items zu den Unterschieden folgen zwei weitere Items, die sich jeweils mit der Relevanz im Unterricht und bei der Verwendung DMW befassen (vgl. Abb. 4.5). In der Abb. 4.5 ist Item 2 des Fragebogens zu erkennen, welches vor dem Hintergrund des oben beschriebenen Interviewabschnitts (GISB_V_I-5, 13:36-15:09) und der zugeordneten Kategorien (IK2, DK4) entwickelt wurde. Die Entwicklung des Items 2 steht exemplarisch für das generelle methodische Vorgehen innerhalb der zweiphasigen Studie. Alle weiteren Items sind identisch aufgebaut (Dreischritt Unterschied, Relevanz für Unterricht, Bedeutung beim Werkzeugeinsatz) und analog formuliert bzw. an Lehrende adressiert (Müller, 2021b, S. 12).

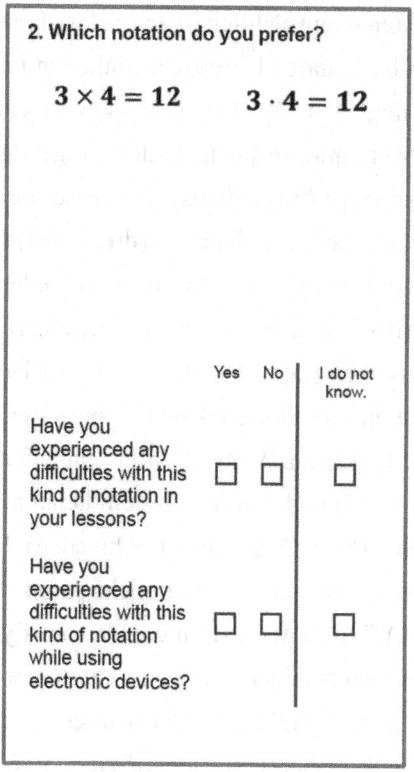

2. Which notation do you prefer?

$$3 \times 4 = 12 \qquad 3 \cdot 4 = 12$$

	Yes	No	I do not know.
Have you experienced any difficulties with this kind of notation in your lessons?	☐	☐	☐
Have you experienced any difficulties with this kind of notation while using electronic devices?	☐	☐	☐

<u>Abb. 4.5</u>: *Screenshot der Seite 3 des Online-Fragebogens zu Unterschieden zwischen deutscher und US-amerikanischer Schulmathematik.* Neben Item 2 der Unterschiede sind die zugehörigen Items zur Relevanz für den Unterricht und bei der Verwendung DMW zu erkennen (Müller, 2021b, S. 12).

In der zweiten quantitativen Phase wurden Lehrkräfte des Projekts MISTI GTL und der GISB mit einem standardisierten Online-Fragebogen nach der Relevanz der (qualitativ) festgestellten Unterschiede befragt. Bisher haben 75 Lehrkräfte an der Online-Umfrage teilgenommen. Sie alle haben Erfahrung im US-amerikanisch-deutschen bilingualen Mathematikunterricht entweder im Projekt MISTI GTL oder an der GISB. Die befragten

Lehrkräfte unterrichten hauptsächlich in den Sekundarstufen, wo der überwiegende Anteil an bilingualen Unterrichtseinheiten im Rahmen des Projekts MISTI GTL liegt. Um das Panel genauer beschreiben zu können, wurden auch vier Motivationsaspekte in den Fragebogen aufgenommen. Dies waren Selbstkonzept (zwei Items), Interesse am Mathematikunterricht (drei Items), Interesse an Mathematik (drei Items) und die Selbstwirksamkeit (sieben Items). Diese vier Aspekte beschreiben Gelingensbedingungen für die Motivation, sich mit (mathematischen) Problemen erfolgreich auseinanderzusetzen (Eccles et al., 1983). Der betreffende Fragebogenteil ist angelehnt an ein pilotiertes und elaboriertes Fragebogeninstrument aus früheren Studien zur Motivation in mathematischen Lernumgebungen (Benölken, 2014) und wurde von dem genannten Autor für internationale Vergleiche (hier Deutschland-Schweden) herangezogen. Mit Respekt auf das Skalenniveau wurden nicht-parametrische statistische Tests wie der Mann-Whitney-U-Test für die Datenanalyse ausgewählt. Die Daten bezüglich der Unterschiede wurden in Vierfelder-Tafeln dargestellt. Verschiebungen in den Vierfelder-Tafeln wurden unter Verwendung des exakten (zweiseitigen) Fisher-Tests identifiziert. p-Werte wurden unter Verwendung der Methode von Agresti (1992) unter Verwendung eines Programmcodes ähnlich Langsrud, & Gesellensetter (n. d.) berechnet. Bezüglich der Anzahl der statistischen Tests wurde ein Signifikanzniveau von 0,01 gewählt (Müller, 2021b, S. 12).

4.6 Ergebnisse der Studie zur Verknüpfung der instrumentalen Genese mit dem 4C Framework[8]

In diesem Kapitel werden die Ergebnisse der Online-Umfrage vorgestellt. Die Stichprobe umfasst 75 Personen, die Erfahrungen im bilingualen Mathematikunterricht entweder im MISTI GTL oder an der GISB gesammelt haben. Dabei haben an der Befragung 59 Lehrende aus dem MISTI GTL und 16 Lehrende der GISB teilgenommen. Die Geschlechter sind annähernd gleich verteilt; Insgesamt nahmen 31 Frauen und 44 Männer an der Befragung teil. Unter den Lehrenden im MISTI GTL befanden sich 27 Frauen und 38 Männer, die Gruppe der Lehrenden von der GISB umfasste 6 Frauen und 10 Männer. Der überwiegende Teil der Stichprobe besteht aus Lehrkräften des MISTI GTL, welche mehrheitlich zum Zeitpunkt der Befragung Studierende des MIT waren. Zudem nahmen auch einige (wenige) Dozenten des MIT teil an der Befragung teil. Der Altersdurchschnitt der Stichprobe ist daher als jung anzusehen. Die 16 Lehrkräfte der GISB haben generell eine größere Lehrerfahrung, allerdings ist ihre Erfahrung zum bilingualen Unterricht im Durchschnitt auch nur 1 bis 2 Jahre größer als bei den Lehrenden des MISTI GTL. Das liegt an dem Umstand, dass die deutschsprachigen Lehrkräfte in der Regel nur 2 bis 3 Jahre an der GISB tätig sind. Zusammenfassend kann man sagen, dass die Stichprobe junge Lehrkräfte mit einschlägiger (ein- bis zweijähriger) Lehrerfahrung im bilingualen Unterricht umfasst. Für den Vergleich der Motivation der Lehrkräfte untereinander (USA und Deutschland, oder MIT und GISB) sind vier charakteristische Variablen herangezogen worden: Selbstkonzept, Interesse am Mathematikunterricht, Interesse an Mathematik und Selbstwirksamkeit. Diese vier Aspekte beschreiben Gelingensbedingungen für die Motivation und können daher als Indikator für die Motivation der Lehrkräfte im Hinblick auf den Mathematikunterricht interpretiert werden (Müller, 2020b, S. 5). Die zugehörigen Fragebogenteile des Online-Fragebogens sind in Abb. C.1 bis C.2 im Anhang dargestellt.

Wie Tab. 4.1 zu entnehmen ist, sind weder zwischen den beiden Gruppen US-amerikanisch- und deutschsprachiger Lehrender noch zwischen den Gruppen Lehrender der beiden Institutionen signifikante Unterschiede zu erkennen. Alle Lehrkräfte, die an der Studie teilgenommen haben und somit zur Stichprobe zählen, interessieren sich für mathematische Themen und den Mathematikunterricht. Alle Studienteilnehmerinnen und -teilnehmer erreichen hohe Werte in Bezug auf Selbstkonzept und Selbstwirksamkeit. Daher kann davon ausgegangen werden, dass die vorliegende Stichprobe überwiegend aus hochmotivierten Lehrkräften besteht. Dieser Umstand ist dahingehend bedeutend, als dass die Lehrenden für den Mathematikunterricht sowie die Verwendung DMW Interesse zeigen bzw. dass sie motiviert sind. Dies sind notwendige Voraussetzungen für ein erfolgreiches Lernen der Schülerinnen und Schüler in einem Unterricht mit DMW (Hattie, 2008; Petko, 2014, S. 105).

Variable	Cronbachs Alpha	Gesamt (75)	USA (65)	GER (10)	MISTI GTL (59)	GISB (16)
Selbstkonzept	0.755	3.15 (0.58)	3.15 (0.61)	3.15 (0.32)	3.15 (4.46)	2.88 (0.84)
Interesse an Mathematikunterricht	0.766	3.21 (0.59)	3.22 (0.60)	3.20 (0.50)	3.21 (0.57)	3.04 (0.64)
Interesse an Mathematik	0.840	3.06 (0.67)	3.03 (0.69)	3.30 (0.43)	3.02 (0.54)	2.85 (0.99)
Selbstwirksamkeit	0.877	2.96 (0.55)	2.97 (0.58)	2.89 (0.33)	2.96 (0.47)	2.69 (0.75)

Tab. 4.1: *Motivationsaspekte deutscher und US-amerikanischer Lehrender.* Dargestellt sind Mittelwert und Standardabweichung auf einer Likert-Skala von 1 (trifft nicht zu) bis 4 (trifft voll zu) (Müller, 2020a, S. 5).

Es ist anzunehmen, dass dies für eine bilinguale Lernumgebung ebenso gilt. Damit die instrumentale Genese auf Seiten der Lernenden zur vollen Entfaltung kommen kann, bedarf es einer attraktiven Lernumgebung, die durch motivierte Lehrkräfte begleitet wird. Für die beiden bilingualen mathematischen Lernumgebungen kann eine Voraussetzung dafür (motivierte und interessierte Lehrkräfte) als gegeben angesehen werden. Der Online-Fragebogen umfasst 13 (vermeintliche) Unterschiede, die qualitativ in der ersten Phase der Untersuchung erhoben wurden. Nun sollen diese Unterschiede und deren Relevanz auch quantitativ erfasst werden. Damit kann versucht werden, sich der Dimension Kultur und deren grundlegenden Einfluss auf die Mittler-Funktion der DMW zu nähern. Einen Überblick gibt Tab. 4.2. Vier der 13 im Online-Fragebogen enthaltenen Unterschiede haben sich aus der Sicht der Lehrkräfte als besonders wichtig erwiesen (Item 1, 4, 9 und 10) (Müller, 2021b, S. 13).

Die beiden Gruppen US-amerikanisch- und deutschsprachiger Lehrender verwenden demnach unterschiedliche Symbole für das Kenntlichmachen der Positionen im dekadischen Zahlensystem; Punkt und Komma werden dabei genau wechselseitig verwendet (Bsp.: 1,234.56 bzw. 1.234,56). Dieser Unterschied ist bei der Arbeit mit einem DMW bedeutungsvoll und kann zur tieferen Reflexion über sprachliche und mathematische Konventionen anregen. Das betrifft neben der Dimension Kultur auch die anderen vier Dimensionen des 4C Framework in beiden bilingualen Lernumgebungen. In jedem Fall muss dieser Aspekt bei der Eingabe (vgl. Abb. 4.6) berücksichtigt werden. Ebenso werden verschiedene Symbole für den rechten Winkel in geometrischen Konstruktionszeichnungen verwendet. Die US-amerikanischen Lehrkräfte der Stichprobe bevorzugen ein Quadrat, wohingegen deutsche Lehrkräfte im Panel einen Viertelkreisbogen mit einem Punkt favorisieren (Müller, 2021b, S. 14).

Item	Unterschied	Relevanz Unterricht	Relevanz Medieneinsatz
1**	Punkt oder Komma (3.14 oder 3,14)	59%	71%
2	Symbol für Multiplikationsoperator (3x4 oder 3•4)	43%	44%
3	Handzeichen Zwei (Victory oder Pistole)	16%	12%
4**	Symbol für rechten Winkel (Quadrat oder Viertelkreis mit Punkt)	13%	17%
5	Bezeichnung für allgemeines Viereck	55%	48%
6	Markierungen der Koordinatenachsen (mit oder ohne Pfeil)	13%	40%
7	Umgangssprachliche Bezeichnung für Brüche (Bsp.: 10 over 3)	75%	80%
8	Lösungsdarstellung Quadratischer Gleichungen (mit 2 oder 3 Koeffizienten)	45%	44%
9**	Lösungsdarstellung Quadratischer Gleichungen (Quotient oder Summe)	47%	51%
10**	Definitionsbereich der Funktion $f(x) = \sqrt[3]{x}$ ($\mathbb{R}$ oder $\mathbb{R}^+$)	55%	61%
11	Standardintervall periodischer Funktionen ($[-\pi, \pi[$ oder $[0, 2\pi[$)	28%	28%
12	Umgangssprachliche Bezeichnung für Binomialkoeffizienten (Bsp.: 10 über 3)	39%	47%
13	Symbol für Vektorklammern (eckig oder geschwungen)	27%	31%

Tab. 4.2: *Die 13 Items des Online-Fragebogens zu Unterschieden zwischen deutscher und US-amerikanischer Schulmathematik (Perspektive der Lehrenden).* Hochsignifikante Unterschiede sind mit ** gekennzeichnet ($p < 0.01$, $n = 75$) (Müller, 2021b, S. 14).

Neben der Verwendung verschiedener Symbole für den rechten Winkel in geometrischen Zeichnungen besteht eine interessante Tatsache darin, dass die US-amerikanischen Lehrkräfte im Panel eine besondere Art haben, geometrische Grundfiguren (*triangle*, *quadrilateral*, *pentagon* usw.) zu benennen (und zu ordnen). Im Deutschen ist es selbstverständlich, die Ecken zu zählen: Dreieck, Viereck, Fünfeck usw. Die US-amerikanischen (bzw. englischen) Begriffe zielen beim Dreieck auf die Anzahl der Winkel, beim Viereck auf die Anzahl der Seiten und beim Fünfeck auf die Anzahl der Ecken ab. Zudem ist es eine Mischung aus lateinischen und altgriechischen Lehnwörtern. Damit wirken diese Bezeichnungen inkonsistenter als die deutsche Nomenklatur. Insbesondere in bilingualen Lernumgebungen kann die Benennung des Vierecks problematisch sein, dem stimmen 55 % aller befragten Lehrenden zu. Des Weiteren sehen 48 % Schwierigkeiten beim Finden der richtigen geometrischen Figur bzw. deren Bezeichnung mit DMW. An diesem Beispiel konkretisiert sich der gewählte theoretische Zugang zur Studie. Der ausgemachte Unterschied ist von Relevanz für bilinguale Lernumgebungen. Der Einfluss der Dimension Kultur des 4C Framework wird an dieser Stelle besonders deutlich. Außerdem besteht ein Einfluss auf die Werkzeug-Aneignung; an dieser Stelle wird die Funktion der DMW als Mittler sichtbar (vgl. Abb. 4.6).

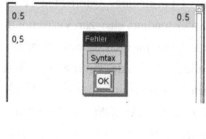
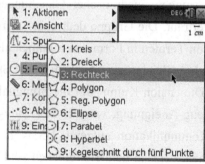

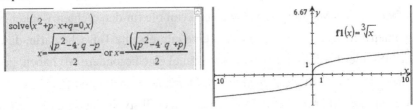

Abb. 4.6: *Vier Beispiele für die Funktion eines DMW als Mittler zwischen Lernenden, Sprache und Mathematik im bilingualen Unterricht* (Müller, 2021b, S. 9f.).

Die Lernenden können die Spracheinstellung der Werkzeuge wechseln und sich die Bezeichnungen in der Fremdsprache anzeigen lassen. Ein Vergleich mit der Erstsprache ermöglicht ein tieferes Verständnis erstens für die Sprache und zweitens für die Mathematik, denn es ändert sich die Zähl- bzw. Ordnungsweise. Das ermöglicht die instrumentale Genese auf Seiten der Lernenden. Das Werkzeug tritt dabei als Mittler auf und eröffnet dabei eine Wechselbeziehung zwischen dem Artefakt und der Dimension Kommunikation (Müller, 2021b, S. 14).

Neben unterschiedlichen Symbolen scheinen auch unterschiedliche Traditionen in der Darstellung von Termen zu bestehen. So sind die US-amerikanischen Lehrkräfte der Stichprobe eher mit der finalen Darstellung der Lösungen quadratischer Gleichungen in Form eines Quotienten-Terms vertraut. Die Gruppe deutscher Lehrender tendiert eher zur Verwendung von Termen in Form von Summen als Angabe für die Lösungen quadratischer Gleichungen. Auch an dieser Stelle zeigt sich der kulturelle Einfluss (Dimension Kultur) auf die bilingualen Lernumgebungen und die Werkzeug-Aneignung, was die Beziehung zwischen Artefakt und Dimension Kommunikation aufzeigt. DMW können eine Mittler-Funktion einnehmen, denn in den Bibliotheken sind die entsprechenden Lösungsformeln hinterlegt (vgl. Abb. 4.6). Rufen die Lernenden sich diese Formeln auf

(Verwendung des Artefakts) und vergleichen sie mit den im Unterricht behandelten Formeln, kann es zu Synergie-Effekten für die sprachlichen Kompetenzen (Dimension Kommunikation) und dem mathematischen Verständnis (Teil der Trias der instrumentalen Genese) kommen. Außerdem geben die US-amerikanisch-sprachigen Lehrenden der Stichprobe mehrheitlich den Definitionsbereich der Funktion $f(x) = \sqrt[3]{x}$ mit $\mathbb{R}$ an. Deutschsprachige Lehrkräfte definieren die Funktion f mehrheitlich nur über $\mathbb{R}^+$ (vgl. Tab. 4.3). Der Aussage, dass diese unterschiedlichen Definitionen relevant für den Unterricht sind, stimmen 55 % aller befragten Lehrkräfte zu. Dass die Relevanz bei der Verwendung DMW gegeben ist, bezeugen sogar 61 % der Lehrenden. Auch diese Beobachtung unterstützt die Annahme der Einwirkung der Dimension Kultur auf die Wechselbeziehung zwischen dem Artefakt und der Dimension Kommunikation. An diesem Beispiel wird die Mittler-Funktion der DMW im bilingualen Unterricht illustriert. Ein Vergleich des Plots des Graphen der Funktion $f(x) = \sqrt[3]{x}$ (vgl. Abb. 4.6) mit den im Unterricht verwendeten Definitionen kann ein Ausgangspunkt für die (fortschreitende) instrumentale Genese sein. Zunächst wird das DMW in diesem Zusammenhang als Artefakt genutzt. Während der vertieften Auseinandersetzung mit den (unterschiedlichen) mathematischen Definitionen werden Verwendungsschemata zum DMW und die Beziehungen zu den Dimensionen Kultur und Kommunikation verknüpft (Müller, 2021b, S. 14f.).

Die Wechselbeziehung zwischen den Dimensionen des 4C Framework und der instrumentalen Genese liegt für die beiden betrachteten bilingualen Lernumgebungen nahe. Am Beispiel der Entwicklung von Item 2, der u. a. die Interviewsequenz GISB_V_I-5 zu Grunde lag, wird deutlich, dass das Symbol für den Multiplikationsoperator unterschiedlich verwendet wird. Wertet man die Aussagen der befragten Lehrkräfte aus, so können keine

Kapitel 4

signifikanten Unterschiede in der Verwendung der Symbole zwischen den beiden Gruppen (US-amerikanisch- und deutschsprachiger Lehrender) festgestellt werden (vgl. Tab. 4.3).

An dieser Stelle wird die Funktion der DMW als Mittler für die Lernenden auch haptisch bedeutend. Bei den meisten Rechnern und Taschenrechnern wird das Kreuz als Symbol für die Multiplikations-Taste verwendet. Mit der Verwendung der Taste tritt das Werkzeug zunächst als Artefakt in Erscheinung. Die unterschiedlichen Symbole sind als ein Beleg für den kulturellen Einfluss (Dimension Kultur) zu werten. Eine tiefere Auseinandersetzung auf Seiten der Lernenden mit den beiden Symbolen unterstützt die instrumentale Genese. Die Lernenden lernen zu unterscheiden, wann welches Symbol adäquat verwendet wird. Dies eröffnet die Beziehungen zu der Dimension Kommunikation des 4C Framework (Müller, 2021b, S. 15).

Besonders relevant für die beiden bilingualen Lernumgebungen erscheint den befragten Lehrkräften die umgangssprachliche Bezeichnung von Brüchen bzw. das Benennen gebrochen rationaler Zahlen (75 %, Item 7, vgl. Tab. 4.2). Dabei unterstrichen 80 % die Relevanz bei der Verwendung von DMW. Im Englischen kann der Ausdruck $\frac{10}{3}$ eindeutig mit *Ten divided by Three* beschrieben werden, was dem deutschen Ausdruck *Zehn geteilt durch Drei* entspricht.

Kategorie	Item	Ausprägung	GER	USA	N
DK1 **Mathematisieren**	10**	$f(x) = \sqrt[3]{x}$ mit $D_f = \mathbb{R}$	1	51	52
		$f(x) = \sqrt[3]{x}$ mit $D_f = \mathbb{R}^+$	9	14	23
			10	65	75

DK2 Notation	2	Multiplikations-symbol x	6	35	41
		Multiplikations-symbol •	10	24	34
			16	59	75

Tab. 4.3: *Beispiele für Unterschiede zwischen deutscher und US-amerikanischer Schulmathematik (Perspektive der Lehrenden).* Vierfeldertafeln von Item 10 zeigt signifikante Verschiebung (Müller, 2020b, S. 6; Müller, 2021b, S. 15).

Diese Bezeichnungen zielen auf die Operation ab. Eine Verwendung dieser Bezeichnung im Lernprozess auf Seiten der Lernenden lässt auf die Interpretation des Bruches als Divisionsaufgabe schließen. Diese (anfängliche) Interpretation ist nachvollziehbar, da die Auseinandersetzung mit der Division natürlicher Zahlen vor der Einführung von rationalen Zahlen im Mathematikunterricht erfolgt. Zulässig ist ebenso die Auffassung den Ausdruck mit *Ten Thirds* bzw. dem vergleichbaren deutschen Begriff *Zehn Drittel* zu bezeichnen. Diesen Bezeichnungen ist gemein, dass man die Anteile zusammenzählt. Verwenden Lernende diese Bezeichnung, kann man vermuten, dass sie eine Interpretation des Bruches als Anteil von einem Ganzen verinnerlicht haben. Dadurch wird der Ausdruck als eigenständige Zahl identifiziert und nicht als Operation (Divisionsaufgabe) interpretiert. Werden in einer bilingualen Lernumgebung aufgrund der Verwendung von Erst- und Fremdsprache beide Bezeichnungen für Brüche genutzt, kann ein Vergleich der beiden Ausdrücke und deren Interpretationen auf Seiten der Lernenden das Bruchzahl-Verständnis fördern. Allerdings gaben vier der befragten Lehrkräfte an, umgangssprachlich auch den englischen Ausdruck *Ten over Three* zu akzeptieren. Linguistisch kann man in diesem Fall von einem *False Friend* (DK6: linguistische Interferenz) sprechen, denn *Zehn über Drei* wurde von allen deutschen Lehrkräften der Studie als Bezeichnung für den Binomialkoeffizienten genutzt.

Die befragten Lehrkräfte waren sich insbesondere bei der englischen Bezeichnung des Binomialkoeffizienten uneins und es entsteht ein besonders heterogenes Bild an Bezeichnungen für den entsprechenden Ausdruck (vgl. Tab. 4.4; Müller, 2021b, S. 15f.).

Dabei dominiert die englische Bezeichnung *Ten choose Three*, die eine Merkstütze für den CAS-Befehl nCr darstellt, wie es die Interviewsequenz MIT_GTL_V_I-1 andeutet. Fachlich genauer erscheint die Bezeichnung *Binomial Coefficient of Ten and Three*. Interessant ist, dass acht US-amerikanische Lehrkräfte den Ausdruck als Vektor aufgefasst haben, was von der Notation her stimmig ist. Fünf Lehrkräfte beschreiben den Ausdruck mittels der Zeichen und beziehen sich auf die Klammern. Speziell bei zwei deutschen Lehrkräften wird die sprachliche Schwierigkeit des *False Friend Ten over Three* deutlich. Auch dieses Beispiel zeigt, dass der Einsatz DMW in den beiden bilingualen Lernumgebungen Synergien ermöglicht, denn speziell die Sprechweise *Ten choose Three* ist eine gute Lernhilfe für die Lernenden für den CAS- Befehl nCr. Umgekehrt wird durch den Befehl die (umgangssprachliche) Sprechweise in den bilingualen Lernumgebungen in der Fremdsprache nahegelegt und unterstützt die sprachliche Kompetenz im Sinne des 4C Framework.

Kategorie	Item	Nennung (Ausprägung)	MISTI GTL (59)	GISB (16)
DK5 Wortgebrauch mathematischer Bezeichnungen	12	Ten Choose Three	23	2
		Binomial Coefficient of Ten and Three	13	2
		Column Vector Ten Three	8	0
		Parentheses Ten Three	4	1
		Zehn über Drei	0	4

		Ten over Three	0	2
		Do not know	2	1
		Ten Three	2	0
		Kein Eintrag	7	4

Tab. 4.4: *Beispiel für Unterschiede zwischen deutscher und US-amerikanischer Schulmathematik (Perspektive der Lehrenden).* Tabelle mit absoluten Häufigkeiten (n = 75) (Müller, 2021b, S. 15).

Damit wird der Einfluss der Dimension Kultur auf die Dimension Kommunikation unmittelbar deutlich. Bei der Verwendung des CAS-Befehls fungiert das DMW als Artefakt und wird in Beziehung zur Dimension Kommunikation gesetzt. Beide Richtungen der Beziehung flankieren die Prozesse Instrumentation und die Instrumentalisation bei der Verwendung des Befehls nCr. Die Mittler-Funktion des DMW konkretisiert sich in der Verwendung des Befehls und der sprachlichen Auseinandersetzung mit demselben (Müller, 2021b, S. 16).

4.7 Diskussion der Studie zur Verknüpfung der instrumentalen Genese mit dem 4C Framework

Zunächst muss festgehalten werden, dass die bisherige Stichprobengröße nicht ausreicht, um repräsentative Aussagen zu treffen. Insbesondere scheint die Datenlage nicht auszureichen, um quantitative Aussagen zu Unterschieden zwischen US-amerikanisch- und deutschsprachiger Schulmathematik mit einem hohen Maß an Gewissheit zu formulieren. Trotzdem scheinen solche Unterschiede zu bestehen, und die Ergebnisse der vorgestellten Studie geben Hinweise darauf, wo diese zu finden sind. Es ist sinnvoll, eine Erhöhung der Anzahl an Studienteilnehmerinnen und -teilnehmern anzustreben und weitere Lehrkräfte aus Deutschland und den USA zur Teilnahme einzuladen. In der aktuellen Stichprobe dominieren

Kapitel 4

motivierte und gut ausgebildete Lehrkräfte aus zwei leistungsstarken Bildungseinrichtungen. Um ein noch facettenreicheres Bild zu erhalten, ist es naheliegend, Lehrerinnen und Lehrer verschiedener Schulen mit unterschiedlichen Hintergründen zur Teilnahme an der Studie einzuladen. An dieser Stelle kann festgehalten werden, dass die gewählten statistischen Methoden (nicht-parametrische Tests, exakter Fisher-Test) für die Art der Daten und den Stichprobenumfang adäquat sind. Daher sind die Ergebnisse im Sinne einer Exploration belastbar und bilden eine gute Grundlage für die nächsten Schritte in einem laufenden Forschungsprozess. Zumindest für die beiden beschriebenen bilingualen mathematischen Lernumgebungen lassen sich Tendenzen ausmachen. Um Antworten auf die drei Forschungsfragen zu finden, sollen die vorgestellten Studienergebnisse, unter Einbezug weiterer Referenzen nachstehend diskutiert werden (Müller, 2021b, S. 16).

In Bezug auf **F3.3** lässt sich festhalten, dass sich die befragten Lehrkräfte der Unterschiede in der Schulmathematik in beiden Ländern bewusst sind. Diese Unterschiede sind wichtig für die untersuchten bilinguale Lernumgebungen und können Schwierigkeiten im Unterricht mit sich bringen. **Es lassen sich Belege für kulturelle Unterschiede finden, die relevant für bilinguale Lernumgebungen sind.** Es ist möglich, Unterschiede in der Verwendung von Notation und Symbolen (z. B. Kommasetzung, Symbol für den rechten Winkel, vgl. Tab. 4.2) zwischen den beiden Gruppen US-amerikanischer und deutscher Lehrender auszumachen. Der Einfluss der Dimension Kultur wird an den vorgestellten Beispielen deutlich. Dies sind Belege für den Einfluss der Dimension Kultur und deren Bedeutung für die bilingualen Lernumgebungen. Ein fruchtbarer Umgang mit den beschriebenen sprachlich-kulturellen Unterschieden kann eine echte Chance für den bilingualen Mathematikunterricht sein. Die Zuordnung der Beispiele zu den Inhaltsbereichen der Jahrgangsstufen ist entscheidend. Exemplarisch soll daher das Beispiel zur Verwendung des Symbols für die Operation der Multiplikation aufgegriffen werden. In der ersten Studienphase hat sich dieses Beispiel als Unterschied erwiesen, der allerdings in der zweiten Phase quantitativ nicht bestätigt werden konnte (vgl. Tab. 4.3). An dieser Stelle sei darauf verwiesen, dass die befragten Lehrkräfte fast ausschließlich in den Sekundarstufen unterrichten, wo der überwiegende Anteil an bilingualen Stunden insbesondere im Rahmen des MISTI GTL liegt. Aus der Interviewsequenz GISB_V_I-5 geht aber auch hervor, dass dieser und weitere Unterschiede besonders für den Unterricht in den unteren Klassenstufen relevant sind. Damit wird die Annahme gestützt, dass die Unterschiede in der Schulmathematik der weiterführenden Schulen abnehmen. Im Bereich der Elementarmathematik der unteren Klassenstufen können evtl. weitere Unterschiede zwischen US-amerikanisch- und deutschsprachigem Mathematikunterricht identifiziert werden. So gibt die Interviewsequenz GISB_V_I-5 Hinweise in Bezug auf die Verfahren zur schriftlichen Multiplikation und Division, die sich von den gebräuchlichen Verfahren im deutschsprachigen Unterricht unterscheiden. An dieser Stelle sei beispielhaft ein Verfahren zur schriftlichen Division angeführt, das sich in der Notation und dem Vorgehen von den für deutschsprachige Lehrkräfte vertrauten Verfahren unterscheidet (vgl. Abb. 4.7).

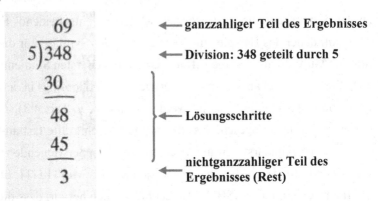

Abb. 4.7: *Verfahren zur schriftlichen Division am Beispiel von 348 geteilt durch 5 in einem US-amerikanischen Lehrbuch* (Szecsei, 2011, S. 27). Eigene Darstellung (Müller, 2021b, S. 17).

Das Beispiel verdeutlicht die schriftliche Division von 348 geteilt durch 5. Dabei wird zunächst geprüft, ob 5 die Hunderterstelle des Dividenden (348) teilt, da dies nicht der Fall ist, wird die Zehnerstelle mitbetrachtet und das größte Vielfache von 5 ermittelt, dass kleiner als 34 ist. Daher wird 30 unter die Hunderter- und Zehnerstelle geschrieben und der ermittelte Faktor 6 über die Zehnerstelle. Da ein Rest von 4 bleibt, wird dieser in einer weiteren Zeile unter der Zehnerstelle übertragen. Die Einerstelle von 348 (also 8) wird ebenso übertragen. Erneut wird das größte Vielfache von 5 ermittelt, das kleiner als 48 ist. Das trifft auf 45 zu und somit wird 45 unter die Zehner- und Einerstelle in einer weiteren Zeile notiert. Der ermittelte Faktor 9 wird über die Einerstelle notiert. Der ermittelte Rest wird in einer weiteren Zeile unter die Einerstelle geschrieben. Da der Rest kleiner als die Einerstelle ist, ist die Division beendet. Das Ergebnis lautet 348 geteilt durch 5 ergibt 69 Rest 3. Entsprechend der Aussage der deutschen Lehrkraft sind besonders die Symbolik (die evtl. mit der 5. Wurzel aus 348 verwechselt werden könnte) und die Notation der Zwischenschritte ungewohnt (Müller, 2021b, S. 17).

Weiterhin bestehen zwischen den beiden Gruppen US-amerikanisch- und deutschsprachiger Lehrender der untersuchten bilingualen Lernumgebungen auch Unterschiede im mathematischen Arbeiten, wie es die Ergebnisse (vgl. Tab. 4.2 bis 4.4) nahelegen. Speziell die unterschiedliche Angabe des Definitionsbereiches der Funktion $f(x) = \sqrt[3]{x}$ bedarf der Erörterung, da auch hier eine unmittelbare Bedeutung für den Einsatz DMW als Artefakt im Sinne der instrumentalen Genese besteht. Die allermeisten Graphen-Plotter (z. B. GeoGebra) zeichnen den Graphen der Funktion $f(x) = \sqrt[3]{x}$ über ganz $\mathbb{R}$ (vgl. Abb. 4.6). Das bedeutet insbesondere, dass die DMW den Ausdruck $\sqrt[3]{-8}$ bestimmen können (vgl. Abb. 4.8). Die Ausgabe ist zulässig, folgt man z. B. der Definition eines US-amerikanischen Lehrbuchs, indem man eine Unterscheidung zwischen geraden und ungeraden Wurzelexponenten finden kann, die über die zulässige Angabe als reelle Zahl entscheidet (Ayres & Schmidt, 2012, S. 5).

$$\sqrt[3]{-8} \qquad\qquad\qquad -2$$

Abb. 4.8: *Ausgabe eines DMW zur Bestimmung des Ausdrucks* $\sqrt[3]{-8}$. Beispiel für die Funktion des DMW zwischen Lernenden, Sprache und Mathematik im bilingualen Unterricht (Müller, 2021b, S. 17).

Allerdings ist bei diesem Vorgehen wichtig, andere Einschränkungen im Hinblick auf die Potenzgesetze zu stellen, denn sonst könnte man folgende (offensichtlich widersprüchliche) Schlussfolgerung ziehen (Müller, 2021b, S. 17):

$$-2 = \sqrt[3]{-8} = (-8)^{\frac{1}{3}} = (-8)^{\frac{2}{6}} = ((-8)^2)^{\frac{1}{6}} = (64)^{\frac{1}{6}}$$

$$= (8^2)^{\frac{1}{6}} = 8^{\frac{2}{6}} = 8^{\frac{1}{3}} = \sqrt[3]{8} = 2 \ .$$

Dieser (konstruierte) Widerspruch zeigt, dass man sich verständigen muss, wie der Ausdruck $\sqrt[3]{-8}$ mathematisch definiert werden kann. Sowohl US-amerikanische als auch deutsche Lehrkräfte verstehen die (mathematisch sinnvolle) Interpretation des Ausdrucks durch eine ganzrationale Potenz. Allerdings ist zumindest in Anlehnung an eine US-amerikanische Lehrbuchdefinition (Ayres & Schmidt, 2012, S. 5) nur die Interpretation für gekürzte rationale Potenzen (und damit die Unterscheidung zwischen geraden und ungeraden Nennern) möglich und zulässig. Diese differenzierte Sicht ist aus deutscher schulmathematischer Sicht evtl. zu ungenau, da wie der obige Widerspruch zeigt, die Einschränkungen für die Potenzgesetze formuliert werden müssten. Zumindest findet man in deutschen Schulbüchern die generelle Einschränkung von Definitionsbereichen von Wurzeln und Wurzelfunktionen (Griesel, Postel, Suhr, & Ladenthin, 2013, S. 205), damit die Eindeutigkeit der Ausdrücke zweifelsfrei gegeben ist. Die Problematik kann auch durch die Zahlenbereichserweiterung gelöst werden; so ist das Radizieren im Bereich der komplexen Zahlen vollständig erklärt. Auch dieses Argument stützt die These, dass Unterschiede im mathematischen Arbeiten mit dem Grad an Abstraktion der mathematischen Inhalte abnehmen. Eine Mehrheit der befragten Lehrkräfte sieht eine Relevanz der ermittelten Unterschiede für bilinguale Lernumgebungen (Müller, 2021b, S. 17).

Wenn man neben dem bisher betrachtetet CLIL-Unterricht den Blick auf mehrsprachigen Mathematikunterricht ausweitet, sind interessante Parallelen zu erkennen. In Projekten zu einem deutsch-türkischen Mathematikunterricht konnte festgestellt werden, dass die forcierte Nutzung der Erstsprache das Verstehen mathematischer Konzepte (hier im Bereich der Bruchrechnung) fördert (Redder & Rehbein, 2018; Meyer & Tiedemann,

2017). Umfangreiche Analysen von Fallstudien zu mehrsprachigen Unterrichtsstilen (hier Deutsch-Türkisch) legen u. a. nahe, dass je stärker die Aktivierung der Mehrsprachigkeit im Sinne eines *Multilanguing* ist, umso mehr werden kognitive Fähigkeiten in Form einer Denksprache bei den Lernenden erwähnt (Rehbein & Celikkol, 2018, S. 67). In einer kooperativen linguistischen und mathematikdidaktischen Analyse von Fallstudien konnte der Nachweis einer Verstehensherstellung mittels Vernetzung der Unterrichtssprache und der Erstsprache geführt werden (Wagner, Kuzu, Redder, & Prediger, 2018). Die ermittelte kognitive Wirksamkeit eines mehrsprachigen Unterrichts (hier Deutsch-Türkisch) entfaltet sich allerdings nur bei der Herstellung und Wahrung bestimmter Konstellationen mehrsprachigen Handels im mathematischen Diskurs und bei kenntnisbasierter Akzeptanz durch Lernende und Lehrende (Redder, 2018, S. 361).

In Bezug auf F3.2 kann festgehalten werden, dass die Mittler-Funktion der DMW sich im Sinne der instrumentalen Genese und dem 4C Framework in der Wechselbeziehung zwischen dem Artefakt und der Dimension Kommunikation bestätigt. Hierfür stehen die unterschiedlichen Symbole für die Operation der Multiplikation exemplarisch. In der erwähnten Interviewsequenz GISB_V_I-5 berichtet die Lehrkraft von der Bedeutung des Multiplikationssymbols bei der Verwendung von digitalen Mathematikwerkzeugen. In der zweiten Studienphase gaben 44 % der befragten Lehrenden an, die unterschiedliche Symbolik ist relevant bei der Verwendung DMW. Ein einfaches Beispiel für diesen Fakt ist das Symbol für die Multiplikation auf Tasten von Taschenrechnern (vgl. Abb. 4.9), die auch in den deutschen Versionen dem US-amerikanischen Standard entspricht. Dennoch ist die Verwendung des Kreuz-Symbols für die Multiplikation im deutschen Mathematikunterricht zumindest unüblich. Die Relevanz für die unteren Klassenstufen belegt sich im

Zusammenhang sprachlicher Kompentenz und Entwicklung des mathematischen Wissens (Dimension Inhalt), da Kinder mit Deutsch als Zweitsprache eine signifikant schwächere sprachliche und mathematische Kompetenzausprägungen aufweisen, als ihre Mitschülerinnen und Mitschüler (Penner, 2003). Allgemein stellen mathematische Lernumgebungen eine Vielzahl der Lernenden vor fachliche und sogar vor sprachliche Herausforderungen (Wildemann & Fornol, 2017, S. 179).

> Schon bei der Grundlegung eines tragfähigen Zahlenbegriffs und eines umfassenden Operations-Verständnisses fungiert das Versprachlichen von Handlungen und von arithmetischen und geometrischen Bezeichnungen als Mittler zwischen der konkreten und der abstrakten Ebene.
>
> (Verboom, 2008, S. 96)

Das Beispiel der unterschiedlichen Symbole für die Multiplikation illustriert auf besondere Art, wie die Dimension Kultur auf die Werkzeug-Aneignung Einfluss nimmt. Zunächst sind die Lernenden evtl. aufgrund der zwei unterschiedlichen Symbole verwirrt. Durch den Gebrauch der Taste wird das Werkzeug zunächst als Artefakt genutzt. Eine vertiefende Auseinandersetzung ermöglicht den Lernenden die Unterscheidung der Symbolik und später die adäquate Verwendung beim Schreiben (Verbindung von Dimension Kommunikation und Artefakt). Damit wird der Prozess der instrumentalen Genese angestoßen und die Mittler-Funktion des DMW verdeutlicht. An dieser Stelle wird auch die mögliche Bedeutung der verwendeten Sprechweise und Symbolik beim Einsatz DMW über die beiden bilingualen Lernumgebungen hinaus angedeutet. Werden im regulären Unterricht DMW eingesetzt, die in einem anderen Sprachraum entwickelt wurden, dann können die Werkzeuge kulturelle Hintergründe transportieren. Dieser Aspekt wird auch für das folgende Beispiel interessant. Neben dem Symbol für die Multiplikation ist auch das Symbol für die Division interessant, welches bei dem jeweiligen DMW verwendet wird (vgl. Abb. 4.9).

Abb. 4.9: *Screenshot des Microsoft Windows-Taschenrechners.* Die Tasten-Symbolik unterscheidet sich in der US-amerikanischen und der deutschen Version nicht. Beispiel für die Funktion des DMW als Mittler zwischen Lernenden, Sprache und Mathematik im bilingualen Unterricht (Müller, 2021b, S. 18).

Denn wie in Kapitel 4.6 dargelegt, können der Bruchschreibweise $\frac{10}{3}$ verschiedene Interpretationen (als Division, als Anteil, als Verhältnis) zukommen. Wenn durch den Einsatz DMW verschiedene Symbole (Schrägstrich / , Querstrich mit Doppelpunkt ÷ , Doppelpunkt :) und durch die Verwendung von Erst- und Fremdsprache verschiedene Bezeichnungen (Ten divided by Three, Ten Thirds, Ten over Three) in der bilingualen Lern-umgebung eine Rolle spielen, können die Lernenden die verschiedenen Interpretationen vergleichen und ein tieferes Verständnis für die Sprache und die Mathematik entwickeln. Damit unterstützt die Eingabe der Bruchzahl beim DMW und vor allem die (sprachliche) Reflektion darüber die Prozesse der Instrumentation und Instrumentalisation. Diese Beobachtung ist ein Hinweis für die These, dass DMW Mittler für die Fremdsprache sind und ein tieferes Verständnis mathematischer Inhalte fördern können. Besonders die Dimension Kommunikation wird durch die sprachlichen Aspekte in starke Korrespondenz mit dem Artefakt im Rahmen der Werkzeug-Aneignung gesetzt (Müller, 2021b, S. 18).

Abschließend kann die zentrale Frage **F3.1** vor dem Hintergrund der Studienergebnisse und deren Diskussion beantwortet werden. **Die geschilderten Beispiele zeigen, dass DMW als Mittler erstens für (Fremd-)Sprache und zweitens für die mathematischen Inhalte in den beiden bilingualen Lernumgebungen dienen.** Damit können sie einen Beitrag leisten Konflikte abzuschwächen, die evtl. als Folge der kulturellen Unterschiede in den beiden bilingualen Lernumgebungen auftretenden. In beiden Lernumgebungen (MISTI GTL und GISB) kann ein DMW ein Mittler zwischen der Unterrichtssprache und der Erstsprache der Lernenden sein, da mit wenig Aufwand die Spracheinstellung geändert werden kann. Es ist vorstellbar, dass die DMW in ihrer Mittler-Funktion fruchtbar genutzt werden können und bei der Auseinandersetzung mit den genannten Unterschieden ein tieferes Verständnis bei den Lernenden für die mathematischen Inhalte ermöglichen. So können DMW Übersetzer (im wörtlichen Sinne) für die Sprache und (im Sinne des Mediums) für die Mathematik sein (Müller, 2021b, S. 19).

Kapitel 5

Institutionelle, individuelle und sprachlich-kulturelle Bezüge der instrumentalen Genese

© Der/die Autor(en), exklusiv lizenziert an
Springer Fachmedien Wiesbaden GmbH, ein Teil von Springer Nature 2023
M. Müller, *Lehren und Lernen mit digitalen Mathematikwerkzeugen*,
https://doi.org/10.1007/978-3-658-41115-2_5

Gemäß der Zielstellungen Z1, Z2 und Z3 sollen die drei Bezüge der instrumentalen Genese diskutiert und die theoretischen Anknüpfungspunkte aufgezeigt werden.

5.1 Institutioneller Bezug: Bedingungsfaktoren Schülerzentrierung und Akzeptanz im Mathematikunterricht mit verbindlichem Einsatz von Computeralgebra-Systemen

Gemäß Z1 ist zu diskutieren, inwieweit die Prozesse der instrumentalen Genese auf die Institution Mathematikunterricht bezogen werden können, wenn DMW verbindlich eingesetzt werden.

Der subjektive Eindruck der Lernenden und der Lehrenden zum Stand der instrumentalen Genese bzw. zum Grad der Werkzeug-Aneignung kann durch die sCAS-K erfasst werden. Eine fortscheitende instrumentale Genese drückt sich auch in einer steigenden sCAS-K aus. Auf der Grundlage der Studienergebnisse kann festgehalten werden, die AgCAS bei einem verbindlichen Einsatz ein Bedingungsfaktor für die sCAS-K ist. Je höher die AgCAS, desto größer ist die sCAS-K. Das gilt für Lehrende und Lernende gleichermaßen (vgl. Kapitel 2.5). Dieses Ergebnis stützt insbesondere die These 4, die die Akzeptanz der DMW als Bedingungsfaktor nennt und zentral mit der Beziehungshaltigkeit verknüpft (vgl. Kapitel 1.2.3). Die Studie liefert ein uneindeutiges Ergebnis im Hinblick auf den Bedingungsfaktor Schülerzentrierung. So kann nicht abschließend geklärt werden, wie stark der positive Effekt des GaO auf die sCAS-K ist. Es besteht zwar eine positive Korrelation ($\beta = 0.056$), der standardisierte Beta-Koeffizient ist allerdings nicht signifikant für das Regressionsmodell (Perspektive der Lernenden). Das uneindeutige Ergebnis stimmt allerdings mit anderen Studien überein, die keine abschließende Bewertung vornehmen können (Engelschalt & Upmeier zu Belzen, 2019).

Aus modell-theoretischer Sicht ist die Bedeutung der Schülerzentrierung für die inhaltsspezifischen Qualitätsmerkmale von Mathematikunterricht gegeben (Brunner, 2018, S. 278). Das hierarchisch gegliederte Modell zur Qualität von Fachunterricht (vgl. Abb. 5.1) ist eine Erweiterung des Konstrukts der Qualität von Mathematikunterricht, welches zentrale Qualitätsdimensionen systematisch zueinander in Beziehung setzt. Dies erfolgt vor dem Hintergrund des Vergleichs verschiedener Erhebungsinstrumente zur Bestimmung der Qualität von Mathematikunterricht. Die untersuchten Erhebungsinstrumente liefern differente Ergebnisse bei einer explorativen Normierung (Brunner, 2018). Es ist daher sinnvoll, neben dem GaO auf Grundlage des Konzepts des offenen Unterrichts (Peschel, 2003a) weitere Erhebungsinstrumente zur Bestimmung der Schülerzentrierung im Mathematikunterricht mit verbindlichen CAS-Einsatz zu nutzen. Das hierarchische Modell zur Qualität von Fachunterricht stützt die Bedeutung der Schülerzentrierung als Qualitätsdimension im Mathematikunterricht (Brunner, 2018, S. 278). Dass diese Qualitätsdimensionen auch beim Einsatz von DMW entscheidend sind, fasst zentral These 1 (vgl. Kapitel 1.2.3) zusammen, die die kognitive Aktivierung als wichtiges Kriterium für die Beurteilung von DMW in mathematischen Lernumgebungen nennt.

Die Erkenntnisse zu den Potenzialen von DMW für den Mathematikunterricht lassen sich in dem hierarchisch gegliederten Modell zur Qualität von Fachunterricht (vgl. Abb. 5.1) verorten. Beim Einsatz von DMW im Unterricht kommt dem Arbeiten mit Darstellungen eine größere Bedeutung zu, die Lösungsvielfalt vergrößert sich, das experimentelle Arbeiten mit Darstellungen erhält eine größere Bedeutung, indem Vermutungen durch

systematisches Probieren erhalten werden und es treten vermehrt selbstständiges Arbeiten und kooperative Lernformen auf (Oldknow & Knights,
2001; Schimdt-Thieme & Weigand, 2015, S. 483). Der Einsatz von DMW
eröffnet die Möglichkeiten des schnellen Erzeugens von Darstellungen, der
Dynamisierung und der schnellen Veränderung dieser. Die verschiedenen
Darstellungsformen lassen sich zeitgleich erzeugen und interaktiv verknüpfen, so dass wechselseitige Abhängigkeiten dynamisch erkundet und
erlebt werden können. Dadurch verändern sich typische Arbeitsweisen im
Mathematikunterricht wie z. B. das Umgehen mit Symbolen, Graphen, Ta-
bellen und geometrischen Konstruktionen. Das Arbeiten verlagert sich
vom eigenständigen Zahlenrechnen, Termumformungen, Zeichnen von
Graphen und Konstruieren von Figuren hin zum Erschließen von Aus-
gangsituationen, das Angeben von Zieloperationen und das Interpretieren
von Ergebnissen (Barzel & Weigand, 2008; Schimdt-Thieme & Weigand,
2015, S. 470). Hinsichtlich der Auswirkungen des Einsatzes von DMW auf
Ziele, Inhalte und Methoden des Unterrichts sind die Erwartungen auf ein
realistisches Maß begrenzt, es ist anzunehmen, dass die Evolution einer
sukzessiven sinnvollen Integration von DMW weiter voranschreitet. Die
Frage nach der Unterstützer- und Mittler-Funktion der DMW im Rahmen
von Lernprozessen steht im Fokus (Schimdt-Thieme & Weigand, 2015,
S. 483). Die beschriebenen Potenziale von DMW wirken in den Übergän-
gen zwischen den inhaltspezifischen Qualitätsdimensionen und -merkma-
len von Mathematikunterricht; z. B. zwischen kognitiver Aktivierung und
Veranschaulichungen sowie zwischen Schülerzentrierung und Partizipati-
onsangeboten (vgl. Abb. 5.1).

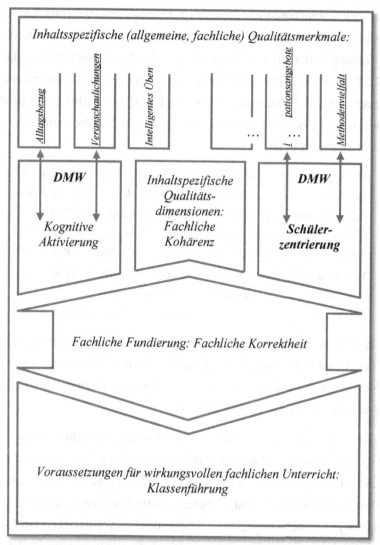

Abb. 5.1: *Hierarchisches Modell der Qualität von Fachunterricht mit der in-haltsspezifischen Qualitätsdimension Schülerzentrierung* (Brunner, 2018, S. 278). Eigene Darstellung ergänzt um die Potenziale von DMW als Doppel-pfeile dargestellt (Schimdt-Thieme & Weigand, 2015, S. 483).

Kapitel 5

Neben der Kompetenz-Entwicklung ist aus handlungstheoretischer Sicht die Akzeptanz bzw. die Einstellung gegenüber den DMW bestimmend für das Nutzungsverhalten von Lehrenden im Mathematikunterricht (Davis, 1989). Es bestehen unterschiedliche institutionelle und organisatorische Faktoren, die das Nutzungsverhalten der DMW von Lehrkräften positiv beeinflussen und bei der Förderung des Einsatzes im Mathematikunterricht beachtet werden müssen.

> Die Ergebnisse zu den Bedingungsfaktoren deuten an, dass, ähnlich den Erkenntnissen aus fachunspezifischer Sicht, auch für die Nutzung mathematikspezifischer Medien organisationale Merkmale und Personenmerkmale zur Erklärung von Nutzungsunterschieden beitragen. Die Studie kann darüber hinaus Einsichten zur Relevanz verschiedener Faktoren im gestuften Vergleich Nicht-Nutzung – gelegentliche Nutzung – durchgängige Nutzung geben.
>
> (Ostermann et al., 2021a, S. 210)

Die institutionellen und organisatorischen Faktoren der Mediennutzung und der Akzeptanz sowie die Qualitätsdimension Schülerzentrierung und die Kompetenzentwicklung (hier sCAS-K) zeigen die intentionellen Bezüge der instrumentalen Genese auf.

Speziell zum Einsatz von CAS im Mathematikunterricht gibt es Vorschläge zum institutionellen Bezug der instrumentalen Genese. So wird der Einsatz eines (gemeinsamen) Werkzeugs durch Lehrende und Lernende im Unterricht als instrumentale Orchestrierung bezeichnet, dieser Prozess ist abhängig von den Grenzen und Potenzialen des Werkzeugs, vom Kompetenzstand der Lernenden und von den Aufgabenstellungen im Unterricht. Eine Berücksichtigung der unterschiedlichen Voraussetzungen erfordert eine besondere Organisation des Mathematikunterrichts für Lehrende und Lernende. Ziel ist, die kohärente Nutzung des Instruments für alle Akteure im Unterricht zu ermöglichen (Trouche, 2004). Es ist hervorzuheben, dass die Werkzeug-Aneignung auf Seiten der Lernenden in gewissem Maße von der Aneignung des Werkzeugs durch die Lehrkraft abhängig ist. Dies betrifft insbesondere den Umgang des Lehrenden mit dem zum Zeitpunkt der Einführung unbekannten Artefakt. Entscheidend ist es, wie es der Lehrkraft gelingt, den durch das neue Artefakt eingeführten Veränderungen im Unterricht zu begegnen und die instrumentale Orchestrierung einzuleiten (Lonchamp, 2012). Auch vor dem Hintergrund der beschriebenen Studienergebnisse (vgl. Kapitel 2.5) kann gesagt werden, dass nicht die aufgabenspezifische Verwendung von DMW, sondern die Ermöglichung des Transfers von Lösungsschemata für die sCAS-K und damit die Werkzeug-Aneignung bestimmend ist. Die sichere Bedienung eines DMW ist wichtig, um es erfolgreich und effizient anzuwenden. Im Mathematikunterricht sollte deshalb beim Einsatz von DMW darauf geachtet werden, dass frühzeitig transferierbare Bedien- und Lösungsschemata durch die Lernenden mit den Artefakten verknüpft werden.

Die institutionellen und organisatorischen Faktoren beim Lehren und Lernen von Mathematik mit CAS können auf DMW erweitert werden und ebenso mit der instrumentalen Genese theoretisch gefasst werden (Ritella & Hakkarainen, 2012). Dabei kann die Rolle des Artefakts bei der Wissensgenerierung im Sinne der instrumentellen Methode (Wygotski, 1985) und die Mittler-Funktion der DMW als epistemischen Mediation (Rabardel, 2002) als Ansatzpunkte gewählt werden:

> We examined the role of epistemic mediation in knowledge-creating inquiry and the importance of the process of instrumental genesis for integrating CSCL technologies with shared inquiry practices. We argued that the cognitive extension and the cumulative expansive stimulation provided by epistemic mediation play a crucial role

in complex cognition; consequently, it is of strategic importance to put corresponding knowledge practices in the center of technology mediated learning. We also emphasized that because ICTs are transforming the learning context, changes of the spatial and temporal frames of learning practices.

(Ritella & Hakkarainen, 2012, S. 254)

Die Argumentation unterstreicht die entscheidende Funktion der epistemischen Mediation beim Erkenntnisgewinn. Die Mittler-Funktion von DMW ist speziell beim Computer-Supported Collaborative Learning (CSCL) zu beobachten. Dabei setzen die Prozesse der Instrumentalisation und Instrumentation an den epistemischen Artefakten an. Damit Lehrende und Lernende gleicher-maßen den Prozess der instrumentalen Genese umfassend durchlaufen, muss ein belastbares organisatorisches, institutionelles Bezugssystem etabliert sein. Die produktive Integration von DMW als Lern- und Unterrichtsinstrumente im Mathematikunterricht ist ein Entwicklungsprozess, der iterative Anstrengungen erfordert und längere Zeit bedarf (Ritella & Hakkarainen, 2012). Der institutionelle Bezug der instrumentalen Genese im Rahmen des CSCL ermöglicht die Beschreibung der Werkzeug-Aneignung als Interaktion von Lernenden, Lehrenden und Artefakten in nachgelagerten Unterrichtsaktivitäten. Es zeigt Wege auf, wie dynamische Beziehungen zwischen Artefakten und ihrer Verwendung über den gesamten Prozess der Werkzeug-Aneignung hinweg verfolgt werden können, die mit der Lernumgebung verbunden sind (Carvalho, Martinez-Maldonado, & Goodyear, 2019).

Ein spezieller theoretischer Ansatz identifiziert die Werkzeug-Aneignung für Lehrkräfte im doppelten Sinne. Die *Double Instrumental Genesis* (Haspekian, 2011) geht ebenso von der instrumentalen Genese nach Rabardel (2002) aus und kombiniert die zwei Dimensionen der Genese eines DMW zum *personal instrument* (individuelles Instrument) und zum *professional instrument* (professionelles Instrument) auf Seiten der Lehrkraft.

Die Dimension der Genese zum individuellen Instrument meint die Entwicklung eines Artefakts zum DMW in der Auseinandersetzung mit mathematischen Inhalten auf Seiten der Lehrkraft. Die Dimension der Genese zum professionellen Instrument meint die   didaktische Auseinandersetzung mit dem Artefakt zum Lehren von Mathematik mit DMW. Das bedeutet die Lehrenden entwickeln eigentlich zwei Instrumente parallel, die mit entsprechenden mathematischen und didaktischen Verwendungs- und Bedien-   schemata sowohl miteinander als auch untereinander verknüpft werden müssen (Trgalová & Tabach, 2018; Tabach & Trgalová, 2020).

Diese Erweiterung der instrumentalen Genese zur doppelten instrumentalen Genese zeigt das Potenzial der Theorie auch zur Beschreibung der Prozesse der Werkzeug-Aneignung in einem institutionellen Kontext auf. Werden zusätzlich die individuellen Prozesse auf Seiten der Lernenden mit einbezogen, ergibt sich ein komplexes Modell der Interaktionen der Lehrenden und Lernenden mit den DMW. Ebenso wie bei der doppelten instrumentalen Genese kann eine Wechselbeziehung zwischen den einzelnen Prozessen der Werkzeug-Aneignung vermutet werden.

Ein weiterer modell-theoretischer Ansatz, Lehrende und Lernende als sich beeinflussende Subjekte und deren Mediationen mit dem Instrument im Sinne der instrumentalen Genese zu beschreiben, ist die Erweiterung des epistemologischen Dreiecks zum didaktischen Tetraeder (Rieß, 2018). Die Theorien werden schrittweise erweitert und mit Wirkmechanismen zum didaktischen Di-Tetraeder der Innen- und Außenwelt des Lernens ergänzt. Damit wird der Wirkmechanismus zwischen Lehrenden, Lernen und mathematischen Inhalt (Aufgabe) mit der instrumentalen Genese beschrieben.

Eine Aussage über den Ausprägungsgrad oder eine quantitative Bestimmung der Effekte ist nicht erfolgt (Rieß, 2018, S. 112ff.).

Neben den Lehrenden und Lernenden sind weitere Akteure für den Mathematikunterricht bestimmend. Diese sind weder für Lehrende noch für Lernende beeinflussbar, wie z. B. eine aktive Schulleitung, die die Lehrenden unterstützt und ermutigt, die den Diskurs fördert und Unterrichtspraxis reflektieren hilft (Cerratto Pargman, Nouri, & Milrad, 2018). Darüber hinaus ist es notwendig, dass entsprechende Hardware grundsätzlich vorhanden ist. Das heißt, institutionelle Rahmenbedingungen müssen geschaffen sein; DMW müssen für Lehrende und Lernende verfügbar, funktionsfähig und einsetzbar sein. Das setzt die notwendige Infrastruktur und administrative Kapazitäten voraus. Wenn diese Voraussetzungen geschaffen sind, bedarf es Zeit, sodass Lehrende und Lernende gleichermaßen die Prozesse der Instrumentation und Instrumentalisation durchlaufen können, sodass ein produktives Arbeiten im Mathematikunterricht ermöglicht wird. Die Akzeptanz gegenüber den DMW ist dabei auch auf Seiten der weiteren bestimmenden Akteure (Schulleitung, Schulamt, Ministerium) entscheidend.

Zusammengefasst bedeutet ein institutioneller Bezug der instrumentalen Genese, dass die individuellen Prozesse der Werkzeug-Aneignung der Lernenden und der Lehrenden parallel im Mathematikunterricht ablaufen. Es gibt Interaktionen und Feedback-Schleifen, moderiert durch die Mittler-Funktion der DMW. Damit Lehrende und Lernende gleichermaßen DMW als Werkzeuge im Sinne der instrumentalen Genese beständig nutzen können, bedarf es Zeit, wie auch die Studienergebnisse unterstreichen (vgl. Kapitel 2.6). Ebenso kann gezeigt werden, dass die Akzeptanz gegenüber den DMW die Werkzeug-Aneignung positiv über die Zeit beeinflusst (Antwort auf F1.2).

Aus modell-theoretischer Sicht ist die Schülerzentrierung eine wichtige Qualitätsdimension beim Lehren und Lernen von Mathematik. Nur in einem individualisierten Mathematikunterricht können alle Subjekte (Lehrende und Lernende) die epistemische Mediation durch die DMW vollumfänglich erfahren, sodass alle die DMW im Stadium eines Instruments nutzen können und positive Effekte in der Breite sichtbar werden.

5.2 Individueller Bezug: Digitale Mathematikwerkzeuge beim forschend-entdeckenden Lernen mit mathematischen Experimenten

Ziel (Z2) ist es, unterschiedliche Stadien im Prozess der Werkzeug-Aneignung beim Arbeiten mit DMW an mathematischen Experimenten zu untersuchen.

Im Rahmen der vorgestellten Studie wurde der Prozess der instrumentalen Genese zwischen Subjekt (Lernenden) und DMW bei der Arbeit an Aufgaben (mathematischen Experimenten) untersucht. Aufbauend auf den theoretischen Vorarbeiten von Rabardel (2002), Verillon & Rabardel (1995) und Béguin & Rabardel (2000), soll in diesem Kapitel vor dem Hintergrund der Studienergebnisse ein gestuftes Modell der individuellen Werkzeug-Aneignung vorgeschlagen werden.

Das Arbeiten an den Aufgaben (mathematischen Experimenten) meint ein forschend-entdeckendes Lernen mit DMW. Der Ansatz des forschend-entdeckenden Lernens ist vereinbar mit der instrumentalen Genese. Das Subjekt (Lernende) handelt beim forschend-entdeckenden Lernen eigenständig und versucht in aktiver Auseinandersetzung bisherige Schemata produktiv einzusetzen und neu zu verknüpfen. Das meint insbesondere der

Begriff *forschend*. Mathematische Inhalte sind durch die Aufgaben nicht vollständig vorgegeben, sondern müssen durch das Subjekt erschlossen werden. Das meint *entdeckend* in diesem Zusammenhang. Das Subjekt (Lernende) arbeitet selbstständig und eigenverantwortlich (Meyer, 2007, S. 9f.). Die Beschreibung des Erkenntnisgewinns steht in Übereinstimmung mit der epistemischen Mediation ermöglicht durch das DMW im Sinne der instrumentalen Genese. Diese ist allerdings abhängig von der Aufgabe (mathematisches Experiment) und dem jeweiligen DMW (Trouche, 2004).

Die instrumentale Genese ist, wie bereits in Kapitel 2.1.1 beschrieben, ein individueller Prozess. Ist das DMW dem Subjekt (Lernenden) fremd, wird es vorrangig als Artefakt wahrgenommen und es sind keine bzw. kaum Schemata verknüpft. Dann fällt es dem Subjekt (Lernende) schwerer, sich während der Bearbeitung einer Aufgabe auf den mathematischen Inhalt zu konzentrieren. Sie verwenden einen Großteil ihrer kognitiven Kapazität, um die Bedien- und Verwendungsschemata des DMW zu verstehen. Schreitet die instrumentale Genese weiter voran, laufen kognitive Prozesse, die die Bedienung betreffen, zunehmend schneller und bald automatisiert ab. Das Subjekt (Lernende) kann sich dann besser auf den mathematischen Inhalt fokussieren und das DMW gezielt als Instrument einsetzen.

Wie in Kapitel 1.3.4 beschrieben, ist die Mediation im Sinne der instrumentalen Genese die (intendierte) Interaktion zwischen Subjekt und Instrument. Dabei geht die epistemische Mediation vom Objekt aus und wirkt über das Instrument auf das Subjekt. Die pragmatische Mediation geht vom Subjekt aus und wirkt über das Instrument auf das Objekt ein (vgl. Abb. 1.6). Beide Mediationsprozesse wirken erkenntnisgenerierend, wenn das Subjekt das Artefakt mit Schemata und Aufgaben verknüpft hat. Mit voranschreitender Genese steigern sich die Mediationsprozesse quantitativ und qualitativ, sodass der Erkenntnisgewinn voranschreitend ermöglicht wird. Die Studienergebnisse zeigen (vgl. Kapitel 3.5), dass diese Prozesse schrittweise erfolgen und sich Stadien der Werkzeug-Aneignung ausmachen lassen. Vor dem Hintergrund der vorgestellten Ergebnisse stellt sich die instrumentale Genese als gestufter Prozess dar, der in mindestens drei Stadien unterteilt werden kann. Diese Stadien lassen sich wie folgt charakterisieren (vgl. Kapitel 3.6.3).

Stadium 1: Das DMW wird als Artefakt wahrgenommen. Das Subjekt (Lernende) verfügt nur vereinzelt über Bedien- und Verwendungsschemata. In Interaktion mit dem Artefakt und den Aufgaben (mathematische Experimente) werden Mediations-Prozesse initiiert. Die Erfahrung mit den Aufgaben (mathematischen Experimente) werden anfänglich mit Schemata und dem Artefakt verknüpft. Lösungsschemata vergleichbarer Aufgaben sind (wenn überhaupt) für das Subjekt nur visuell verfügbar. Eine Transferleistung ist in diesem Stadium nicht möglich, insbesondere ist das Subjekt (Lernende) nicht in der Lage, das DMW zur Bearbeitung von unbekannten (Problem-)Aufgaben einzusetzen.

Stadium 2: Das DMW wird als Instrument angewandt. Einzelne Bedien- und Verwendungsschemata sind stabil mit dem Artefakt und entsprechenden Aufgaben (mathematischen Experimenten) verknüpft. Die epistemische Mediation kann umfänglich erfolgen und das Subjekt (Lernende) erhält über das Instrument vertiefte Kenntnisse über das Objekt (mathematischer Inhalt). Die Lösungsschemata zur Aufgabe sind für das Subjekt (Lernende) verfügbar und reproduzierbar. Diese sind jedoch zunächst mit der bestimmten Aufgabe (mathematisches Experiment) verknüpft und können nicht transferiert werden. Die Bearbeitung weiterer (Problem-)Aufgaben

Kapitel 5

kann nicht ohne weiteres erfolgen. Daher können die Ausprägungen in diesem Stadium bei dem Subjekt (Lernenden) variieren und hängen von den Aufgaben (mathematische Experimente) bzw. den Kenntnissen zu den Aufgaben ab.

Stadium 3: Das DMW steht dem Subjekt (Lernende) stabil als Instrument zur Verfügung und kann als Werkzeug verwendet werden. Es ist mit mehreren Bedien- und Verwendungsschemata zu verschiedenen Aufgaben (mathematischen Experimenten) verknüpft. Die Kenntnisse sind transferierbar und ermöglichen die Bearbeitung weiterer (Problem-)Aufgaben. Insbesondere die pragmatische Mediation ermöglicht es dem Subjekt (Lernende), über das Instrument auf das Objekt (mathematischer Inhalt) einzuwirken. Der Prozess der Instrumentalisation ermöglicht neben der Anwendung auch eine Gestaltung des Werkzeugs.

Die Studienergebnisse geben Beispiele für Lernende, die sich in Bezug auf das DMW in einem der drei Stadien befinden (vgl. Tab. 3.7 und Tab. 3.8). So befindet sich SFZ-L14 derzeit im Stadium 1, SFZ-L3 befindet sich im Stadium 2 und SFZ-L2 in Stadium 3. Die Zuordnung von Lernenden zu den Stadien ist jedoch mit mehreren Einschränkungen verbunden. Zunächst ist nicht nachprüfbar, ob die Lernenden bei der Bearbeitung der Aufgaben (mathematische Experimente) alle Kenntnisse und Schemata genutzt und gezeigt haben, die sie eigentlich nutzen oder zeigen könnten. Es ist möglich, dass sie aufgrund der speziellen Situation (Studienteilnahme) und der unvertrauten Arbeitsweise (Methode des lauten Denkens) zurückhaltend agierten. Da die Lernenden im Rahmen der Untersuchung jeweils nur zwei mathematische Experimente bearbeitet haben, kann nicht mit Sicherheit abgeschätzt werden, inwiefern die gezeigten Kenntnisse und Schemata von den Lernenden auf unbekannte Aufgaben übertragbar sind.

Das gewonnene Modell (vgl. Abb. 5.2) soll mit dieser Arbeit zur Diskussion gestellt werden. Aufgrund der geringen Stichprobengröße der Studie bleibt offen, ob eine Generalisierung möglich ist. Eine Erweiterung der Stichprobengröße könnte das zugrundeliegende Kategoriensystem weiter konsolidieren helfen (im Sinne einer fortschreitenden empirischen Sättigung). Es wurde jedoch gezeigt, dass unter den Lernenden, die an der Untersuchung teilnahmen, mindestens drei Stadien der instrumentalen Genese vorherrschen. Diese sind individuell unterschiedlich und zudem abhängig vom jeweiligen DMW. Damit ist ein differenzierter Blick auf einzelne Lernende einer Lerngruppe möglich. Die Studienergebnisse legen nahe, dass sich innerhalb einer Lerngruppe ein heterogenes Bild zeigen wird. Im Sinne der Theorie der instrumentalen Genese und dem vorgeschlagenen Modell (vgl. Abb. 5.2) werden sich die Lernenden einem der drei Stadien in Abhängigkeit des jeweiligen DMW zuordnen lassen.

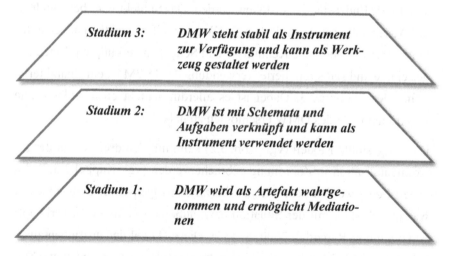

Abb. 5.2: *Modell zu drei Stadien der instrumentalen Genese.* Das Subjekt (Lernende) durchläuft diese während der Auseinandersetzung mit Aufgaben (mathematischen Experimenten). Die drei Stadien sind abhängig vom jeweiligen DMW.

Das bedeutet insbesondere, dass die instrumentale Genese ein offener Prozess ist, der potenziell fortgesetzt wird. Die Auseinandersetzung des Subjektes (Lernende) mit weiteren Aufgaben und die Verknüpfung mit weiteren (verfeinerten) Bedien- und Verwendungsschemata vergrößern das Einsatzspektrum des Instruments. Die anhaltenden Mediationen ermöglichen verfeinerte Abläufe der Instrumentation und Instrumentalisation. Diese ermöglichen wiederum eine zielgerichtete Verwendung und Gestaltung des Werkzeugs. Hinzukommt eine externe Fortentwicklung der DMW durch Firmen und Institute. Menü- und Systemumfänge werden erweitert und angepasst. Diese erfordern neue Schemata und eröffnen die Bearbeitung neuer Aufgaben. Genauso wird die Auseinandersetzung mit weiteren mathematischen (Problem-)Aufgaben dem Subjekt (Lernenden) neue Herangehensweisen und Lösungsschemata eröffnen. Daher wird es im Sinne des vorgeschlagenen Modells (vgl. Abb. 5.2) stabile Stadien geben, ohne dass sich finale Endzustände einstellen werden. Das Subjekt wird bei anhaltender Auseinandersetzung mit dem DMW und weiteren mathematischen Inhalten fortwährend neue Kenntnisse und Schemata verknüpfen. Eine zielgerichtete und selbstregulierte Verwendung des DWM ist ein Charakteristikum des Stadiums 3. Dabei ist es allerdings nicht entscheidend, alle Funktionalitäten des DMW erschlossen zu haben.

Das vorgestellte Modell (vgl. Abb. 5.2) kann mit den drei Leveln der Instrumentalisation in Zuordnung gebracht werden (vgl. Kapitel 1.3.3). Im ersten Level werden dem Artefakt kurzfristig Eigenschaften zugewiesen, was jedoch stark mit der Situation bzw. äußeren Bedingungen verknüpft ist (Béguin & Rabardel, 2000, S. 183). Dieses Level der Instrumentalisation wird im Stadium 1 erreicht. Allerdings erfolgen ebenso im ersten Stadium epistemische Mediationen, die dem Subjekt ermöglichen, Schemata mit dem Artefakt zu verknüpfen, sodass zusätzlich die Instrumentation im

Stadium 1 erfolgt. Beim zweiten Level der Instrumentalisation währt die im ersten Level erfolgte Zuordnung langfristiger bzw. dauerhaft (Rieß, 2018, S. 33). Damit ist das zweite Level klar im Stadium 2 zu verorten. Darüber hinaus sind die epistemischen Mediationen im Stadium 2 in umfassender Weise möglich, da das DMW als Instrument für das Subjekt verfügbar ist und somit Kenntnisse über das Objekt (mathematischer Inhalt) erlangt. Die Instrumentation erfolgt daher differenziert und substanziell. Im dritten Level der Instrumentalisation findet eine Veränderung am Artefakt selbst statt. Hierzu gehören Veränderungen jeglicher Art, um das Artefakt für neue Zwecke nutzen zu können (Béguin & Rabardel, 2000, S. 183f.). Das schließt Stadium 3 mit ein. In Ergänzung sind vielfältige und weitreichend epistemische (und pragmatische) Mediationen möglich, die eine vertiefte Instrumentation ermöglichen. Beide Prozesse ermöglichen die stabile Verfügbarkeit des Instrumentes, sodass es ein Werkzeug für die selbstbestimmte Nutzung durch das Subjekt im Stadium 3 ist.

Als Antwort auf F2 kann festgehalten werden, dass die drei Stadien der instrumentalen Genese jeweils die drei Level der Instrumentation umfassen und um epistemische Mediationen und Prozesse der Instrumentation erweitert wurden. Weiterhin wird deutlich, dass die drei Stadien hierarchisch sind und aufeinander aufbauen (vgl. Abb. 5.2). Ein Subjekt kann nicht das Stadium 3 erreichen, ohne vorher die Stadien 1 und 2 durchlaufen zu haben. Diese drei Stadien sind abhängig vom jeweiligen Werkzeug (DMW). Allerdings sind die Lösungsschemata mit einer Aufgabe (mathematisches Experiment) im Stadium 1 eng verbunden. Damit ist die Aufgabe teilweise bestimmend, ob sich ein Subjekt im Stadium 1 befindet. Im Stadium 2 beginnt das Subjekt die Schemata zu lösen und zu kombinieren, sodass sie auf weitere Aufgaben (mathematische Experimente) übertragbar werden. Im dritten

Stadium ist ein Transfer von Lösungsschemata umfänglich möglich, sodass dieses Stadium unabhängig von den Aufgaben (mathematische Experimente) ist.

5.3 Sprachlich-kultureller Bezug: Digitale Mathematikwerkzeuge als Mittler im bilingualen Mathematikunterricht

Gemäß Z3 sollen sprachlich-kulturelle Aspekte beim Prozess der Werkzeug-Aneignung und eine damit verbundene theoretische Verknüpfung der instrumentalen Genese mit dem 4C Framework diskutiert werden.

Die Prozesse der Instrumentation und Instrumentalisation erfolgen ebenso in bilingualen Lernumgebungen, die dem CLIL-Konzept entsprechen und in denen DMW eingesetzt werden. Das 4C Framework ist die theoretische Grundlage für zwei exemplarisch untersuchte Lernumgebungen (MITSI GTL und GISB). Aus den Antworten auf F4.1 und F4.2 (vgl. Kapitel 4.7) geht hervor, dass sich die beiden theoretischen Ansätze der instrumentalen Genese und des 4C Framework in Beziehung setzen lassen. Konkret bedeutet das, dass die instrumentale Genese (Rabardel, 2002; Wygotski, 1985) sowie das 4C Framework (Coyle et al., 2010) in zwei Dimensionen miteinander verbunden und eine Beziehung ergänzt werden kann. So können die Dimension Kommunikation und die Dimension Kultur mit der instrumentalen Genese in Beziehung gesetzt werden (Müller, 2021b, S. 19).

Die theoretische Beziehung zwischen der Dimension Kognition (4C Framework) und dem Artefakt kann vor dem Hintergrund der beschriebenen Mediationen Verbindungspunkte zu den Dimensionen Kommunikation und Kultur schaffen. Diese Beziehungen sind beschrieben (Verillon & Rabardel, 1995) und man kann erwarten, dass sie insbesondere in bilingualen Lernumgebungen bestehen. Das unterstreicht z. B. die Studie von Cerratto Pargman et al. (2018). Sie arbeitet die Mittler-Funktion von mobilen Endgeräten wie z. B. Smartphones und Tablets in bilingualen Lernumgebungen (Englisch-Schwedisch) im Sinne der Mediation heraus. Die Studie nimmt sprachlich-kulturelle Aspekte im Bereich der MINT-Bildung in den Fokus. In bilingualen Lernumgebungen an vier schwedischen Grundschulen, in denen Englisch die Fremdsprache ist, untersuchen sie weitere Aspekte der Mediation innerhalb der instrumentalen Genese. Auf Grundlage der Ergebnisse stellen sie Bezüge der instrumentalen Genese zu den Dimensionen Kommunikation und Kollaboration her und schlagen vor, die Mediation als komplexe kollaborative Aktivität zu modellieren, die das Lernen mit DMW maßgeblich beeinflusst. Das gilt für Lehrende und Lernende gleichermaßen:

> By using an instrumental genesis lens, this study has illustrated that the tablet is not a collaborative device but rather that it emerges as a collaborative instrument through the establishment of the teachers' and learners' multiple instrumental mediations.
>
> (Cerratto Pargman et al., 2018, S. 229)

Im Sinne der instrumentalen Genese wirken DMW auf die Wissenskonstruktion (Rieß, 2018). Für das Verstehen im Sinne eines Erkenntnisgewinns ist die wechselseitige Abhängigkeit zwischen der Nutzung von DMW und dem epistemologischen Gehalt mit Bezug auf die instrumentale Genese bedeutsam (Trouche & Drijvers, 2010). Aus den Arbeiten von Trouche & Drijvers (2010) geht hervor, dass die Wechselbeziehungen der Trias Artefakt, Schemata und Aufgaben (vgl. Abb. 1.5) vorhanden sind. Es kann davon ausgegangen werden, dass sie auch bei den Lernprozessen in beiden bilingualen Lernumgebungen (MISTI GTL und GISB) eine Rolle spielen. Es ist zu erwarten, dass die beschriebenen Beziehungen im Sinne der instrumentalen Genese in beiden Lernumgebungen vor dem Hintergrund der vier Dimensionen des 4C Framework ablaufen. Daher können sprachlich-kulturelle Aspekte (Dimensionen Kommunikation und Kultur) innerhalb der instrumentalen Genese stärker beleuchtet werden (Müller, 2021b, S. 19).

Die Studienergebnisse können zusammengefasst werden und stimmen mit anderen Arbeiten zum Thema überein. Neben dem technischen Design, das DMW als Artefakte charakterisiert, machen die erlangten Nutzungsschemata, die Kenntnisse zu Aufgaben und eben die Mediation zur Dimension Kommunikation das Instrument aus (Cerratto Pargman & Waern, 2003; Cerratto Pargman, 2003). Entscheidend für die Mediation zur Dimension Kommunikation ist die Auswahl und Gestaltung von Aufgaben innerhalb der bilingualen Lernumgebung, diese entscheidet über die sprachlich-kulturellen Mediation der DMW, die auf Seiten der Lernenden initiiert werden. Bei dieser Auswahl können die Lehrenden eine entscheidende Rolle übernehmen und die Inhalte strukturieren (Cerratto et al., 2018).

Die theoretischen Verbindungen zu den Dimensionen Kommunikation und Kultur ermöglichen ebenso die Untersuchung von DMW und Lernumgebungen im Hinblick auf die sprachlich-kulturellen Einflüsse durch die Entwickelnden der DMW (Developer und Designer) und die Gestaltenden der Lernumgebungen (Lehrende, Buchautoren, Unterrichtsmaterialien-Entwickelnde). Spezielle zu CSCL-Lernumgebungen deuten die Studienergebnisse auf entsprechende Einflüsse hin (Carvalho et al., 2019). Die vorgestellten Studienergebnisse (vgl. Kapitel 4.6) legen dar, dass die instrumentale Genese auch kommunikative Aspekte umfasst und daher mit Modellen der Sprachentwicklung kombiniert und um die Dimension der Mehrsprachigkeit ergänzt werden kann. Geht man von Abb. 1.5 und 4.1 aus, fällt auf, dass die Kenntnis von Schemata und Aufgaben, die das Instrument ausmachen, in starker Korrespondenz mit den Dimensionen Kognition und Inhalt des 4C Framework stehen. An diesen Stellen überschneiden sich die beiden fachdidaktischen Theorien. Daher können sie, wie in Abb. 5.3 illustriert, zusammengeführt werden (Müller, 2021b, S. 19).

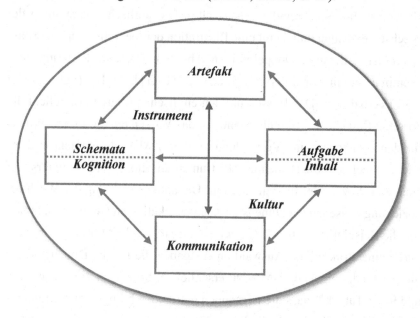

<u>Abb. 5.3</u>: *Instrument als Trias Artefakt, Aufgabe, Schemata in Bezug zu den Dimensionen Kommunikation, Inhalt, Kognition und Kultur des 4C Framework* (Müller, 2021b, S. 19).

Die Beziehungen zwischen Artefakt, Schemata und Aufgaben sowie zwischen den Dimensionen Kognition, Kommunikation und Inhalt (dargestellt durch die äußeren Pfeile) sind begrifflich durch die beiden Theorien und empirisch durch entsprechende Studien belegt. Das Beziehungsgefüge zwischen Artefakt und Kommunikation wird in der durchgeführten Studie mit Respekt auf F4.2 dargestellt (vgl. Kapitel 4.7). Weitere Wechselbeziehungen können auf Grundlage der Studienergebnisse vermutet werden. An den genannten Beispielen und den Einschätzungen der Lehrenden (vgl. Kapitel 4.6) wird deutlich, dass in den beiden beschrieben bilingualen Lernumgebungen eine Wechselbeziehung zwischen DMW als Artefakt und der Dimension Kommunikation besteht. In diesem Sinne wird das DMW als Mittler für die (Fremd-)Sprache tätig. Die grafische Darstellung der Wechselbeziehung und damit eine Illustration der theoretischen Verortung symbolisiert der rote Doppelpfeil in Abb. 5.3. Die eine Richtung wird exemplarisch in der Interviewsequenz MIT_GTL_V_I-1 (vgl. Kapitel 4.5.1) verbalisiert. Das Wissen um den englischen Begriff ermöglicht die korrekte Eingabe des Befehls. Damit ist das Wissen um die Fremdsprache für den Lernenden eine Verbindung zu dem DMW als Artefakt und erleichtert nicht nur die Bedienung (Instrumentalisation), sondern unterstützt auch den Prozess der Instrumentation. Die andere Richtung der Wechselbeziehung zwischen der Dimension Kommunikation und dem Artefakt fassen die Beispiele in Tab. 4.2. Sie zeigen die Möglichkeit für die Lehrenden durch eine strukturierte Auswahl an Aufgaben die Inhalts-Dimension für die Lernenden über die DMW zu erschließen. So zeigen die Beispiele 8 und 9 der Tab. 4.2, dass die Lernenden der beiden bilingualen Lernumgebungen ganz selbstverständlich für die Lösung der quadratischen Gleichungen mit DMW den SOLVE-Befehl verwenden (vgl. Abb. 4.6). Nicht jedem deutschsprachigen Lernenden ist zu Beginn des Lernprozesses gegenwärtig, dass der Befehl das englische Wort für Lösen bezeichnet. In der weiteren Auseinandersetzung mit der Fremdsprache wird es den Lernenden meist deutlich und somit unterstützt der sichere Umgang mit dem DMW (Instrumentalisation) die Fremdsprachenkenntnisse, was die Dimension Kommunikation betrifft. Im Sinne der Dimension Inhalt können

Bedingungen zur Lösbarkeit quadratischer Gleichungen dargestellt werden. Das Darstellen der Lösungsbedingungen unterstützt allerdings gleichzeitig auch den Prozess der Instrumentation. An den genannten Beispielen werden beide Richtungen der Mediation zwischen dem Artefakt und der Dimension Kommunikation veranschaulicht. Interessant ist die weitere empirische Untersuchung der anderen Wechselbeziehungen im zusammengeführten Modell aus instrumentaler Genese und 4C Framework sowie eine Generalisierung für weitere bilinguale mathematische Lernumgebungen (Müller, 2021b, S. 20).

Die vorliegenden Ergebnisse stützen die Annahme, dass in den beiden beschriebenen bilingualen Lernumgebungen (MISTI GTL und GISB) eine Mediation der DMW im Bereich der Dimension Kommunikation zu beobachten ist. Diese Beobachtung wird in Abb. 5.3 als roter Doppelpfeil kenntlich gemacht und ist eine Illustration des zentralen Studienergebnisses (Antwort auf F3.2). Durch die Verknüpfung des 4C Framework erfährt die instrumentale Genese eine theoretische Ergänzung um die Dimensionen Kommunikation und Kultur.

Literatur

Agresti, A. (1992). A survey of exact inference for contingency tables. *Statistical Science, 7*, 131-153.

Alqahtani, A. M., & Powell, A. B. (2017). Teachers' instrumental genesis and their geometrical understanding in a dynamic geometry environment. *Digital Experiences in Mathematics Education, 3*(1), 9-38.

An, Y., & Mindrila, D. (2020). Strategies and tools used for learner-centered instruction. *International Journal of Technology in Education and Science, 4*(2), 133-143.

Anger, C., Plünnecke, A., & Schüler, M. (2018). *INSM-Bildungsmonitor 2018. Teilhabe, Wohlstand und Digitalisierung*. Köln: Institut der deutschen Wirtschaft.

Ausubel, D. P. (1974). *Psychologie des Unterrichts*. Weinheim: Beltz.

Ayres, F., & Schmidt, P. A. (2012). *College Mathematics*. New York: McGraw-Hill.

© Der/die Herausgeber bzw. der/die Autor(en), exklusiv lizenziert an
Springer Fachmedien Wiesbaden GmbH, ein Teil von Springer Nature 2023
M. Müller, *Lehren und Lernen mit digitalen Mathematikwerkzeugen*,
https://doi.org/10.1007/978-3-658-41115-2

Balley, S. (2012). *Doodle yourself ymart... geometry. Over 100 doodles and problems to solve.* San Diego: Thunder Bay Press.

Barwell, R. (2003). Linguistic discrimination: an issue for research in mathematics education. *For the Learning of Mathematics, 23*(2), 37-43.

Barzel, B. (2006). Mathematikunterricht zwischen Konstruktion und Instruktion: Evaluation einer Lernwerkstatt im 11. Jahrgang mit integriertem Rechnereinsatz. *Journal für Mathematik-Didaktik, 27*(3-4), 321-322.

Barzel, B. (2012). *Computeralgebra im Mathematikunterricht. Ein Mehrwert – aber wann?* Münster: Waxmann.

Barzel, B. (2019). Digitalisierung als Herausforderung an Mathematikdidaktik – gestern. heute. morgen. In G. Pinkernell, & F. Schacht (Hrsg.), *Digitalisierung fachbezogen gestalten* (S. 1-10). Hildesheim: Franzbecker.

Barzel, B., Büchter, A., & Leuders, T. (2007). *Mathematik Methodik - Handbuch für die Sekundarstufe I und II.* Berlin: Cornelsen Scriptor.

Barzel, B., Reinhoffer, B., & Schrenk, M. (2012). Das Experimentieren im Unterricht. In W. Rieß, M. Wirtz, B. Barzel, & A. Schulz (Hrsg.), *Experimentieren im mathematisch-naturwissenschaftlichen Unterricht. Schüler lernen wissenschaftlichen denken und arbeiten* (S. 103-127). Münster: Waxmann.

Barzel, B., & Weigand, H.-G. (2008). Medien vernetzen. *Mathematik lehren, 146*, 4-10.

Bauer, R. (2003). *Offenes Arbeiten in der Sekundarstufe I. Ein Praxisbuch*. Berlin: Cornelsen.

Becker, H.-J., Glöckner, W., Hoffmann, F., & Günther, J. (1992). *Fachdidaktik Chemie*. Köln: Aulis Deubner.

Béguin, P., & Rabardel, P. (2000). Designing for instrument-mediated activity. *Scandinavian Journal of Information Systems, 12*, 173-190.

Benner, D. (1989). Auf dem Weg zur Öffnung von Unterricht und Schule. Theoretische Grundlagen zur Weiterentwicklung der Schulpädagogik. *Die Grundschulzeitschrift, 27*, 46-55.

Benölken, R. (2014). Begabung, Geschlecht und Motivation. *Journal für Mathematik-Didaktik, 35*, 129-158.

Blume, C. (2020). German teachers' digital habitus and their pandemic pedagogy. *Postdigital Science and Education, 2*, 879-905. doi: 10.1007/s42438-020-00174-9

BMBF (2016). *Bildungsoffensive für die digitale Wissensgesellschaft – Strategie des Bundesministeriums für Bildung und Forschung*. Bundesministeriums für Bildung und Forschung, Referat Digitaler Wandel in der Bildung, Berlin, https://www.bmbf.de/files/Bildungsoffensive_fuer_die_digitale_Wissensgesellschaft.pdf

Bohl, T., & Kucharz, D. (2010). *Offener Unterricht heute. Konzeptionelle und didaktische Weiterentwicklung*. Weinheim: Beltz.

Literatur

Bonnet, A., Breidbach, S., & Hallet, W. (2009). Fremdsprachlich handeln im Sachfach: Bilinguale Lernkontexte. In G. Bach, & J. Timm (Hrsg.), *Englischunterricht 2009* (S. 172-196). Tübingen: Narr Francke Attempto.

Bönsch, M., & Schittko, K. (1979). *Offener Unterricht*. Hannover: Schroedel.

Bönsch, M. (1993). *Offener Unterricht in der Primar- und Sekundarstufe I. Praxisleitende Theorie und theoriebildende Praxis*. Hannover: Schroedel.

Borich, G. D. (2016). *Effective teaching methods. Research-based practice*. London: Pearson Education.

Breaux, A., & Whitaker, T. (2015). *Quick answers for busy teachers. Solutions to 60 common challenges*. San Francisco: Jossey-Bass.

Breidbach, S. (2007). *Bildung Kultur Wissenschaft. Reflexive Didaktik für den bilingualen Sachfachunterricht*. Münster: Waxmann.

Breitsprecher, L., & Müller, M. (2020). *Mathe.Schülerforscherguide. Mathematische Schülerexperimente*. Bamberg: C. C. Buchner.

Brunner, E. (2018). Qualität von Mathematikunterricht: Eine Frage der Perspektive. *Journal für Mathematik-Didaktik, 39*, 257-284. doi: 10.1007/s13138-017-0122-z

Buchholz, N. (2019). Planning and conducting mixed methods studies in mathematics education research. In G. Kaiser, & N. Presmeg

(Hrsg.), *Compendium for early career researchers in mathematics education. ICME-13 monographs* (S. 131-152). Cham: Springer.

Buchholz, N. (2021). Voraussetzungen und Qualitätskriterien von Mixed-Methods-Studien in der mathematikdidaktischen Forschung. *Journal für Mathematik-Didaktik, 42*(1), 219-242. doi: 10.1007/s13138-020-00173-0

Carvalho, L, Martinez-Maldonado, R., & Goodyear, P. (2019). Instrumental genesis in the design studio. *International Journal of Computer-Supported Collaborative Learning, 14*, 77-107. doi: 10.1007/s11412-019-09294-2

Cerratto Pargman, T., & Waern, Y. (2003). Appropriating the use of a MOO for collaborative learning. *Interacting with Computers: The Interdisciplinary Journal of Human-Computer Interaction, 15*, 759-781.

Cerratto Pargman, T. (2003). Collaborating with writing tools: an instrumental perspective on the problem of computer support for collaborative activities. *Interacting with Computers: The Interdisciplinary Journal of Human-Computer Interaction, 15*, 737-757.

Cerratto Pargman, T., Nouri, J., & Milrad, M. (2018). Taking an instrumental genesis lens: New insights into collaborative mobile learning. *British Journal of Education Technology, 49*(2), 219-234. doi: 10.1111/bjet.12585

Chevallard, Y. (1982). Pourquoi la transposition didactique? *Communication au Séminaire de didactique et de pédagogie des mathématiques de l'IMAG, Université scietifique et médicale de Grenoble. Paru dans les Actes de l'année 1981-1982*, 167-

194, http://yves.chevallard.free.fr/spip/spip/article.php3?id_article=103

Cohen, J. (1988). *Statistical power analysis for the behavioral sciences.* New York: Academic Press.

Cohen, J. (1992). A power primer. *Psychological Bulletin, 122*(1), 155-159. doi: 10.1037//0033-2909.112.1.155

Coyle, D., Hood, P., & Marsh, D. (2010). *CLIL. Content and Language Integrated Learning.* Cambridge: Cambridge University Press.

Creswell, J. W., Plano Clark, V., Gutmann, M. L., & Hanson, W. E. (2003). Advanced mixed methods research designs. In A. Tashakkori, & C. Teddlie (Hrsg.), *Handbook of Mixed Methods in Social and Behavior Research* (S. 209-240). New York: Sage Publication.

Davis, F. D. (1989). Perceived usefulness, perceived ease of use, and user acceptance of information technology. *MIS Quarterly, 13*, 319-340. doi: 10.2307/249008

Dewey, J. (1951). *Wie wir denken. Eine Untersuchung über die Beziehung des reflektiven Denkens zum Prozess der Erziehung.* Zürich: Morgarten.

Diethelm, I. (2011). Wie forschend-entdeckendes Lernen gelingen kann. *Log In, 168.* 28-34.

Doran, R., Lawrenz, F., & Helgeson, S. (1994). Research on assessment in science. In D. L. Gabel (Hrsg.), *Handbook of research on science teaching and learning. A project of the National Science Teachers Association* (S. 388-442). New York: Macmillan.

Dresing, T., & Pehl, T. (2018). *Praxisbuch Interview, Transkription & Analyse. Anleitung und Regelsysteme für qualitativ Forschende.* Marburg: Eigenverlag. https://www.audiotranskription.de/wp-content/uploads/2020/11/Praxisbuch_08_01_web.pdf

Drijvers, P. (2004). Learning algebra in a computer algebra environment. *The International Journal of Computer Algebra in Mathematics Education, 11*(3), 77-89.

Drüke-Noe, C. (2012). Können Lernstanderhebungen einen Beitrag zur Unterrichtsentwicklung leisten? In W. Blum, R. Borromeo Ferri, & K. Maaß (Hrsg.), *Mathematikunterricht im Kontext von Realität, Kultur und Lehrerprofessionalität* (S. 284-293). Wiesbaden: Vieweg+Teubner.

DUDEN (2019). *Deutsches Universalwörterbuch.* Berlin: Bibliografisches Institut GmbH.

Eccles, J., Adler, T. F., Futterman, R., Goff, S. B., Kaczala, C. M., Meece, J., & Midgley, C. (1983). Expectancies, values and academic behaviors. In J. T. Spence (Hrsg.), *Achievement and achievement motives* (S. 26-43). San Francisco: Freeman.

Eickelmann, B., Gerick, J., & Koop, C. (2017). ICT use in mathematics lessons and the mathematics achievement of secondary school students by international comparison: Which role do school level factors play? *Education and Information Technologies, 22*(4), 1527-1551. doi: 10.1007/s10639-016-9498-5

Literatur

Eid, M., Gollwitzer, M., & Schmitt, M. (2017). *Statistik und Forschungsmethoden.* Weinheim: Beltz.

Emanet, E. A., & Kezer, F. (2021). The effects of student-centered teaching methods used in mathematics courses on mathematics achievement, attitude, and anxiety: a meta-analysis study. *Participatory Educational Research, 8*(2), 240-259. doi: 10.17275/per.21.38.8.2

Engelschalt, P., & Upmeier zu Belzen, A. (2019). Interventionsstudie zur Wirkung von schülerzentrierten Methoden auf Modellkompetenz und Fachwissen. *Erkenntnisweg Biologiedidaktik, 2019,* 57-74

Ericsson, K. A., & Simon, H. A. (1993). *Protocol analysis. revised edition. Verbal reports as data.* London: Bradford.

Eveland, W. P., & Dunwoody, S. (2000). Examining information processing on the World Wide Web using think aloud protocols. *Media Psychology, 2*(3), 219-244. doi: 10.1207/S1532785XMEP0203_2

Felton-Koestler, M. D., & Koestler, C. (2017). Should mathematics teacher education be politically neutral? *Mathematics Teacher Educator, 6*(1), 67-72.

Flick, U. (2007). *Qualitative Sozialforschung: Eine Einführung.* Reinbek bei Hamburg: Rowohlt.

Fothe, M., & Bethge, B. (2014). Grunderfahrungen im Informatikunterricht. Eine kompakte Beschreibung des Beitrags der informatischen Bildung für die Allgemeinbildung. *Log In, 178-179,* 36-40.

Fothe, M., Hermann, M., & Zimmermann, B. (2006). *Learning in Europe. Computers in Mathematics Instruction*. Jena: Collegium Europaeum Jenense.

Fothe, M., Skorsetz, B., & Szücs, K. (2018). *Medien im Mathematikunterricht. Forum 18*. Bad Berka: ThILLM.

Funk, L. (2017). *Mehr Studenten in MINT-Fächern - "Man darf sich nicht darauf ausruhen"*. Deutschlandfunk, Köln, http://www.deutschlandfunk.de/mehr-studenten-in-mint-faechern-mandarf-sich-nicht-darauf.694.de.html?dram:article_id=395735

Funke, J., & Spering, M. (2006). Methoden der Denk- und Problemlöseforschung. In J. Funke (Hrsg.), *Enzyklopädie der Psychologie. Denken und Problemlösen* (8, S. 647-744). Göttingen: Hogrefe.

Gardner, M. (1987). *The second scientific American book of mathematical puzzels and diversions*. Chicago: University of Chicago Press.

GDM, & MNU (2010). *Stellungnahme der Gesellschaft für Didaktik der Mathematik (GDM) sowie des Deutschen Vereins zur Förderung des mathematisch-naturwissenschaftlichen Unterrichts (MNU) zur „Empfehlung der Kultusministerkonferenz zur Stärkung der mathematisch-naturwissenschaftlichen-technischen Bildung"*. Gesellschaft für Didaktik der Mathematik e.V., Berlin, https://madipedia.de/images/4/40/Stellungnahme-GDM-MNU-2010.pdf

Geitel, L. (2020). *Zur außerschulischen Förderung mathematisch interessierter Schülerinnen und Schüler in Thüringen*. Friedrich-Schiller-Universität Jena, Jena, https://www.db-thueringen.de/receive/dbt_mods_00045032

Literatur

GI (2000). *Empfehlungen für ein Gesamtkonzept zur informatischen Bildung an allgemein bildenden Schulen.* Gesellschaft für Informatik e.V., Berlin, https://gi.de/fileadmin/GI/Hauptseite/Service/Publikationen/Empfehlungen/gesamtkonzept_26_9_2000.pdf

GI (2008). *Grundsätze und Standards für die Informatik in der Schule. Bildungsstandards Informatik für die Sekundarstufe I.* Gesellschaft für Informatik e.V., Berlin, https://dl.gi.de/bitstream/handle/20.500.12116/2345/52-GI-Empfehlung-Bildungsstandards_2008.pdf

GI (2016). *Bildungsstandards Informatik für die Sekundarstufe II.* Gesellschaft für Informatik e.V., Berlin, https://dl.gi.de/bitstream/handle/20.500.12116/2350/57-GI-Empfehlung-Bildungsstandards-Informatik-SekII.pdf

GI (2019). *Kompetenzen für informatische Bildung im Primarbereich.* Gesellschaft für Informatik e.V., Berlin, https://informatikstandards.de/fileadmin/GI/Projekte/Informatikstandards/Dokumente/v142_empfehlungen_kompetenzen-primarbereich_2019-01-31.pdf

Giaconia, R. M., & Hedges, L. V. (1982). Identifying features of effektive open education. *Review of Educational Research, 52*(4), 579-602.

Gispert, H., & Schubring, G. (2011). Societal, structural, and conceptual changes in mathematics teaching: Reform processes in France and

Germany over the twentieth century and the international dynamics. *Science in context, 24*(1), 73-106.

Goetze, H. (1995). Wenn Freie Arbeit schwierig wird … – Stolpersteine auf dem Weg zum Offenen Unterricht. In G. Reiß, & G. Eberle (Hrsg.), *Offener Unterricht – Freie Arbeit mit lernschwachen Schülern* (S. 254-273). Weinheim: Deutscher Studien Verlag.

González, N., Andrade, R., Civil, M., & Moll, L. (2001). Bridging funds of distributed knowledge: Creating zones of practices in mathematics. *Journal of Education for Students Placed at Risk, 6*(1-2), 115-132.

Greefrath, G. (2012). Überzeugungen und Erfahrungen von Lernenden im Unterricht mit digitalen Werkzeugen. In M. Ludwig, & M. Kleine (Hrsg.), *Beiträge zum Mathematikunterricht 2012* (1; S. 309-312). Münster: WTM.

Greefrath, G. (2020). Mathematisches Modellieren und digitale Werkzeuge. In H.-S. Siller, W. Weigel, & J. F. Worler (Hrsg.), *Beiträge zum Mathematikunterricht 2020* (S. 15-22). Münster: WTM. doi: 10.17877/DE290R-21328

Grell, J. (2001). *Techniken des Lehrerverhaltens*. Weinheim: Beltz.

Griesel, H., Postel, H., Suhr, F., & Ladenthin, W. (2013). *Elemente der Mathematik 9 Thüringen*. Braunschweig: Westermann Schroedel.

Grygier, P., & Hartinger, A. (2009). *Gute Aufgaben Sachunterricht*. Berlin: Cornelsen Scriptor.

Literatur

Haspekian, M. (2011). The co-construction of a mathematical and a di-
dactical instrument. In M. Pytlak, T. Rowland, & E. Swoboda
(Hrsg.), *Proceedings of the 7th Congress of the European Society
for Research in Mathematics Education* (S. 2298-2307). Rzeszów:
University of Rzeszów, http://www.mathematik.uni-dortmund.de/
erme/doc/cerme7/CERME7.pdf

Hattie, J. (2008). *Visible Learning.* London: Taylor & Francis.

Hauk, D., & Gröschner, A. (2021). Kommunikation zwischen Lehrpersonen und Schüler*innen im offenen und jahrgangsgemischten Unterricht. Eine videobasierte Fallstudie. In G. Hagenauer, & D. Rau-
felder (Hrsg.), *Soziale Eingebundenheit. Sozialbeziehungen im Fokus von Schule und Lehrer*innenbildung* (S. 143-156). Münster:
Waxmann.

Heine, L., & Schramm, K. (2007). Lautes Denken in der Fremdsprachenforschung: Eine Handreichung für die empirische Praxis. In H. J.
Vollmer (Hrsg.), *Synergieeffekte in der Fremdsprachenforschung.
Empirische Zugänge, Probleme, Ergebnisse* (S. 167-206). Frankfurt: Peter Lang.

Heine, L. (2014). Introspektion. In J. Settinieri, S. Demirkaya, A. Feld-
meier, N. Gültekin-Karakoç, & C. Riemer (Hrsg.), *Empirische
Forschungsmethoden für Deutsch als Fremd- und Zweitsprache*
(S. 123-135). Paderborn: UTB.

Heinrich, F. (2016). Zu "Fehlern" beim Problemlösen in psychologischen
und in mathematikdidaktischen Kontexten. *Der Mathematikunterricht, 2016*(3), 4-12.

Heinrich, F., Bruder, R., & Bauer, C. (2015). Problemlösen lernen. In R. Bruder, L. Hefendehl-Hebeker, B. Schmidt-Thieme, & H.-G. Weigand (Hrsg.), *Handbuch der Mathematikdidaktik* (S. 279-301). Berlin: Springer Spektrum.

Heinrich, F., Jerke, A., & Schuck, L.-D. (2015). "Fehler" von Dritt- und Viertklässler(inne)n beim Bearbeiten mathematischer Probleme. In A. Kuzle, & B. Rott (Hrsg.), *Problemlösen gestalten und beforschen. Tagungsband der Herbsttagung des Arbeitskreises Problemlösen 2014* (S. 149-166). Münster: WTM.

Hericks, N. (2019). Offener Unterricht als Möglichkeit zum Umgang mit Heterogenität. Studierende entwickeln Konzepte für offene Unterrichtsformen. *Herausforderung Lehrer_innenbildung, 2*(1), 92-108. doi: 10.4119/UNIBI/hlz-158

Heugl, H., Klinger, W., Lechner, J. (1996). *Mathematikunterricht mit Computeralgebra-Systemen. Ein didaktisches Lehrbuch mit Erfahrungen aus dem österreichischen DERIVE-Projekt.* Bonn: Addison-Wesley.

Hillmayr, D., Ziernwald, L., Reinhold, F., Hofer, S. I., & Reiss, K. M. (2020). The potential of digital tools to enhance mathematics and science learning in secondary schools: A context-specific meta-analysis. *Computers & Education, 153*, 103897. doi: 10.1016/j.compedu.2020.103897

Hischer, H. (2002). Mathematikunterricht und Neue Medien. Hintergründe und Begründungen in fachdidaktischer und fachübergreifender Sicht. Hildesheim: Franzbecker.

Literatur

Höfer, T. (2020). Das Profilfach Informatik-Mathematik-Physik (IMP). Stellung, Genese und Ausgestaltungsmöglichkeiten. In G. Pinkernell, & F. Schacht (Hrsg.), *Digitale Kompetenzen und Curriculare Konsequenzen* (S. 23-30). Hildesheim: Franzbecker.

Hoffkamp, A. (2011). The use of interactive visualizations to foster the understanding of concepts of calculus: Design principles and empirical results. *ZDM Mathematics Education, 43*(3), 359-372. doi: 10.1007/s11858-011-0322-9

Hoyles, C., & Noss, R. (2003). What can digital technologies take from and bring to research in mathematics education? In A. J. Bishop, M. A. Clements, C. Keitel, J. Kilpatrick, & F. Leung (Hrsg.), *Second International Handbook of Mathematics Education* (S. 323-349). Dordrecht: Kluwer Academic.

Hsiao, E-L., Mikolaj, P., & Shih, Y.-T. (2017). A design case of scaffolding hybrid-online student-centered learning with multimedia. *Journal of Educators Online, 14*(1), 1-9.

Huber, L. (2004). Forschendes Lernen – 10 Thesen zum Verhältnis von Forschung und Lehr aus der Perspektive des Studiums. *Die Hochschule, 2*, 29-49.

Huber, L. (2014). Forschungsbasiertes, Forschungsorientiertes, Forschendes Lernen: Alles dasselbe? *Das Hochschulwesen, 62*(1/2), 22-29.

Hußmann, S., & Prediger, S. (2016). Specifying and structuring mathematical topics – a four-level approach for combining formal, semantic, concrete, and empirical levels exemplified for exponential growth. *Journal für Mathematik-Didaktik, 37*(1), 33-67.

Hyun, T. (2006). *Acing the SAT Subject Tests in Math. Level 1 and Level 2.* Thousand Oaks: Greenhall Publishing.

Jourdain, P. E. B. (2007). *The Nature of Mathematics.* New York: Dover Publications.

Jürgens, E. (1994). *Erprobte Wochenplan- und Freiarbeits-Ideen in der Sekundarstufe I.* Heinsberg: Agentur Dieck.

Jürgens, E. (2009). *Die ‚neue' Reformpädagogik und die Bewegung Offener Unterricht. Theorie, Praxis und Forschungslage.* Sankt Augustin: Academia.

Kaplan, S. (2009). *SAT Raise Your Score (Even More) Handbook.* Fort Lauderdale: Kaplan Inc.

Kerres, M. (2020). Against all odds: Education in Germany coping with Covid-19. *Postdigital Science and Education, 2*(3), 1-5. doi: 10.1007/s42438-020-00130-7

Kieran, C., & Drijvers, P. (2006). The co-emergence of machine techniques, paper-and-pencil techniques, and theoretical reflection: A study of CAS use in secondary school algebra. *International Journal of Computers for Mathematical Learning, 11*(2), 205-263.

Literatur

KMK (2012). *Bildungsstandards im Fach Mathematik für die Allgemeine Hochschulreife. Beschluss der Kultusministerkonferenz vom 18.10.2012.* Kultusministerkonferenz der Länder, Berlin, https://www.kmk.org/fileadmin/Dateien/veroeffentlichungen_beschluesse/2012/2012_10_18-Bildungsstandards-Mathe-Abi.pdf

KMK (2013). *Bericht „Konzepte für den bilingualen Unterricht – Erfahrungsbericht und Vorschläge zur Weiterentwicklung" Beschluss der Kultusministerkonferenz vom 17.10.2013.* Kultusministerkonferenz der Länder, Berlin, https://www.kmk.org/fileadmin/Dateien/veroeffentlichungen_beschluesse/2013/201_10_17-Konzepte-bilingualer-Unterricht.pdf

KMK (2016). *Bildung in der digitalen Welt – Strategie der Kultusministerkonferenz.* Kultusministerkonferenz, Berlin, https://www.kmk.org/fileadmin/Dateien/pdf/ PresseUndAktuelles/2017/Strategie_neu_2017_datum_1.pdf

Knoblauch, H., Schnettler, B., & Tuma, R. (2010). Interpretative Videoanalysen in der Sozialforschung. In S. Maschke, & L. Stecher (Hrsg.), *Enzyklopädie Erziehungswissenschaft Online (EEO), Fachgebiet Methoden der empirischen erziehungswissenschaftlichen Forschung.* Weinheim: Juventa. doi: 10.3262/EEO07100074

Konrad, K (2010). Lautes Denken. In G. Mey, & K. Mruck (Hrsg.), *Handbuch Qualitative Forschung in der Psychologie* (S. 476-490). Wiesbaden: VS. doi: 978-3-531-92052-8_34

Krüger, R. (1991). *Projekt Offener Unterricht. Wochenplan – Freiarbeit – Projekte – Informeller Unterricht.* Braunschweig: Schulleiter-handbuch.

Kuckartz, U., Dresing, T., Rädiker, S., & Stefer, C. (2008). *Qualitative Evaluation – Der Einstieg in die Praxis.* Wiesbaden: VS.

Küppers, A. (2013). Mathematik. In W. Hallet, & F. Königs (Hrsg.), *Handbuch Bilingualer Unterricht. Content and Language Integrated Learning 2013* (S. 308-313). Seelze: Friedrich.

Kutzler, B. (2003). CAS as pedagogical tools for teaching and learning mathematics. In J. T. Fey, A. Cuoco, C. Kieran, L. McMullin, & R. M. Zbiek (Hrsg.), *Computer-algebra systems in secondary school mathematics education* (S. 53–72). Reston, VA: National Council of Teachers of Mathematics.

Langsrud, O., & Gesellensetter, R. (n. d.). *Fishers's Exact Test.* Statistics Norway, Division for Statistical Methods and Standards, Oslo, https://www.langsrud.com/stat/Fishertest.htm

Lappan, G., Fey, J. T., Fitzgerald, W. M., Friel, S. N., & Phillips, E. D. (2009). *Connected Mathematics 2. Filling and Wrapping. Three-Dimensional Measurement.* New Jersey: Pearson.

Lee, V. R. (2018). Integrating technology and pedagogy in undergraduate teacher education. *15th International Conference on*

Cognition and Exploratory Learning in Digital Age, 2018, 397-398, https://files.eric.ed.gov/fulltext/ED600778.pdf

Leisen, J. (2013). Darstellungs- und Symbolisierungsformen im Bilingualen Unterricht. In W. Hallet, & F. Königs (Hrsg.), *Handbuch Bilingualer Unterricht. Content and Language Integrated Learning 2013* (S. 152-159). Seelze: Friedrich.

Leuders, T. (2017). *Mathematik-Didaktik. Praxishandbuch für die Sekundarstufe I und II*. Berlin: Cornelsen.

Linke, P., & Lutz-Westphal, B. (2018). Das „Spot-Modell" im Mathematikunterricht – forschendes und entdeckendes Lernen fundiert anwenden. In Fachgruppe Didaktik der Mathematik der Universität Paderborn (Hrsg.), *Beiträge zum Mathematikunterricht 2018* (S. 1183-1186). Münster: WTM. doi: 10.17877/DE290R-19513

Lonchamp, J. (2012). An instrumental perspective on CSCL systems. *International Journal of Computer-Supported Collaborative Learning, 7*, 211-237. doi: 10.1007/s11412-012-9141-4

Lorenz, R., Bos, W., Endberg, M., Eickelmann, B., Grafe, S., & Vahrenhold, J. (2017). *Schule digital. Der Länderindikator. Bundesländervergleich und Trends von 2015 bis 2017*. Münster: Waxmann.

Malle, G. (1993). Von der Arithmetik zur Algebra. In G. Malle, E. C. Wittmann, & H. Bürger (Hrsg.), *Didaktische Probleme der elementaren Algebra* (S. 135-159). Wiesbaden: Vieweg+Teubner. doi: 10.1007/978-3-322-89561-5

Mammes, I., Fletcher, S., Lang, M., & Münk, D. (2016). Technology education in Germany. In M. J. de Vries, S. Fletcher, S. Kruse, P. Labudde, M. Lang, I. Mammes, C. Max, D. Münk, B. Nicholl, J.

Strobel, & M. Winterbottom (Hrsg.), *Technology Education Today. International Perspectives* (S. 11-38). Münster: Waxmann.

Mayring, P. (2010). *Qualitative Inhaltsanalyse - Grundlagen und Techniken.* Weinheim: Beltz.

Mehlhase, U. (1994). *Informations- und kommunikationstechnische Grundbildung in einem forschenden Mathematikunterricht.* Hildesheim: Franzbecker.

Meyer, A. (2010). Algebra als Werkzeug. der Umgang von Neuntklässlern mit einem arithmetisch-algebraischen Problem. In A. Lindmeier, & S. Ufer (Hrsg.), *Beiträge zum Mathematikunterricht 2010* (S. 605-608). Münster: WTM. doi: 10.17877/DE290R-766

Meyer, M., & Tiedemann, K. (2017). *Sprache im Fach Mathematik.* Berlin: Springer Spektrum.

Meyer, M. (2007). *Entdecken und Begründen im Mathematikunterricht. Von der Abduktion zum Argument.* Hildesheim: Franzbecker.

Moldenhauer, W. (2007). Computeralgebrasysteme im mathematisch-naturwissenschaftlichen Unterricht in Thüringen. *Computeralgebra-Rundbrief, 10*(41). 26-29.

Muhaimin, M., Habibi, A., Mukminin, A., Saudagar, F., Pratama, R., Wahyuni, S., Sadikin, A., & Indrayana, B. (2019). A sequential explanatory investigation of TPACK: Indonesian science teachers´ survey and perspective. *Journal of Technology and Science Education, 9*(3), 269-281.

Müller, M. (2015). *Zur Schülerzentrierung im Mathematikunterricht mit Computeralgebra. Eine empirische Studie zur CAS-*

Literatur

Einführung an Thüringer Schulen mit Oberstufe. Saarbrücken: Südwestdeutscher Verlag für Hochschulschriften.

Müller, M. (2018). Digitale Werkzeuge als (Sprach-)Brücke im bilingualen Mathematikunterricht – Erste Ergebnisse der videogestützten Evaluation des Projektes MIT Global Teaching Lab am SFZJ. In Fachgruppe Didaktik der Mathematik der Universität Paderborn (Hrsg.), *Beiträge zum Mathematikunterricht 2018* (S. 1279-1282). Münster: WTM. doi: 10.17877/DE290R-19541

Müller, M. (2020a). Eine Langzeitstudie zum verbindlichen CAS-Einsatz im Mathematikunterricht – Die Perspektive der Lernenden. In H.-S. Siller, W. Weigel, & J. F. Wörler (Hrsg.), *Beiträge zum Mathematikunterricht 2020* (S. 669–672). Münster: WTM-Verlag. doi: 10.17877/DE290R-21468

Müller, M. (2020b). Bilingual math lessons with digital tools. Challenges can be door opener to language and technology. In B. Barzel, R. Bebernik, L. Göbel, M. Pohl, H. Ruchniewicz, F. Schacht, & D. Thurm (Hrsg.), *Proceedings of the 14th International Conference on Technology in Mathematics Teaching – ICTMT 14* (S. 312-319). doi: 10.17185/duepublico/70791

Müller, M. (2021a). Distanzlernen am Beispiel des Schülerforschungsclubs Mathematik mit digitalen Werkzeugen - Theoretische Ausgangspunkte zur Rahmung und Entwicklung einer onlinegestützten Fern-Lernumgebung. *Mitteilungen der GDM, 110,* 33-37.

Müller, M. (2021b). Digitale Mathematikwerkzeuge als Mittler im bilingualen Mathematikunterricht im MISTI GTL Germany und an der GISB – Theoretische Rahmung aus Instrumentaler Genese und 4C Framework. *mathematica didactica, 44*(2), 1-25.

Müller, M., & Geitel, L. (2018). Mathematische Experimente als Basis für Forschendes Lernen – Konzeption und empirische Befunde des SFZ Mathematik mit digitalen Werkzeugen. In N. Neuber, W. Paravici, & M. Stein (Hrsg.), *Forschendes Lernen – The Wider View* (S. 265-268). Münster: WTM.

Müller, M., & Poljanskij, N. (2021). Gibt es mehr als einen Pólya-Stöpsel? Verschiedene Zugänge zu einer geometrischen Problemstellung. In J. Sjuts, & É. Vásárhelyi (Hrsg.), *Theoretische und empirische Analysen zum geometrischen Denken* (S. 227-242). Münster: WTM. doi: 10.37626/GA9783959872003.0.13

Müller, M., & Thiele, R. (2021). Monopoly – Mathematische Anmerkungen zu einem polarisierenden Gesellschaftsspiel. *Mathematische Semesterberichte, 5*, 1-17.

Müller, M., Weber, A., Seifried, A., Kohnert, S., & Radke, M. (2020). Ein Schulspezifisches Integratives Medienkonzept für die German International School Boston. In G. Pinkernell, & F. Schacht (Hrsg.), *Digitale Kompetenzen und Curriculare Konsequenzen* (S. 97-108). Hildesheim: Franzbecker.

Nantschev, R., Feuerstein, E., González, R. T., Alonso, I. G., Hackl, W. O., Petridis, K., Triantafyllou, E., & Ammenwerth, E. (2020). Teaching Approaches and Educational Technologies in Teaching

Mathematics in Higher Education. *Education. Sciences, 10*(354), 1-12. doi:10.3390/educsci10120354

Neber, H. (1981). *Entdeckendes Lernen*. Weinheim: Beltz.

Neill, A. (2009). Key findings from the CAS pilot program. *The New Zealand Mathematics Magazine, 46*(1). 14-27.

Nestle, W. (1975). Die Formulierung von Unterrichtsmodellen, Lehrplanungen und Arbeitsanweisungen. In K. Frey, F. Achtenhagen, H. Haft, H.-D. Haller, U. Hameyer., H. A. Hesse, G. G. Hiller, W. Klafki, W.-P. Teschner, E. A. v. Trotsenburg, & C. Wulf (Hrsg.), *Curriculum Handbuch* (2, S. 170-178). München: Piper.

Netzwerk SFZ (2019). *Qualitätskriterien für Schülerforschungszentren.* Netzwerk Schülerforschungszentren, Joachim Herz Stiftung, Hamburg, https://schuelerforschungszentren.de/qualitaetskriterien

Novotná, J., & Moraová, H. (2005). Cultural and linguistic problems in the use of authentic textbooks when teaching mathematics in a foreign language. *Zeitschrift für Didaktik der Mathematik, 37*(2), 109-115.

Odom, A. L., & Bell, C. V. (2015). Associations of middle school student science achievement and attitudes about science with student-reported frequency of teacher lecture demonstrations and student-centered learning. *International Journal of Environmental and Science Education, 10*(1), 87-97. doi: 10.12973/ijese.2015.232a

Oldknow, A., & Knights, C. (2011). Mathematics Education with digital technology. London: Continuum International Publishing Group.

Ostermann, A., Ghomi, M., Mühling, A., & Lindmeier, A. (2021b, angenommen). Elemente der Professionalität von Lehrkräften in Bezug auf digitales Lernen und Lehren von Mathematik. In G. Pinkernell, F. Reinhold, F. Schacht, & D. Walter (Hrsg.), *Digitales Lehren und Lernen von Mathematik in der Schule*. Berlin: Springer.

Ostermann, A., Lindmeier, A., Härtig, H., Kampschulte, L., Ropohl, M., & Schwanewedel, J. (2021a). Mathematikspezifische Medien nutzen. Was macht den Unterschied – Lehrkraft, Schulkultur oder Technik? *Die deutsche Schule, 113*(2), 199-217. doi: 10.31244/dds.2021.02.07

Özgün-Koca, S. A. (2010). Prospective teachers' views on the use of calculators with computer algebra system in algebra instruction. *Journal of Mathematics Teacher Education, 13*(1), 49-71.

Pallack, A. (2018). *Digitale Medien im Mathematikunterricht der Sekundarstufen I+II*. Berlin: Springer Spektrum.

Papert, S. (1993). *Mindstorms Children, Computers and Powerful Ideas*. New York: Basic Books.

Pelletier, A. (2017). Philosophie. In E. Stein, & A. v. Boetticher (Hrsg.), *Der Universalgelehrte Gottfried Wilhelm Leibniz* (S. 70-84). Hildesheim: Georg Olms.

Penner, Z. (2003). *Forschung für die Praxis. Neue Wege der sprachlichen Förderung von Migrantenkindern*. Konlab: Berg.

Peschel, F. (2003a). *Offener Unterricht. Idee, Realität, Perspektive und ein praxiserprobtes Konzept zur Diskussion. Teil 1: Allgemeindidaktische Überlegungen*. Hohengehren: Schneider.

Peschel, F. (2003b). *Offener Unterricht. Idee, Realität, Perspektive und ein praxiserprobtes Konzept zur Diskussion. Teil 2: Fachdidaktische Überlegungen*. Hohengehren: Schneider.

Literatur

Petko, D. (2014). *Einführung in die Mediendidaktik. Lehren und Lernen mit digitalen Medien*. Weinheim: Beltz.

Philipp, K. (2013). *Experimentelles Denken - Theoretische und empirische Konkretisierung einer mathematischen Kompetenz*. Wiesbaden: Springer Spektrum.

Piaget, J. (1977). *The Development of Thought. Equilibration of Cognitive Structures*. (Trans A. Rosin). New York: Viking Press.

Pólya, G. (1949). *Schule des Denkens. Vom Lösen mathematischer Probleme*. Bern: A. Francke.

Pólya, G. (1966). *Vom Lösen mathematischer Aufgaben - Einsicht und Entdeckung, Lernen und Lehren*. Basel: Birkhäuser.

Rabardel, P. (2002). *People and technology: a cognitive approach to contemporary instruments*. HAL, Université Paris, https://hal.archives-ouvertes.fr/file/index/docid/1020705/filename/people_and_technology.pdf

Ramseger, J. (1985). *Offener Unterricht in der Erprobung. Erfahrungen mit einem didaktischen Modell*. Weinheim: Juventa.

Randenborgh, C. v. (2015). *Instrumente der Wissensvermittlung im Mathematikunterricht. Der Prozess der Instrumentellen Genese von historischen Zeichengeräten*. Berlin: Springer Spektrum.

Rauh, B. (2012). Höheres Lernen mit digitalen Medien – auch im Bereich der Arithmetik? In S. Ladel, & C. Schreiber (Hrsg.), *Lernen, Lehren und Forschen in der Primastufe* (S. 37-58). Hildesheim: Franzbecker.

Redder, A., & Rehbein, J. (2018). Sprachliches Handeln im mehrsprachigen Mathematikunterricht. In A. Redder, M. Çelikkol, J. Wagner, & J. Rehbein (Hrsg.), *Mehrsprachiges Handeln im Mathematikunterricht* (S. 17-28). Münster: Waxmann.

Redder, A. (2018). Mehrsprachiger Mathematikunterricht: Ergebnis der linguistischen Projektstudien und Perspektiven. In A. Redder, M. Çelikkol, J. Wagner, & J. Rehbein (Hrsg.), *Mehrsprachiges Handeln im Mathematikunterricht* (S. 361-371). Münster: Waxmann.

Rehbein, J., & Çelikkol, M. (2018). Mehrsprachige Unterrichtsstile und Verstehen. In A. Redder, M. Çelikkol, J. Wagner, & J. Rehbein (Hrsg.), *Mehrsprachiges Handeln im Mathematikunterricht* (S. 29-214). Münster: Waxmann.

Reich, K. (2008). Offener Unterricht. Universität Köln, Köln, http://methodenpool.uni-koeln.de/download/offener_unterricht.pdf

Riazi, A. M. (2016). Innovative mixed-methods research: moving beyond design technicalities to epistemological and methodological realizations. *Applied Linguistics, 37*(1), 33-49.

Rieß, M. (2018). *Zum Einfluss digitaler Werkzeuge auf die Konstruktion mathematischen Wissens. Studien zur theoretischen und empirischen Forschung in der Mathematikdidaktik.* Wiesbaden: Springer.

Rieß, W., & Robin, N. (2012). Befunde aus der empirischen Forschung zum Experimentieren im mathematisch-naturwissenschaftlichen Unterricht. In W. Rieß, M. Wirtz, B. Barzel, & A. Schulz (Hrsg.), *Experimentieren im mathematisch-naturwissenschaftlichen Unterricht* (S. 129-152). Münster: Waxmann.

Rieß, W., Wirtz, M., Barzel, B., & Schulz, A. (2012). *Experimentieren im mathematisch-naturwissenschaftlichen Unterricht*. Münster: Waxmann.

Rink, R. & Walther, D. (2020). *Digitale Medien im Mathematikunterricht der Grundschule*. Berlin: Cornelsen.

Ritella, G., & Hakkarainen, K. (2012). Instrumental genesis in technology-mediated learning: From double stimulation to expansive knowledge Practices. *International Journal of Computer-Supported Collaborative Learning, 7*, 239-258. doi: 10.1007/s11412-012-9144-1

Rogers, C. R. (1965). *Client-Centered Therapy*. Boston: Houghton Mifflin.

Rolka, K. (2004). Barrieren für den Einsatz einer Fremdsprache im Mathematikunterricht. In A. Heinze, & S. Kuntze (Hrsg.), *Beiträge zum Mathematikunterricht 2004* (S. 473-476). Hildesheim: Franzbecker.

Ropohl, M. (2017). Experimentieren in Chemie und Physik - mehr als nur "hands on"! In C. Maurer (Hrsg.), *Implementation fachdidaktischer Innovation im Spiegel von Forschung und Praxis. Gesellschaft für*

Didaktik der Chemie und Physik Jahrestagung in Zürich 2016 (S. 280-282). Regensburg: Universität Regensburg.

Roth, J., & Weigand, H.-G. (2014). Forschendes Lernen. Eine Annäherung an wissenschaftliches Arbeiten. *mathematik lehren, 184*, 2-9.

Ruf, U., & Gallin, P. (1998). *Dialogisches Lernen in Sprache und Mathematik. Band 1: Austausch unter Ungleichen. Grundzüge einer interaktiven und fächerübergreifenden Didaktik.* Seelze: Kallmeyer.

Schäfer, I. (2017). Forschendes Lernen in der Mathematik. In H. A. Mieg & J. Lehmann (Hrsg), *Forschendes Lernen – Wie die Lehre in Universität und Fachhochschule erneuert werden kann* (S. 79-90). Frankfurt: Campus.

Schirmer, D. (2009). *Empirische Methoden der Sozialforschung. Grundlagen und Techniken.* Paderborn: Wilhelm Fink.

Schmidt, K. (2009). Mathematics education with a handheld CAS – the students´ perspective. *International Journal for Technology in Mathematics Education, 17*(2), 105-110.

Schmidt, K., Köhler, A., Moldenhauer, W. (2009). Introducing a computer algebra system in mathematics education – empirical evidence from Germany. *International Journal for Technology in Mathematics Education, 16*(1), 11-26.

Schmidt, S., & Müller, M. (2020). Students learning with digital mathematical tools – three levels of instrumental genesis. In B. Barzel, R. Bebernik, L. Göbel, M. Pohl, H. Ruchniewicz, F. Schacht, & D. Thurm (Hrsg.), *Proceedings of the 14th International Conference on Technology in Mathematics Teaching – ICTMT 14* (S. 378-383). doi: 10.17185/duepublico/70778

Literatur

Schmidt-Thieme, B., & Weigand, H.-G. (2015). Medien. In R. Bruder, L. Hefendehl-Hebeker, B. Schmidt-Thieme, & H.-G. Weigand (Hrsg.), Handbuch der Mathematikdidaktik (S. 461-490). Berlin: Springer Spektrum.

Schnirch, A. (2020). Die MicroBerry-Lernumgebung: Ein handlungsorientiertes Konzept zu Algorithmen im Informatikunterricht mit fächerübergreifenden Bezügen zum Mathematikunterricht. In G. Pinkernell, & F. Schacht (Hrsg.), *Digitale Kompetenzen und Curriculare Konsequenzen* (S. 109-124). Hildesheim: Franzbecker.

Smith, D. (2006). CAS – a journey has begun in Aotearoa. *New Zealand Mathematics Magazine, 43* (2), 1-25.

Someren, M. v., Barnard, Y., & Sandberg, J. (1994). *The Think Aloud Method. A practical guide to modelling cognitive process.* London: Academic Press.

Szecsei, D. (2011). *Basic Math und Pre-Algebra.* New York: Career Press.

Szücs, K., & Müller, M. (2013). Schwierigkeiten beim Einsatz digitaler Werkzeuge als Reaktion auf bilinguale Unterschiede. In G. Greefrath, F. Käpnick, & M. Stein (Hrsg.), *Beiträge zum Mathematikunterricht 2013* (S. 994-997). Münster: WTM.

Tabach, M., & Trgalová, J., (2020). Teaching mathematics in the digital era: Standards and beyond. In Y. Ben-David Kolikant, D. Martinovic, & M. Milner-Bolotin (Hrsg.), *STEM teachers and teaching in the digital era of change: Professional expectations and advancement in 21st century schools* (S. 221-242). Dordrecht: Springer. doi: 10.1007/978-3-030-29396-3_12

Thurm, D., Barzel, B., & Weigand, H.-G. (2020). Digitalisierung und mathematisches Lernen und Lehren. In Siller, H.-S., Weigel, W., & Worler, J. F. (Hrsg.), *Beiträge zum Mathematikunterricht 2020.* Münster: WTM-Verlag, 2020. (S. 1291-1292) doi: 10.17877/DE290R-21591

TMBJS (2018). *Lehrplan für den Erwerb der allgemeinen Hochschulreife. Mathematik.* Thüringer Ministerium für Bildung, Jugend und Sport, Erfurt, https://www.schulportal-thueringen.de/media/detail?tspi=1392

TMBWK (2011). *Medieninformation. CAS-Taschenrechner werden an Gymnasien eingeführt / Wissenschaftliche Expertise unterstützt den Einsatz.* Thüringer Ministerium für Bildung, Wissenschaft und Kultur, Erfurt, https://www.schulportal-thueringen.de/tip/resources/medien/11530?dateiname=PM_CAS-Rechner_Einf%C3%BChrung.pdf

Trgalová, J., & Tabach, M. (2018). In search for standards: Teaching mathematics in technological environment. In L. Ball, P. Drijvers, S. Ladel, H-S. Siller, M. Tabach, & C. Vale (Hrsg.), *Uses of technology in primary and secondary mathematics education: Tools, topics and trends* (S. 387-397). Dordrecht: Springer.

Literatur

Trimble, M. (2018). *The 10 Best U.S. States for Education.* U.S. News & World Report, New York, https://www.us-news.com/news/best-states/slideshows/10-best-states-for-education?int=undefined-rec&slide=11

Trouche, L., & Drijvers, P. (2010). Handheld technology for mathematics education: flashback into the future. *ZDM Mathematics Education, 42,* 667-681.

Trouche, L. (2004). Managing the complexity of human/ machine interactions in computerized learning enviroments: Guiding students command process through instrumental orchestration. *International Journal for Computers for Mathematical Learning, 9,* 281-307.

Unger, H. (2000). *Computeralgebra in der AHS.* Dissertation. Wien: Universität Wien.

Veltman, M. J. G. (2003). *Facts and Mysteries in Elementary Particle Physics.* River Edge, NJ: World Scientific.

Verboom, L. (2008). Mit dem Rhombus nach Rom. Aufbau einer fachgebundenen Sprache im Mathematikunterricht der Grundschule. In C. Bainski, & M. Krüger-Potratz (Hrsg.), *Handbuch Sprachförderung* (S. 95-112). Essen: Neue Deutsche Schule.

Vergnaud, G. (1998). A comprehensive theory of representation for mathematics education. *Journal of Mathematical Behavior, 17*(2), 167-181.

Verillon, P., & Rabardel, P. (1995). Cognition and artifacts: A contribution to the study of though in relation to instrumented activity. *European Journal of Psychology of Education, 10*(1), 77-101.

Vogel, I. (2017). Initiative "Jungforscher Thüringen". *Das Magazin für Technik, Wissenschaft und Wirtschaft - Thüringer Mitteilungen des VDI, 2*, 9-14.

Wagner, A. C. (1979). Selbstgesteuertes Lernen im offenen Unterricht – Erfahrungen mit einem Unterrichtsversuch in der Grundschule. In W. Einsiedler (Hrsg.), *Konzeptionen des Grundschulunterrichts* (S. 174-186). Bad Heilbrunn: Julius Klinkhardt

Wagner, A. C. (1982). *Schülerzentrierter Unterricht*. München: Urban & Schwarzenberg.

Wagner, J., Kuzu, T., Redder, A., & Prediger, S. (2018). Vernetzung von Sprache und Darstellung in einer mehrsprachigen Matheförderung – linguistische und mathematikdidaktische Fallanalysen. *Fachsprache, 40*(1-2), 2-25.

Wagner, R. F., Hinz, A., Rausch, A., & Becker, B. (2009). *Modul pädagogische Psychologie*. Bad Heilbrunn: Klinkhardt.

Walther, C., Geitel, L., Schulze, C. U., & Müller, M. (2020). Spitze braucht Breite: Das Schülerforschungszentrum Jena – Ein MINT-Angebot zur Begabten- und Interessiertenförderung. In M. Jungwirth, N. Harsch, Y. Korflür, & M. Stein (Hrsg.), *Forschen.Lernen.Lehren an öffentlichen Orten – The Wider View* (S. 361-362). Münster: WTM.

Wartofsky, M. W. (1979). Perception, representation, and the forms of action: Towards an historical epistemology. In R. S. Cohen (Hrsg.),

Models. Representation and the Scientific Understanding (S. 188-210). Dordrecht: D. Reidel Publishing Company.

Weigand, H.-G. (2006). Der Einsatz eines Taschencomputers in der 10. Klassenstufe – Evaluation eines einjährigen Schulversuches. *Journal für Mathematik-Didaktik, 27*(2), 89-112.

Weigand, H.-G. (2018). Wohin, warum und wie? – Zum Einsatz digitaler Technologien im zukünftigen Mathematikunterricht. In M. Fothe, B. Skorsetz, & K. Szücs (2018). *Medien im Mathematikunterricht. Forum 18* (S. 9-17). Bad Berka: ThILLM.

Weigand, H.-G., & Bichler, E. (2010). The long-term Project "Integration of Symbolic Calculator in Mathematics Lessons" - The case of Calculus. In V. Durand-Guerrier, S. Soury-Lavergne, & F. Arzarello (Hrsg.), *Proceedings of the Sixth Congress of the European Society for Research in Mathematics Education. January 28th - February 1st 2009* (S. 1191-1200). Lyon: INRP, http://ife.ens-lyon.fr/publications/edition-electronique/cerme6/wg7-15-weigand-bichler.pdf

Weigand, H.-G., & Weth, T. (2002). *Computer im Mathematikunterricht. Neue Wege zu alten Zielen.* Heidelberg: Spektrum.

Wilde, G. (1984). *Entdeckendes Lernen im Unterricht.* Oldenburg: Universität Oldenburg.

Wildemann, A., & Fornol, S. (2017). *Sprachsensibel unterrichten in der Grundschule. Anregungen für den Deutsch-, Mathematik-, und Sachunterricht.* Seelze: Klett & Kallmeyer.

Winter, H. W. (2016). *Entdeckendes Lernen im Mathematikunterricht.* Wiesbaden: Springer.

Woolfolk, A. (2008). *Pädagogische Psychologie*. München: Pearson.

Wygotski, L. S. (1978). *Mind in society. Development of Higher Psychological Processes*. Cambridge: Harvard University Press.

Wygotski, L. S. (1985). Die instrumentelle Methode in der Psychologie. In J. Lompscher (Hrsg.), *Lew S. Wygotski. Ausgewählte Schriften* (1, S. 309-317). Köln: Paul-Rugenstein.

Wygotski, L. S. (1987). *The Collected Works of L. S. Vygotsky: Volume 1: Problems of General Psychology, Including the Volume Thinking and Speech*. New York: Springer Science & Business Media.

Yilmaz, O. (2017). Learner centered classroom in science instruction: Providing feedback with technology integration. *International Journal of Research in Education and Science, 3*(2), 604-613. doi: 10.21890/ijres.328091

Zocher, U. (2000). *Entdeckendes Lernen lernen*. Donauwörth: Auer.

Anhang

© Der/die Herausgeber bzw. der/die Autor(en), exklusiv lizenziert an
Springer Fachmedien Wiesbaden GmbH, ein Teil von Springer Nature 2023
M. Müller, *Lehren und Lernen mit digitalen Mathematikwerkzeugen*,
https://doi.org/10.1007/978-3-658-41115-2

A

Online-Fragebogenteile der Lernenden zu GaO, sCAS-K
und AgCAS

seit 1558

Friedrich-Schiller-Universität Jena

Die folgenden Aussagen beziehen sich auf Ihren Mathematikunterricht im vergangenen Schuljahr. Entscheiden Sie, wie stark die Aussagen links mit Ihren Erlebnissen im Unterricht übereinstimmen.

	stimme gar nicht zu				stimme voll zu
Ich kann entscheiden, ob ich eine Aufgabe allein oder mit anderen Mitschülern bearbeite.	○	○	○	○	○
Ich kann bei der Wahl der Stundenthemen mitbestimmen.	○	○	○	○	○
In unserem Unterricht werden unterschiedliche Lösungswege vorgestellt.	○	○	○	○	○
Ich kann in unserem Unterricht mitentscheiden, welche Aufgaben gelöst werden sollen.	○	○	○	○	○
Wenn wir in Gruppen arbeiten, kann ich mir aussuchen, mit welchen Mitschülern ich zusammenarbeite.	○	○	○	○	○
Ich kann mitentscheiden, ob wir erst eine leichte Aufgabe rechnen, oder gleich eine schwere Aufgabe bearbeiten.	○	○	○	○	○
Mein Lehrer ermutigt uns, unsere Meinung zum Unterricht zu sagen.	○	○	○	○	○
Ich kann entscheiden, wo (z.B.: Klassenzimmer, Schulhof, Zuhause) ich eine Aufgabe bearbeite.	○	○	○	○	○
Ich kann entscheiden, wann ich im Unterricht welche Aufgabe bearbeite.	○	○	○	○	○
Wir besprechen im Unterricht auch Themen, die ein Schüler vorgeschlagen hat.	○	○	○	○	○
Mein Lehrer fragt uns nach unseren Erfahrungen, wenn wir ein neues Thema beginnen.	○	○	○	○	○
Wir stellen in unserem Unterricht gemeinsam Regeln auf, die alle befolgen müssen.	○	○	○	○	○
Ich kann entscheiden, welche Hilfsmittel (z.B.: Buch, Taschenrechner, Tafelwerk) ich für das Lösen von Aufgaben im Unterricht verwende.	○	○	○	○	○
Alle Fragen, die im Unterrichtsgespräch aufkommen, beantwortet mein Lehrer selbst.	○	○	○	○	○
Aus Fehlern, die ich im Unterricht gemacht habe, kann ich etwas lernen.	○	○	○	○	○
Ich muss mir nur das merken, was der Lehrer uns gesagt hat.	○	○	○	○	○
Mein Lehrer erklärt Dinge auf unterschiedliche Weise, damit alle Schüler das Thema verstehen.	○	○	○	○	○

Abb. A.1: *Screenshot-Ausschnitt des Online-Fragebogens der Lernenden mit Items zum Grad an Offenheit (GaO) im Unterricht* (Müller, 2015, S. 125).

Friedrich-Schiller-Universität Jena

Die folgenden Aussagen beziehen sich auf Ihren Mathematikunterricht im vergangenen Schuljahr. Entscheiden Sie,wie stark die Aussagen links mit Ihren Erlebnissen bei der Arbeit mit den CAS-Taschencomputern übereinstimmen.

	stimme gar nicht zu				stimme voll zu
Die Stunden, in denen wir die CAS-Taschencomputer verwendeten, waren interessanter als die Stunden, in denen wir sie nicht verwendeten.	○	○	○	○	○
Die Aufgaben erschienen mir einfacher, wenn ich mit dem CAS-Taschencomputer arbeiten konnte.	○	○	○	○	○
Die Stunden, in denen wir die CAS-Taschencomputer verwendeten, waren abwechslungsreicher.	○	○	○	○	○
Wenn ich mit dem CAS-Taschencomputern gearbeitet habe, habe ich mehr gelernt als sonst.	○	○	○	○	○
Die Stunden, in denen wir die CAS-Taschencomputer verwendeten, haben mir mehr Spaß gemacht als die Stunden, in denen wir sie nicht verwendeten.	○	○	○	○	○
Das Arbeiten mit dem CAS-Taschencomputer hat mir eine völlig neue Seite der Mathematik eröffnet.	○	○	○	○	○
Ich nutze den CAS-Taschencomputer auch außerhalb des Mathematikunterrichts.	○	○	○	○	○
Ich verwende den CAS-Taschencomputer regelmäßig für meine Hausaufgaben.	○	○	○	○	○
Der CAS-Taschencomputer gibt mir ein Gefühl der Sicherheit beim Lösen von Aufgaben.	○	○	○	○	○
Beim Lösen von Aufgaben hatte ich mit der Bedienung des CAS-Taschencomputers keine Probleme.	○	○	○	○	○
Ich wusste immer, was ich als Lösungsweg aufschreiben sollte, wenn ich mit dem CAS-Taschencomputer gearbeitet hatte.	○	○	○	○	○
Ich empfinde den CAS-Taschenrechner hilfreich.	○	○	○	○	○
Der CAS-Taschenrechner hilft mir Fehler zu vermeiden.	○	○	○	○	○
In den Stunden, in denen wir die CAS-Taschencomputer verwendeten, hatte ich mehr Entscheidungsmöglichkeiten als in den Stunden, in denen wir sie nicht verwendeten.	○	○	○	○	○

Abb. A.2: *Screenshot-Ausschnitt des Online-Fragebogens der Lernenden mit Items zur selbstwahrgenommen CAS-Kompetenz (sCAS-K)* (Müller, 2015, S. 128).

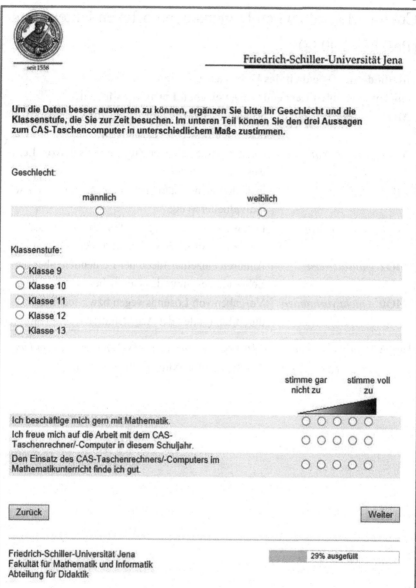

Abb. A.3: *Screenshot-Ausschnitt des Online-Fragebogens der Lernenden mit den zwei Items zur Akzeptanz gegenüber CAS (AgCAS)* (Müller, 2015, S. 124).

Codier-Manual zu den Dimensionen offenen Unterrichts (Peschel, 2003a)

Methodische Offenheit des Unterrichts		
Inwieweit können Lernende ihren eigenen Lernwegen folgen?		
MO5	*weitestgehend*	primär auf *natürlicher* Methode bzw. Eigenproduktionen basierender Unterricht
MO4	*schwerpunktmäßig*	meist Zulassen eigener Zugangsweisen bzw. Lernwege der Lernenden
MO3	*teils – teils*	in Teilbereichen stärkerer Einbezug bzw. Zulassen individueller Wege
MO2	*erste Schritte*	Lernwege werden aufgegriffen, aber die Hinführung zum Normweg bestimmt das Geschehen
MO1	*ansatzweise*	Anhören einzelner Ideen der Lernenden, aber der Lehrende bestimmt das Geschehen
MO0	*nicht vorhanden*	Vorgaben von Lösungswegen bzw. -techniken durch Lehrende oder Arbeitsmittel

Tab. A.1: *Codier-Manual zur Ausprägung der methodischen Offenheit im Unterricht* (Peschel, 2003a, S. 79ff.; Müller, 2015, S. 52).

Inhaltliche Offenheit des Unterrichts		
Inwieweit können die Lernenden über Lerninhalte selbst bestimmen?		
IO5	*weitestgehend*	primär auf selbstgesteuertem/ interessegeleitetem Arbeiten basierender Unterricht
IO4	*schwerpunktmä-ßig*	inhaltlich offene Vorgaben von Rahmenthemen oder Fachbereichen
IO3	*teils – teils*	in Teilbereichen stärkere Öffnung der inhaltlichen Vorgaben zu vorgegebener Form
IO2	*erste Schritte*	Lernende können aus festem Arrangement frei auswählen oder sie können Inhalte zu fest vorgegebenen Aufgaben selbst bestimmen
IO1	*ansatzweise*	einzelne inhaltliche Alternativen ohne große Abweichungen werden zugelassen
IO0	*nicht vorhanden*	Vorgabe von Aufgaben, Inhalten durch Lehrende oder Arbeitsmittel

Tab. A.2: *Codier-Manual zur Ausprägung der inhaltlichen Offenheit im Unterricht* (Peschel, 2003a, S. 79ff.; Müller, 2015, S. 52).

Anhang

Soziale Offenheit des Unterrichts Inwieweit können Lernende in der Klasse (Unterrichtsablauf und Regeln) mitbestimmen?		
SO5	*weitestgehend*	Selbstregulierung der Klassengemeinschaft
SO4	*schwerpunktmä-ßig*	Lernende können eigenverantwortlich in wichtigen Bereichen mitbestimmen
SO3	*teils – teils*	Lernende können eigenverantwortlich im von der Lehrkraft festgelegten Teilbereichen mitbestimmen
SO2	*erste Schritte*	Lernende können lehrergelenkt in Teilbereichen mitbestimmen
SO1	*ansatzweise*	Lernende werden nur peripher gefragt, Lehrende wissen schon vorher, wie es laufen sollte; Lernende können in (belanglosen) Teilbereichen mitbestimmen
SO0	*nicht vorhanden*	Vorgabe von Verhaltensregeln durch Lehrende oder Schulvorgaben

Tab. A.3: *Codier-Manual zur Ausprägung der sozialen Offenheit im Unterricht* (Peschel, 2003a, S. 79ff.; Müller, 2015, S. 53).

Persönliche Offenheit des Unterrichts **Inwieweit besteht zwischen Lehrenden und Lernenden bzw. unter den** **Lernenden ein positives Beziehungsklima?**		
PO5	*weitestgehend*	auf „Gleichberechtigung" abzielende „überschuli-sche" Beziehung
PO4	*schwerpunktmä-ßig*	für Beachtung der Interessen des Einzelnen offene Beziehungsstruktur
PO3	*teils – teils*	in bestimmten Teilbereichen/ bei bestimmten Lernenden offenerer Umgang
PO2	*erste Schritte*	Lernende werden zeitweise angehört und dann auch beachtet
PO1	*ansatzweise*	Lernende werden angehört, aber die Lehrkraft bestimmt weiterhin das Geschehen
PO0	*nicht vorhanden*	Begründung der Beziehung durch Alter oder Rollen-/ Gruppenhierarchie

Tab. A.4: *Codier-Manual zur Ausprägung der persönlichen Offenheit im Unterricht* (Peschel, 2003a, S. 79ff.; Müller, 2015, S. 53).

B

Mathematische Experimente des Schülerforscherguides (SFG)

Anhang

Mit welcher Wahrscheinlichkeit kann ich noch gewinnen, wenn mein Vorgänger einen 6er-Pasch angesagt hat?

Materialien
- zwei Würfel
- Würfelbecher
- Untersetzer

Erläuterung des Spielablaufs

Das Spiel kann mit beliebig vielen, aber mindestens zwei Personen gespielt werden. Die erste Person (z. B. der oder die Jüngste) beginnt, würfelt in einem Würfelbecher mit Untersetzer mit zwei Würfeln und betrachtet verdeckt die Augenzahlen. Nun muss sie eine Zahl ansagen. Die verkündete Ansage kann der Wahrheit entsprechen – oder auch nicht. Die erste Person gibt anschließend die mit dem Würfelbecher verdeckten Würfel gemeinsam mit dem Untersetzer vorsichtig (sodass die Würfel nicht umfallen) an den im Uhrzeigersinn nächsten Spieler weiter. Dieser hat nun zwei Alternativen.

- Der Spieler kann die Ansage seines Vorgängers anzweifeln und die Würfel aufdecken.
- Der Spieler glaubt der vorherigen Ansage. In diesem Fall würfelt er, ohne jedoch zuvor die Würfel seines Vorgängers zu betrachten. Nachdem er sich seine Augenzahlen verdeckt angeschaut hat, muss er eine Ansage verkünden, wobei diese den Punktwert des Vorgängers überbieten muss.

Deckt ein Mitspieler auf, so verliert entweder der vorhergehende Spieler, wenn er beim Lügen erwischt wurde, oder der Mitspieler selbst, weil er die Ansage seines Vorgängers zu Unrecht angezweifelt hat. Ein besonderer Fall ist, wenn ein Spieler den Punktwert „21" gewürfelt hat. Diesen deckt er sofort auf. Sein Nachfolger hat direkt verloren, da er die 21 nicht mehr überbieten kann. Der Verlierer scheidet aus dem Spiel aus und der Gewinner aus der letzten Runde beginnt von Neuem. Es wird so lange gespielt, bis schlussendlich ein Sieger übrigbleibt.

Bestimmung der Punktwerte beim Spiel 21

Die Punktwerte aus den Augenzahlen der beiden Würfel werden wie folgt gebildet: Bei zwei verschiedenen Augenzahlen bildet die kleinere Ziffer die Einer, die größere die Zehner. Werden also eine 3 und eine 5 gewürfelt, so hat man das Ergebnis 53. Bei gleichen Augenzahlen erhält man einen Pasch, der prinzipiell mehr wert ist als die Zahlen, die aus verschiedenen Ziffern gebildet werden. Den höchsten Wert bildet die 21.

Der niedrigste Punktwert ist somit die 31, dann folgen 32 bis 65, anschließend die Päsche und am Schluss die höchste Zahl – die 21.

1. Spiele in einer 5er-Gruppe drei Runden das Spiel 21. Kreuze zunächst an, welche Spielsituation vorliegt. Notiere anschließend geheim die Ansage deines Vorgängers, deinen gewürfelten und deinen angesagten Punktwert. Solltest du eine neue Spielrunde einleiten, so gibt es keine Ansage des Vorgängers. Notiere in diesem Fall nur deinen gewürfelten und deinen angesagten Punktwert.

© C.C.Buchner Verlag, Bamberg

<u>Abb. B.1</u>: *Arbeitsmaterial 1 zum SFG-Experiment Spiel 21* (Breitsprecher & Müller, 2020, S. 59).

| | Spiel 21 | | Name / Gruppe: | |

Beginn einer neuen Runde	Ansagen angenommen (ja/nein)?	Wert des Vorgängers	eigener gewürfelter Wert	eigener angesagter Wert

2. Betrachte deine notierten Werte. Gibt es Auffälligkeiten?

_____

_____

_____

3. Trage alle möglichen Punktwerte des Spiels ihrer Wertigkeit nach aufsteigend in die erste Spalte der Tabelle ein. Wie groß ist für jeden einzelnen Punktwert die Wahrscheinlichkeit, diesen zu würfeln? Wie wahrscheinlich ist es, eine vorherige Zahl zu überbieten?

Beispielrechnung für Ereignis A_1 = {65} (Punktwert 65)

günstige Ergebnisse für A_1: _____

$P(A_1)$ = _____

Günstige Ergebnisse für Ereignis A_2 (Punktwert größer 65)

_____

$P(A_2)$ = _____

Wusstest du schon...?
Spiel 21 ist ein sehr beliebtes Gesellschaftsspiel. Es wird auch Mäxle, Schummelmax, Meiern oder Lügenpaschen genannt.

© C.C.Buchner Verlag, Bamberg

Abb. B.2: _Arbeitsmaterial 2 zum SFG-Experiment Spiel 21_ (Breitsprecher & Müller, 2020, S. 60).

Spiel 21

Name / Gruppe:

Ereignis A_i	günstige Ergebnisse für A_i	Wahrscheinlichkeit $P(A_i)$	günstige Ergebnisse für Ereignisse mit Punktwert größer A_i	summierte Wahrscheinlichkeit aller Ereignisse mit Punktwert größer A_i
{31}	(1; 3), (3; 1)	$\frac{1}{18} = 0{,}0\overline{5}$	(2; 3), …, (2; 1)	$\frac{34}{36} = \frac{17}{18} = 0{,}9\overline{4}$

4. Dein Vorgänger hat einen 6er-Pasch gewürfelt – würdest du weiterspielen? Beziehe in deine Entscheidung die zuvor berechneten Wahrscheinlichkeiten ein.

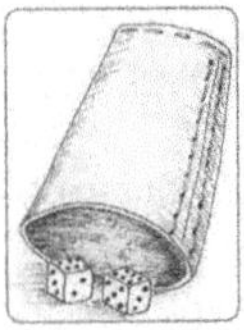

© C.C.Buchner Verlag, Bamberg Seite 3 von 3

Abb. B.3: *Arbeitsmaterial 3 zum SFG-Experiment Spiel 21* (Breitsprecher & Müller, 2020, S. 61).

Die Würfel sind gefallen

Name / Gruppe:

Was für ein Spielertyp ist Davy Jones? Kannst du Davy Jones besiegen?

Materialien
- 15 Würfel (5 Würfel pro Spieler in einer 3er-Gruppe)
- 3 Würfelbecher (pro Spieler ein Becher)

Filmischer Kontext
Wer kennt ihn nicht, den berüchtigten Piraten Captain
Jack Sparrow? In der Filmreihe „Fluch der Karibik" er-
lebt er eine Reihe von Seemannsabenteuern. Einer seiner Begleiter ist Will Turner, ein Schmied
und späterer Pirat. Im zweiten Teil der Filmreihe muss Will Turner gegen seinen Vater, Bill
Turner, und den furchterregenden krakenhaften Kapitän der Flying Dutchman, Davy Jones, in
einem Würfelduell antreten. Dieses Spiel soll über Leben und Tod entscheiden.

Erläuterung des Spielablaufs
Drei Spieler würfeln gleichzeitig mit je fünf
Würfeln, insgesamt sind also 15 Würfel im Spiel.
Jeder Spieler betrachtet verdeckt seinen Wurf
unter dem Würfelbecher, sodass keiner der anderen Spieler die eigenen Würfel sieht. Reihum
müssen nun Pasche angesagt werden, die unter
allen 15 Würfeln vorhanden sind bzw. sein sollen. Mit eingerechnet bzw. angesagt werden da-
bei also nicht nur die eigenen Würfel, sondern auch diejenigen, die
man bei den Mitspielern vermutet. Hat beispielsweise eine Person
4 Fünfen geworfen, sollte sie mit ebendiesen anfangen zu bieten.
Der nachfolgende Spieler hat nun zwei Handlungsoptionen:

> **Pasch** bedeutet, dass mehrere Würfel
> dieselbe Augenzahl zeigen. Sagt eine
> Person einen 5er-Pasch an, so glaubt
> sie, dass mindestens zwei Würfel die
> Augenzahl 5 zeigen. Für die Ansage
> muss sie konkret eine Anzahl benen-
> nen, z. B. 4 Fünfen.

- Der Spieler kann zum Aufdecken aller Würfel auffordern, wenn
  er davon überzeugt ist, dass sein Vorgänger gelogen hat – also
  weniger Fünfen unter allen Würfeln sind, als sein Vorgänger be-
  hauptet hat.

- Der Spieler kann die Behauptung seines Vorgängers akzeptieren.
  Er muss nun selbst eine Ansage machen, die die seines Vorgängers überbietet.

Abb. B.4: *Arbeitsmaterial 1 zum SFG-Experiment Die Würfel [...]* (Breitsprecher & Müller, 2020, S. 68).

Die Würfel sind gefallen

Name / Gruppe:

Dabei kann der Spieler ...

- die Würfelanzahl bei gleicher Augenzahl erhöhen (also beispielsweise von 4 Fünfen auf 5 Fünfen).

- eine höhere Würfelanzahl in einer niedrigeren Augenzahl ansagen (also beispielsweise von 4 Fünfen auf 5 Dreien).

- die gleiche oder eine höhere Würfelanzahl in einer höheren Augenzahl ansagen (also beispielsweise von 4 Fünfen auf 4 Sechsen).

Deckt ein Spieler nach einer Paschansage auf, so verliert der vorhergehende Mitspieler, wenn er beim Lügen erwischt wurde. Ist jedoch die Ansage korrekt bzw. befinden sich sogar noch mehr Würfel mit der entsprechenden Augenzahl im Spiel, so hat der Zweifler, also diejenige Person, die die Würfel aufdecken ließ, verloren.

Im Filmszenario hat Davy Jones gesehen, dass 4 seiner 5 Würfel Fünfen sind. Er sagt nun 7 Fünfen an. Damit setzt er seine Gegenspieler unter Druck und erhofft sich den Sieg. Was für ein Spielertyp ist Davy Jones? Kannst du Davy Jones besiegen?

1. Spielt in 3er-Gruppen das Würfelspiel „Die Würfel sind gefallen". Welche Spielstrategie findest du persönlich am besten, um zu siegen?

_____

_____

_____

_____

2. Zurück zur Filmszene: Der Kapitän Davy Jones sieht verdeckt, dass er 4 Fünfen hat und sagt daraufhin 7 Fünfen an. Bestimme die Wahrscheinlichkeit für das Ereignis, dass genau 3 von 10 Würfeln die Augenzahl Fünf (nach einem Wurf) zeigen. Schätze ein, was Davy Jones für ein Spielertyp ist.

Abb. B.5: *Arbeitsmaterial 2 zum SFG-Experiment Die Würfel [...]* (Breitsprecher & Müller, 2020, S. 69).

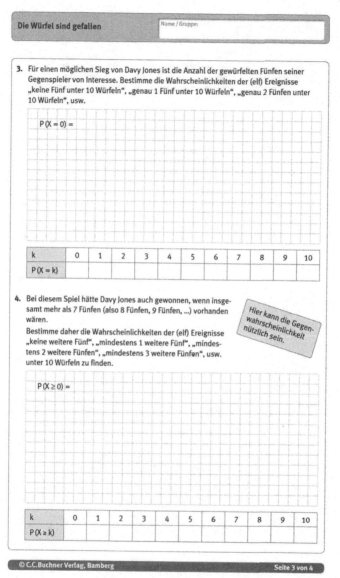

Die Würfel sind gefallen

Name / Gruppe:

3. Für einen möglichen Sieg von Davy Jones ist die Anzahl der gewürfelten Fünfen seiner Gegenspieler von Interesse. Bestimme die Wahrscheinlichkeiten der (elf) Ereignisse „keine Fünf unter 10 Würfeln", „genau 1 Fünf unter 10 Würfeln", „genau 2 Fünfen unter 10 Würfeln", usw.

$P(X = 0) =$

k	0	1	2	3	4	5	6	7	8	9	10
$P(X = k)$											

4. Bei diesem Spiel hätte Davy Jones auch gewonnen, wenn insgesamt mehr als 7 Fünfen (also 8 Fünfen, 9 Fünfen, ...) vorhanden wären.

Hier kann die Gegenwahrscheinlichkeit nützlich sein.

Bestimme daher die Wahrscheinlichkeiten der (elf) Ereignisse „keine weitere Fünf", „mindestens 1 weitere Fünf", „mindestens 2 weitere Fünfen", „mindestens 3 weitere Fünfen", usw. unter 10 Würfeln zu finden.

$P(X \geq 0) =$

k	0	1	2	3	4	5	6	7	8	9	10
$P(X \geq k)$											

© C.C. Buchner Verlag, Bamberg Seite 3 von 4

Abb. B.6: *Arbeitsmaterial 3 zum SFG-Experiment Die Würfel [...]* (Breitsprecher & Müller, 2020, S. 70).

Anhang

Die Würfel sind gefallen

Name / Gruppe:

5. Nutze die in Aufgabe 4 berechneten Wahrscheinlichkeiten, um Davy Jones' Siegchancen anzugeben und seine Strategie zu diskutieren: Wenn du als Gegenspieler von Davy Jones unter deinen Würfeln eine Fünf vorliegen hättest, wie würdest du auf die Ansage von Davy Jones reagieren?

© C.C. Buchner Verlag, Bamberg

Seite 4 von 4

Abb. B.7: *Arbeitsmaterial 4 zum SFG-Experiment Die Würfel [...]* (Breitsprecher & Müller, 2020, S. 71).

Wie lang ist der kürzeste, geschlossene Streckenzug, der alle vier Flächen eines im Folgenden herzustellenden Körpers überstreicht?

Materialien

- zwei deckungsgleiche Rauten, die aus jeweils zwei gleichseitigen Dreiecken bestehen und die an der kürzeren Diagonalen geknickt werden können
- ein Gummiband

Durchführung des Experiments

1. Lege die beiden Rauten so übereinander, dass sich die langen Diagonalen der beiden Rauten mittig und in rechtem Winkel schneiden. Die beiden kurzen Diagonalen müssen dabei jeweils nach außen geknickt werden können, also so, dass durch das Knicken ein Hohlraum entstehen kann. Die Form, die du nun siehst, sollte einem vierzackigen Stern ähneln.

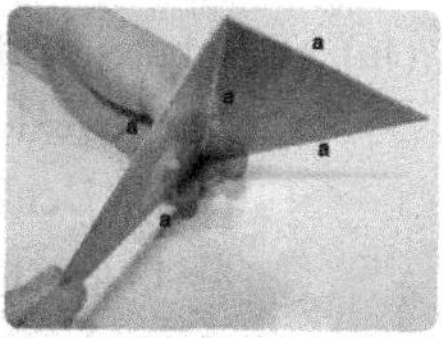

2. Stelle eine Vermutung auf, welcher Körper aus den beiden Rauten gebildet werden kann.

_____

_____

3. Halte die sternartige Form fest in einer Hand, sodass die Rauten flach übereinander liegen. Stülpe das Gummiband von unten über eine Ecke der vorderen Raute und ziehe es anschließend unter beiden Rauten hindurch. Spanne es über die andere Ecke der vorderen Raute. Lass nun die Hand, mit der du die beiden Rauten flach aufeinander hältst, langsam locker. Beschreibe, was passiert.

4. Das Gummiband zieht sich so weit wie möglich zusammen und stellt den kürzesten Streckenzug, der alle vier Flächen miteinander verbindet, dar. Die Seitenlänge der Raute sei mit 1 LE gegeben. Bestimme die Länge des Streckenzugs.

© C.C.Buchner Verlag, Bamberg

<u>Abb. B.8</u>: *Arbeitsmaterial zum SFG-Experiment Rund herum* (Breitsprecher & Müller, 2020, S. 44).

Kategoriensystem der Studie zur Bearbeitung mathematischer Experimente mit DMW

Kategorie	Code (Ausprägung)	Kurzbeschreibung	Ankerbeispiele
Einfluss des Verbalisierens der Gedanken	A2 (Ja)	subjektive Einschätzung der Methode des lauten Denkens als belastend, störend oder ablenkend	*Ja, es war schon ein bisschen komisch* (SFZ_L3, Z. 234); *Man muss halt immer daran denken, dass wenn man was denkt, dass man das auch laut sagt* (SFZ_L3, Z. 238).
	A1 (Nein)	subjektive Einschätzung der Methode des lauten Denkens als hilfreich oder zumindest als belastend, störend oder ablenkend	*Das mache ich eigentlich selber zu Hause auch* (SFZ_L6, Z. 176); *Und wenn ich es dann laut vor mir her spreche, dann habe ich so die Zahlen vor mir und habe es besser geordnet* (SFZ_L6, Z. 179-180); *[…] dadurch, dass ich es schon mal gemacht jetzt habe, finde ich es eigentlich gar nicht so schwer […]* (SFZ_L1, Z. 156-157).

Tab. B.1: *Kategorie Einfluss des Verbalisierens der Gedanken mit Codierung, Ausprägung, Kurzbeschreibung und Ankerbeispielen.*

Kategorie	Code (Ausprägung)	Kurzbeschreibung	Ankerbeispiele
selbstwahrgenommene DMW-Kompetenz	B3 (sicher)	umfangreiche Kompetenzen; großer Erfahrungsschatz vorhanden; Gefühl von Sicherheit	*Eigentlich schon ziemlich gut* (SFZ_L1, Z. 163); *[...] an sich ganz sicher* (SFZ_L2, Z. 242)
	B2 (teilweise sicher)	grundlegende Kompetenzen vorhanden; unsicher nur bei bestimmten (unbekannten) Befehlen oder Funktionen	*Wie sich gerade eben gezeigt hat nicht ganz so* (SFZ_L8, Z. 232) *Also im Allgemeinen habe ich jetzt keine Angst vor dem Computer, aber ich [...] brauche dann halt länger* (SFZ_L8, Z. 234-235
	B1 (unsicher)	wenig Kompetenzen; kaum Erfahrung oder verwendete Befehle und Funktionen sind unbekannt; Gefühl von Unsicherheit	*Ich kenne mich noch nicht sehr gut aus* (SFZ_L4, Z. 67); *Wir hatten auch nur eine Stunde. Da haben wir mal ein Dreieck konstruiert mit dem Geogebra-Rechner, aber auch nur ganz kurz* (SFZ_L5, Z. 149-150)

Tab. B.2: *Kategorie selbstwahrgenommene DWM-Kompetenz mit Codierung, Ausprägung, Kurzbeschreibung und Ankerbeispielen.*

Kategorie	Code	Kurzbeschreibung	Ankerbeispiele
Beschreibung mathematischer Inhalte	C3 (hohe Ausprägung)	Mathematischer Hintergrund der Aufgabe wird vollständig erfasst; Vermutungen werden mit mathematischen Kenntnissen begründet; Lösungen werden überwiegend durch Anwendung mathematischer Kenntnisse (Formeln, Sätzen ...) gefunden; Auswahl geeigneter Darstellungsformen	*Das ist nur einmal eine Chance.* (B schreibt 1/36 hinter die 2) *Das ist auch nur einmal.* (B schreibt 1/36 hinter die 12) *Dort sind zweimal.* (B schreibt 2/36 hinter die 3) (SFZ_L2, Z. 69-70)
	C2 (mittlere Ausprägung)	Mathematischer Hintergrund der Aufgabe wird überwiegend erfasst; Aufgabe wird in Teilen gelöst; Vermutungen werden aufgestellt, aber nicht vollständig begründet	*Im Endeffekt ist es dann überall gleich lang, glaube ich. Sonst könnte es irgendeine Fläche ja nicht halten. Und so ein Band kann man ja auch schlecht irgendwann mal kürzer machen.* (SFZ_L10, Z. 49-53)
	C1 (geringe Ausprägung)	Große Verständnisschwierigkeiten; fehlende mathematische Kenntnisse im Bereich der Aufgabe;	

Tab. B.3: *Kategorie Beschreibung mathematischer Inhalte mit Codierung, Ausprägung, Kurzbeschreibung und Ankerbeispielen.*

Kategorie	Code	Kurzbeschreibung	Ankerbeispiele
Beschreibung Verwendungsschemata (Instrumentation)	D3 (hohe Ausprägung)	Kenntnis vieler Funktionen und deren Zweck (vernetzte Schemata); gezielte Auswahl und Nutzung von Funktionen; Kenntnis darüber, wo neue Funktionen zu finden sind; Wechsel zwischen Funktionen, falls Zweck nicht wie gewünscht erfüllt	S5 merkt, dass sie einen Mittelpunkt nicht verschieben kann. Sie versucht ihn umzudefinieren. Als das nicht klappt setzt sie einen neuen Punkt auf die Strecke, der sich verschieben lässt. (SFZ_L7, Z. 57-68)
	D2 (mittlere Ausprägung)	einzelne Funktionen bekannt; Kenntnisse stark mit bearbeiteten Aufgaben verknüpft; Auswahl von Funktionen und Befehlen nicht immer zielgerichtet	*Ich probiere halt die Mitte zu finden, aber ich überleg wo man sieht, dass das genau in der Mitte ist. Das konnte man sich irgendwo auslesen lassen. (SFZ_L3, Z. 116-118)*
	D1 (geringe Ausprägung)	kaum Kenntnisse darüber, was mit dem DMW möglich ist; nur bildhafte Erinnerungen an bisher erstellte oder bekannte Dateien; erstellte Dateien können nicht reproduziert werden	*Genau durch den Zufallsberechner haben wir das glaube ich auch gemacht. Und haben uns da auch so eine Tabelle angelegt am Anfang, haben mit den Zufallsberechner den Computer würfeln lassen (SFZ_L1, Z. 125-127)*

Tab. B.4: *Kategorie Beschreibung Verwendungsschemata (Instrumentation) mit Codierung, Ausprägung, Kurzbeschreibung und Ankerbeispielen.*

Kategorie	Code	Kurzbeschreibung	Ankerbei-spiele
Beschrei-bung Bedien-schemata (Instru-menta-lisation)	E3 (hohe Auspra-gung)	Aufbau von Menü- bzw. Werkzeug-leiste ist bekannt; fundierte Kennt-nisse zur Bedienung des DMW: (TK: Daten markieren, Funktion be-ginnt immer mit = und wird bei Klick auf die entsprechende Zelle in der Eingabezeile angegeben, Schritt rückgängig machen; DGS: Wech-seln zwischen 2D- und 3D-Ansicht, Zeichenblatt drehen, Zoomen, Kon-struktion verschieben, Nutzung der Befehle Bewegen und Rückgängig)	*Jetzt muss ich es wieder mit der Maus be-wegen* (SFZ_L7, Z. 49)
	E2 (mitt-lere Auspra-gung)	grundlegende Kenntnisse vom Menü; mehrere oben genannte Be-dienelemente unbekannt oder in ge-eigneten Situationen nicht genutzt (z. B. Zoomen wenn Darstellung in DGS extrem klein oder groß)	*Wie zieht man nochmal grö-ßer, so heran-zoomen?* (SFZ_L10, Z. 115)
	E1 (ge-ringe Auspra-gung)	ungeübt in der Bedienung; Aufbau von Menü- bzw. Werkzeugleiste ist überwiegend unbekannt; überwie-gend lange Suche nach dem geeig-neten Befehl oder Funktion	I: *Wie sieht es aus mit Geo-gebra? Hast du damit schon gearbeitet groß?* B: *Nein noch gar nicht* (SFZ_L5, Z. 144-145).

Tab. B.5: *Kategorie Beschreibung Bedienschemata (Instrumentalisation) mit Co-dierung, Ausprägung, Kurzbeschreibung und Ankerbeispielen.*

Kategorie	Code	Kurzbeschreibung	Ankerbeispiele
Nutzung DMW als Instrument	F3 (überwiegend)	Nutzung verschiedener Funktionen und Befehle; Datei bringt neue Erkenntnisse zur Aufgabe; Planung und Reflektion des Vorgehens	*Jetzt versuche ich noch die kürzeste Strecke herauszufinden. Dazu verschiebe ich jetzt den Punkt, wenn das möglich ist. Nein. Okay. Ich muss jetzt über alle Mittelpunkte noch einen Punkt legen. Und die dann nochmal mit einer Strecke verbinden, weil ich kann ja die Mittelpunkte von den Strecken nicht verschieben* (SFZ_L7, Z. 56-60)
	F2 (teilweise)	ein Versuch bringt kaum neuen Erkenntnisse; Plan kann in Ansätzen umgesetzt werden	*Man könnte Diagramme anzeigen lassen. Man kann auch sich das ausrechnen lassen. Ich weiß nur nicht mehr wie* (SFZ_L2, Z. 114-115)
	F1 (nicht)	keine Idee, wie die Aufgabe mit DMW umsetzbar ist bzw. ist ein Plan zwar vorhanden, kann aber nicht umgesetzt werden	B schreibt nur *Zufallszahl* und kommt nicht weiter (SFZ_L4, Z. 87-88)

Tab. B.6: *Kategorie Nutzung DMW als Instrument mit Codierung, Ausprägung, Kurzbeschreibung und Ankerbeispielen* (Schmidt & Müller, 2020, S. 381).

Kategorie	Code	Kurzbeschreibung	Ankerbeispiele
Auseinandersetzung mit digitalem Feedback (Mediation)	G3 (hohe Ausprägung)	eher tiefgründig; Subjekt versteht den Aufbau der Datei, erkennt und erläutert genutzte Funktionen und Befehle; erkennt Zusammenhänge (und Unterschiede zwischen Dateien und Funktionen)	[…] *es wird ja dann alles zusammengerechnet und deswegen sind es da 100. Und die hier sind mehrere Werte* (B deutet auf Augensummen in Spalte D *Simulation 1000*) *und* [wenn man] *dann diese Spannweite höher machen würde* (B deutet auf Formel in Zelle H17), *würde das dann auch laufen* (SFZ_L2, Z. 221-224)
	G2 (mittlere Ausprägung)	teilweise; Subjekt kann nur einen Teil der verwendeten Funktionen, Befehle, Formeln, Diagramme oder Konstruktionen deuten	*Ich wollte nämlich gerade eigentlich nur herausfinden, wie lang das Schwarze ist, aber ich weiß nicht mehr, ob das schon irgendwo mit steht. Wenn man rot verschiebt,* (SFZ_L10, Z. 137-139)
	G1 (geringe Ausprägung)	eher oberflächlich; Subjekt beschreibt nur, was sichtbar ist, kann verwendete Funktionen, Befehle, Formeln, Diagramme oder Konstruktionen nicht deuten, versteht nicht, was Datei aussagt	*Als hätte halt jemand hier gewürfelt. Und ganz links haben wir halt die Wurfnummer. Und dann halt die Würfel. Würfel 1 und Würfel 2. Und dann halt die Augensumme zum Schluss. Und dann auch wieder die Tabelle da rechts daneben mit den Ereignissen* (SFZ_L6, Z. 111-114)

<u>Tab. B.7</u>: *Kategorie Auseinandersetzung mit digitalem Feedback (Mediation) mit Codierung, Ausprägung, Kurzbeschreibung und Ankerbeispielen.*

Lösungsquoten Erprobung Schülerforscherguide (SFG)

Experiment	max. Summe	Code L1	Code L0.5	Code L0	Summe	Lösungs- quote
Wir pflastern die Ebene	15	11	4	0	13	0.867
Geh aufs Ganze	20	10	5	5	12.5	0.625
Aus drei mach vier	12	10	2	0	11	0.917
Alles dreht sich um den Kreis	24	20	1	3	20.5	0.854
Je breiter, desto hö- her	10	6	2	2	7	0.700
Rund herum	12	7	4	1	9	0.750
Die Türme von Hanoi	16	8	4	4	10	0.625
Spiel 21	12	4	8	0	8	0.667
Die Würfel sind ge- fallen	16	9	4	3	11	0.688
Bringt das Fass zum Überlaufen	24	10	11	3	15.5	0.646

Tab. B.8: *Überblick über die Codierungen zu den Arbeitsprodukten der Lernen- den und die daraus resultierenden Lösungsquote aus der Erprobung des Schü- lerforscherguides (n = 34).*

Referierte Interviewsequenzen

Im Folgenden sind alle Interviewsequenzen in der Reihenfolge des Auftretens im Text gelistet und mit Zeilen- und Zeitmarken der entsprechenden Transkript-Dateien versehen:

> B.: //An sich sicher.// Aber ist halt blöd, wenn man halt so/ es ist halt eher so in diesem Hektik eher so, dass man am liebsten Zeit irgendwie/ (.) Und ich wusste halt gerade nicht, wie ich das/ (.) Ich wollte eigentlich auch/ (.) Ich wusste halt nicht, wie ich das berechne und ich habe ich irgendwie (.) das Gefühl gehabt, dass ich keine Zeit habe irgendwie darüber nachzudenken. (.)
>
> I.: Okay.
>
> B.: Aber an sich ganz sicher.
>
> I.: Ja. (.) Hat dich das gestört nebenbei das zu erzählen/
>
> B.: Ja.
>
> (SFZ_L2, Z. 237-245, 00:25:39-00:25:47)

> B.: Ich kann das einfach nur erklären, was ich da jetzt finde, aber nicht, was ich dazu jetzt denke. (..) Also ich weiß, dass/ Soll ich jetzt sagen, was ich damit verb/, was ich darunter verstehe, was das macht? (.) Na das überprüft halt, was da unten für eine Zahl drin steht. In jede 5, 3, 1 hier wird der Punkt hier gesetzt. (.) Und wenn nicht, dann wird ein Leerzeich/ wird nichts rein gesetzt. Da wird halt dieser Kreis erstellt. (B. klickt in eine andere Zelle und dann Enter und verändert damit die vorhergehende Formel; Für die zuletzt für Würfel 1 generierte Zufallszahl 5 wird der linke obere Punkt nicht mehr angezeigt)
>
> (SFZ_L2, Z. 143-148, 00:17:10-00:17:16)

Würfe. Und Ereignisse sind die Zahlen halt. Absolute Häufigkeit ist/ (.) (Klickt in Zelle F12) Wie wird denn die berechnet hier? Was ist denn SP? Ach das hier. Ist das SP? (B. zeigt auf Zelle P5) (9) (B. klickt nacheinander in die Zellen G12 bis K12 und F13 bis H13) Da kann man die Wahrscheinlichkeit ausrechnen. (8) Ach das/ Nein. Ach macht keinen Sinn. (.) Das ist die ges/ Ah. Jetzt. Das ist die Gesamtzahl aller Würfe hier. (.) (Zeigt auf Zelle O8; Klickt dann auf Zelle K8) Hier wird die Augensumme halt die gerade ist. Dann ist hier das von den Gesamten wie oft das irgendwie kam. Also dieses Prozent. Hier ist noch/ Unten ist noch so ein Diagramm, wo das auch angezeigt wird, und das (.) schwankt auch recht stark. (.) Aber wenn das immer/ (..) Wie kann ich das wieder auf 100 setzen? (.)

(SFZ_L2, Z. 161-168, 00:18:49-00:18:58)

B.: Ah. (..) Und jetzt am Anfang ist das halt noch, weil es halt noch fast gar keine Würfe sind, ist es halt noch sehr, sehr schwankend, aber (.) mit der Zeit da wird das halt auch so gleich. (..) Da wird dann eben irgendwo hochgezählt, wie viel das ist, dann (unv.) wird das hier halt ausgerechnet, wie oft das insgesamt gekommen ist und dann (..) hier die Häufigkeiten. Und dann werden die hier im Diagramm grafisch dargestellt.

(SFZ_L2, Z. 174-178, 00:19:33-00:19:46)

I.: Ansonsten (.) würde ich dir jetzt noch ein paar Abschlussfragen stellen einfach nur zum Programm allgemein. Da hast du gesagt/ Also mit diesem solve das kanntest du jetzt noch nicht, wie man da Gleichungen damit löst. (B schüttelt den Kopf) Wie sieht es aus mit Geogebra? Hast du damit schon //gearbeitet groß//?
B.: //Nein noch gar nicht.//
I.: Noch gar nicht? Okay. (..) Aber die Schieberegler hattest du jetzt schon gesehen? In welcher Form? Im Taschenrechner, oder?

B.: Nein. Haben wir/ Unsere Mathelehrerin benutzt das immer. Wir hatten auch nur eine Stunde. Da haben wir mal ein Dreieck (.) konstruiert mit dem Geogebra-Rechner, aber auch nur ganz kurz. Also/ (.)

(SFZ_L5, Z. 142-150, 00:23:14-00:23:34)

I.: Hast du eine Idee wie man die Aufgabe mit dem Computer (.) berechnen könnte? Wie man sich dort helfen kann? (9)

B.: Ja. So in der Richtung. (.)

I.: Mit welchem Programm würdest du das machen? (.)

B.: Naja mit dem (..) CAS war das glaube ich, also. (.) dieser Taschenrechner- (..) programmier-App, die wir nutzen. Ich weiß nicht mehr. wie sie heißt. (..) Da kann man dann halt auch halt die Zahl N angeben. Einfach in dem Falle (.) 1 bis 6. (..) Beziehungsweise (.) 1 bis 6. Also N Komma N dann wäre es dann, weil es sind ja 2 Zahlen. 2 Würfel. Und (…) Ja. (4)

I.: Okay. Und weißt du, was das Programm dann alles noch machen kann? Ich habe das Programm jetzt selber nicht drauf, deshalb lasse ich dich so ein bisschen erzählen. (…) Ja. Kann man damit dann auch die Wahrscheinlichkeiten bestimmen und kann man damit auch Graphen angeben? Hast du damit schon mal gearbeitet?

B.: Ja. Wir nutzen das öfters. Aber (.) selber würde ich es wahrscheinlich nicht schaffen. (..) Aber/ Also ich wüsste auf jeden Fall auf was ich/ (4) Was rauskommen müsste. Also (.) die Rechnung dann halt (.) Dann könnte ich die wahrscheinlich nicht so genau jetzt angeben, weil naja (.) schaffe ich nicht. (…)

(SFZ_L6, Z. 54-68, 00:15:41-00:17:22)

B.: //Na ist// eher noch etwas Neues. Also eigentlich nutze ich so etwas wie Geogebra gar nicht. (.) Aber mache ich eigentlich im Unterricht, (.) wenn ich die Formel habe in meinem Taschenrechner, dann reicht mir das eigentlich meistens. (.) Aber selber auf so etwas dann kommen ist für mich (.) schwer. (..)

(SFZ_L6, Z. 168-170, 00:33:59-00:34:06)

B.: Ja. Also ich glaube hier oben muss man/ (.) Ich weiß gar nicht. (7) (B fährt mit Mauszeiger über die Symbole der Werkzeugleiste) Nein. (.) Das war/ (4) Das musste man irgendwo hier in dem Textfeld eingeben. (15) (B. schreibt „Zufallszahl" in Zelle A1) Nein. Da schreibe ich es ja nur da rein. Das ist (dumm?).

(SFZ_L4, Z. 86-88, 00:16:38-00:16:59)

B.: Okay, dann sagt man halt, dass (.) aus/ Dann sagt/ Ich/ Weiß ich gar nicht. (.) Ich weiß halt nicht genau wo man das eingibt, ob man das hier/ Aber hier steht nur welches Kästchen man ist. Dass man (.) A1 (.) und B/ Also dass man Spalte A und Spalte B jeweils die Zeile zusammen rechnet. Also das man auf/ in Zeile C hat man Summe aus/ C1 zum Beispiel die Summe aus (.) 4 und 5. Und wenn man das hat, kann man dann das runterziehen jeweils. Und dann zeigt es das einem/ Dann macht es eigentlich genau dasselbe. Und dann zeigt einem das hier hinten an und dann kann man sich das irgendwo als Diagramm auswerten lassen.

(SFZ_L4, Z. 97-99, 00:18:09-00:18:12)

B.: Okay, Gut. Also ich hätte/ Ich würde dann Excel nehmen. (4) Und/ (8) (B lacht) Hatten wir das schon mal? Ich kenne mich noch nicht sehr gut aus. (16) (B hustet) Dürfte ich auch etwas nehmen, was ich auf meinem Account schon gespeichert habe?

(SFZ_L4, Z. 66-68, 00:13:56-00:14:01)

B.: Ja. Also wir haben hier (.) und/ Also wir haben würfeln/ Also uns eine zufällige Zahl (.) von 1 und 6 (.) geben lassen und hier reingeschrieben. Und nochmal dasselbe hier gemacht, dann haben wir das herunter gezogen bis auf 100. (.) Also so wäre es jetzt bei der Aufgabe. Dann haben wir (.) das zusammen rechnen lassen. Wir haben uns das dann auch hier hinschreiben lassen und dann haben wir das in Diagrammform ausgewertet.

(SFZ_L4, Z. 79-83, 00:15:46-00:15:52)

B.: Okay, dann sagt man halt, dass (.) aus/ Dann sagt/ Ich/ Weiß ich gar nicht. (.) Ich weiß halt nicht genau wo man das eingibt, ob man das hier/ Aber hier steht nur welches Kästchen man ist. Dass man (.) A1 (.) und B/ Also dass man Spalte A und Spalte B jeweils die Zeile zusammen rechnet. Also das man auf/ in Zeile C hat man Summe aus/ C1 zum Beispiel die Summe aus (.) 4 und 5. Und wenn man das hat, kann man dann das runterziehen jeweils. Und dann zeigt es das einem/ Dann macht es eigentlich genau dasselbe. Und dann zeigt einem das hier hinten an und dann kann man sich das irgendwo als Diagramm auswerten lassen.

(SFZ_L4, Z. 97-102, 00:18:09-00:18:12)

B.: //Ich weiß nicht// mehr genau wie das (.) war. Auf jeden Fall hat man dann schön gesehen, dass so eine Pyramide war. (..) Und ja.

(SFZ_L4, Z. 104-105, 00:18:19-00:18:28)

B.: Ja. Also jetzt die/ Gib die Länge des Gummibandes in dieser Position an. (.) Ja. (…) Also. (18) Also das hier/ Ups. Halt. (..) (B. lässt Tetraeder fallen) Das ist gleich lang (B. zeigt auf Bandabschnitte auf blauen Flächen) und das und das auch, (B. zeigt auf Bandabschnitte auf grünen Flächen) also in der Position und/ (..) Erst/ (5) Erst gucke ich, wie lang die Grundfläche ist. (..) Also, soll ich das jetzt messen, oder? (7) (B misst eine Kante mit Lineal) Also die Seite hier, das sind 10, rund 10 Zentimeter. Soll ich jetzt mit 10 rechnen?

(SFZ_L3, Z. 32-36, 00:03:45-00:04:59)

B.: Ja, also es muss ja jede Seite berühren. Und das macht es in diesem Fall auch, also ist es ja eigentlich richtig. (12) (B. dreht das Tetraeder in der Hand) Also ich könnte jetzt natürlich (..) so messen, das wäre jetzt aber ungenau. (…) Ist die Frage/ Ich kann es erstmal messen. (16) (B. versucht ersten Bandabschnitt mit Lineal zu messen und verschiebt dabei das Band; lacht) Naja, das ist nicht so schlau.

(SFZ_L3, Z. 49-52, 00:06:57-00:07:49)

B.: Okay, danke. (32) (B. misst alle 4 Bandabschnitte mit dem Lineal) Naja. (…) Das, also die beiden, die langen Seiten, sind 15 zusammen (B. deutet auf die Bandabschnitte auf den blauen Flächen) und die anderen beiden sind 8. Jetzt muss ich/ rechne ich 8 plus 15. Das sind 23, also das Gemessene. Das wäre dann A. (B. schreibt „23") (6) Achso, Zentimeter. (B. schreibt „cm") Ja, also soll ich das jetzt so lassen? Oder soll ich das noch genauer machen, oder irgendwie?

(SFZ_L3_A1_I3, Z. 54-58, 00:07:53-00:09:09)

(4) Ach Mann. (.) So hier. (39) (B. wählt Werkzeug „Vieleck" und wählt die Punkte „A", „B" und noch einen weiteren Punkt „C" (etwa bei (-5, 10)) aus); Kantenlängen werden angebenden; B. verschiebt Punkt C und beobachtet die Kantenlängen) Ich (.) probiere jetzt, dass/ die Grundfläche so zurecht zu schieben, dass die Seite genau 10 Zentimeter lang ist. (38) (B verschiebt C und beobachtet die Kantenlänge) (B. hustet) (..) Ach Mann. (30) Achso. Ich kenne mich jetzt nicht ganz so gut aus mit dem Programm. (31) (B klickt nacheinander alle Werkzeuge durch) Also. (..) Ich gucke jetzt nach. (..) Hier ich gucke, wo man das 3D machen kann eventuell. (20)

(SFZ_L3, Z. 87-93, 00:13:32-00:17:02)

B.: //Naja ich wollte den Körper// halt genau nachzeichnen hier mit dem Programm. (.) Und (.) dann wollte (…) ich das sozusagen messen. Also hätte ich dann hier auf den Geraden noch einen Punkt gesetzt genau bei 5 Zentimetern. (.) Und hätte das dann (.) gemessen. Ich sollte vielleicht lieber/ Das war jetzt nicht so schlau. (8) (B löscht Dreieck und wiederholt Schritte mit „A" und „B" auf den Positionen (-5,0) und (5,0)) Könnte das wahrscheinlich einfach/ (7) Kann man den denn nicht verschieben? (B. versucht Punkt „B" zu verschieben) (120) (währenddessen nur unverständliches Gemurmel) Also ich probiere das gerade auf 10, genau 10. (7) Zentimeter. (.) Das jede Seite genau 10 Zentimeter hat. (20) (B konstruiert Gerade durch „A" und „C"; verschiebt „C" und löscht Gerade dann wieder)

(SFZ_L3, Z. 96-103, 00:17:07-00:20:28)

B.: Naja ich wollte den Körper halt genau nachzeichnen hier mit dem Programm. Und dann wollte ich das sozusagen messen. Also hätte ich dann hier auf den Geraden noch einen Punkt gesetzt genau bei 5 Zentimetern.

(SFZ_L3, Z. 96-98)

B.: Ich probiere halt die Mitte zu finden, aber ich überleg wo man sieht, dass das genau in der Mitte ist. Das konnte man sich irgendwo auslesen lassen. Das weiß ich aber nicht mehr, wie das funktioniert hat.

(SFZ_L3, Z. 116-118)

B.: Okay. Ja. (5) Also wir haben so etwas schon einmal gemacht. Aber ich habe keine Ahnung mehr, wie wir das gemacht haben so richtig. Bis auf, dass das Gummiband genau mittig durchging. (…) Und/ (..) Ach verdammt. Ich weiß es nicht mehr.

(SFZ_L10, Z. 9-11, 00:01:11-00:01:35)

B.: Das haben wir tatsächlich mal gemacht als Exceltabelle. Ich weiß aber nicht, ob ich die noch habe, aber ich denke schon.

(SFZ_L11_A2_I1, Z. 53-54, 00:09:14-00:09:23)

B.: Ein Doppelwürfel/ Soll ich auch vorlesen?

I.: Das kannst du machen.

B.: Muss ich nicht.

I.: Musst du nicht. (6) (B. liest).

B.: Muss ich hier alle möglichen Ergebnisse aufschreiben? (17) (B. schreibt) Ist mit allen möglichen Ergebnissen gemeint, alle möglichen Ergebnisse gemeint, die man haben kann, wenn man einen Würfel 100mal wirft?

I.: Lies nochmal. (5) (B. liest)

B.: Oder alle möglichen Augensummenkombinationen.

I.: Ereignisse sind gefragt, nicht die Ergebnisse. (..)

B.: Achso. Habe ich vergessen. (16) (B. dreht den Doppelwürfel in der Hand) Ach, ist das einfach so/ das ist ein Ereignis? (…) (I. nickt)

I.: Eine/

B.: Ist das auch ein //Ereignis//? (B. stellt Doppelwürfel auf eine Ecke und grinst)

I.: //Augensumme// (7) (Würfel klappert auf dem Tisch) Na das natürlich nicht.

B.: Wenn das irgendwie so stehen bleibt, wäre das ein Ereignis?

I.: Nein. (B. legt den Würfel hin)

B.: Also das ist jetzt ein Ereignis.

I.: Genau. Und jetzt probiere mal nicht mich anzusprechen, sondern alles was dir so selber in den Kopf kommt. (.)

B.: (B. schreibt; spricht leise) So. 1, 1, 1, 1, 1, 1, 1, 2, 3, 4, 5, 6, (2, 2, 2, 2, 2, 2, 1, 2, 3, 4, 5, 6, 3, 3, 3, 3, 3, 3, 1, 2, 3, 4, 5, 6, 4, 4, 4, 4, 4, 4, 1, 2, 3, 4, 5, 6, 5, 5, 5, 5, 5, 5, 1, 2, 3, 4, 5, 6, 6, 6, 6, 6, 6, 6, 1, 2, 3, 4, 5, 6?)

Wahrscheinlich. (6) (B liest) Ach ist damit auch gemeint, dass man zum Beispiel dreimal hintereinander was bestimmtes würfelt, oder? (.)

I.: Versuche es nochmal zu lesen und selber herauszufinden. (26) (B. liest) Und das Laute Denken nicht vergessen. (.)

B.: (unv.)

Die Zahl/ (7) Nein. (..) Doch. (..) Ah. (..)

I.: Schau nochmal. Das sind wirklich die Ereignisse. Du hast jetzt die Ergebnisse immer aufgeschrieben von einem Würfel.

B.: Ich habe gefragt, ob das ein Ereignis wäre. (B zeigt auf den Doppelwürfel)

I.: Und was wäre jetzt hier das Ereignis?

B.: Das der Kleine die 2 und der Große die 5.

I.: Na und was ist genau gefragt (.) in der Aufgabe oben?

B.: Alle Augensummen werden notiert. (.) Das die halt vorkommen.

I.: Und welche Augensumme ist das hier?

B.: Achso. (10) (B streicht alles bisher geschriebene durch) 2 (5) 1,1 (..) (unv.)

> (SFZ_L2, Z. 26-62, 00:02:17-00:06:31)

B.: Achso. Oha. (15) So 4 plus 6 sind auch 10. (.) 5 plus 5 sind auch 10. 6 plus 4 sind auch 10. (..) So 7 plus 3 sind auch 10. (.) 3 mal 7 sind 21. 4 mal 6 sind 24. 5 mal 5 sind 25. (.) 6 mal 4 sind auch 24. (.) Und 7 mal 3 sind auch 21. (.) So. (…) Wenn (..) die Summe von den allen hier 10 ist und (.) die Zahlen so gegeneinander verschoben wurden, ergibt das, wenn man die (..) multipliziert, dann eine quadratische Funktion. (…) Also die/ (.) Also in Form zumindest. Also es gibt eine Kurve. (…) (B. skizziert eine Kurve) So hier. (5) Wenn man gucken will, ob das immer so ist, dann könnte man jetzt sich eine andere Summe nehmen, zum Beispiel 9, und dasselbe nochmal probieren (.) mit (..) ja 3. (8) (B. füllt Tabelle mit Summe 9 aus; X sind die Zahlen 3 bis 6 aufsteigend, Y die gleichen Zahlen absteigend) So. (.) 5. (.) Ja. (..) 3. Und 2 hier am besten noch. (.) Damit es jetzt nicht ganz so wenig sind nochmal 2 und 7. (.) (B. ergänzt links 2 und 7 und rechts 7 und 2 für x bzw. y) So und wenn man das jetzt addiert sind es wieder (…) 14. 3 mal 6 sind 18. 4 mal 5 sind 20. (.) 5 mal 4 sind auch 20. 6 mal 3 sind (.) 18. (.) Und 2 mal 7 sind 14. (8) Ja. (4) Die/ (.)

(SFZ_L8, Z. 5-15, 00:00:17-00:03:04)

C

Kategoriensystem der Studie zur Verknüpfung der instrumentalen Genese mit dem 4 C Framework

Kategorie	Kurzbeschreibung	Ankerbeispiele
IK1: Mathematisieren	Arbeiten mit mathematischen Definitionen und Verfahren	*Yes, (.) fun fact, I multiplied two numbers / in auxiliary calculation / and wrote two steps on the board. (..) My students where total confused / because of / they would do it / normally they write it inverse.* (MIT_GTL_V_I-2; 07:05-07:19)
DK1: Mathematisieren	Arbeiten mit mathematischen Definitionen und Verfahren	*Also zum Beispiel bei der Division (.), die (.) / Es gibt ja unterschiedliche Wege, wie man dividiert und wie man multipliziert. Ich hab im amerikanischen Schulsystem in der Grundschule gearbeitet. Die haben zum Beispiel bei der Multiplikation ganz unterschiedliche Herangehens-*

		weisen gehabt. Oder sie haben unterschiedliche Wege den Kindern beigebracht. Eins war die Bow-Tie-Method, ja, also Bow-Tie, das geht so überkreuz. Eine hieß die Lattice-Method, also die Salat-Methode. Das war dann eigentlich so ein Gerüst oder wie so ein (unv.) (..). (GISB_V_I-5; 13:36-15:09)
IK2: (fremd-) sprachliche Besonderheiten	Sprachliche Besonderheit im Sinne des Wortgebrauchs mathematischer Bezeichnungen	*One of the small ones I noticed was for / I like / If you say n choose 3, I think that is n over 3, but we say n choose 3. N over 3 would be divided by.* (MIT_GTL_V_I-1; 05:55-06:15)
DK3: traditionelle Vereinbarungen	Besonderheiten bei der Beschreibung von mathematischen Begriffen oder Verfahren	*Ja, ein Punkt fällt mir da schon ein (.), die (.) / also in deutschen Lehrbüchern wird ausgeschlossen, Wurzeln aus negativen Zahlen zu ziehen. Da, da gibt es klare Einschränkungen. (.) / Aber (.) ich weiß, dass es Beispiele dafür (..) so Wurzel minus 5 / und so in der Art / in amerikanischen Schulbüchern gibt.* (GISB_V_I-1; 03:06-03:12)
DK4: Fachtermini	unterschiedliche sprachliche Herkunft mathematischer Bezeichnungen	*Naja, da muss ich (...) Vielleicht // Bezeichnung von Dreiecken. (unv.) Im Deutschen zählt man Ecken im Englischen klingt es nach Winkeln (.) ja, triangle, das wäre ja im deutschen Triangel, also ein Instrument. (lacht)* (GISB_V_I-3; 13:30-13:39)

DK5: Wortgebrauch bei mathematischen Bezeichnungen	unterschiedliche Bezeichnungen für mathematische Begriffe oder Verfahren	*Na ja, Power halt, genau. Und (..) die (Name) sagt das noch (unv.) Weiß jetzt nicht wie das auf Englisch heißt bei den Brüchen (...) Over five, yeah, three over five zum Beispiel, genau.* (GISB_V_I-04:14-09:26)
DK6: linguistische Interferenz	mathematische Begriffe, die sich sprachlich ähneln, allerdings unterschiedliche Bedeutungen in den beiden Sprachen besitzen	*Puh, (.) das hat ein / vielleicht auch ein bisschen mit Mathe zu tun, (.) die deutsche Serie ist ja auf Englisch was ganz anders. // So wie bei TV Serie, (..) Also das wäre ja auf Deutsch Folge (.) also in Mathe* (GISB_V_I-4; 12:19-12:28)
DK7: Mehrdeutigkeit mathematischer Fachbegriffe	Bedeutungsvielfalt mathematischer Begriffe in einer der beiden Sprachen	*Meinst du so etwas wie den Durchschnitt (.) Da gibt es im Englischen dafür Intersection / und average (.) auch mean so was halt* (GISB_V_I-1; 04:21-04:28)
DK8: sprachtypische mathematische Fachbegriffe	sprachlich einzigartige mathematische Fachbegriffe	*Noch so eine Sache / ist / mit dem Steigungsdreieck, (.) da habe ich noch keine gute Übersetzung gefunden, ne, (..) so was wie slope, hier / das meint ja eigentlich den Anstieg* (GISB_V_I-2; 10:40-10:46)
IK3: mathematische Symbole und Notation	symbolische Verschriftlichung mathematischer Begriffe oder Konzepte	*Well / No. / Yes, there is a little difference, which isn't that important in my eyes, but (..) writing of numbers one and sevens differs. (.) So, once / twice students could not read*

		my handwriting on the board (.) probably it was because of my handwriting. (MIT_GTL_V_I-3; 04:35-04:59)
DK2: Notation	symbolische Ver-schriftlichung mathe-matischer Begriffe o-der Konzepte	*Und (..) die Schreibweise, zum Bei-spiel, dass du bei Mal-Nehmen, dass du den Punkt hast als Symbol / die Symbole / die mathematischen Sym-bole sind anders. Und bei / in Ame-rika hast du auch das Kreuz als Mal* (GISB_V_I-5; 13:36-15:09)
IK4: DMW als Mittler für die (Fremd)-Sprache	Erschließung (fremd-)sprachlicher Inhalte mittels digitalen Ma-thematikwerkzeugs	*Yes, sometimes. Maybe, one of the difficult things was the problem n choose 3 I mentioned. One of the students had a different calculator, but we could do it in one way. We used the same command. We didn't need to do it in different ways on different systems. // Or, Yeah, we wouldn't know how to do // We knew how to do it by hand, but to get to the place how to do it with the cal-culator was difficult. The command is close to the English term. That was helpful. // It is a very useful tool for this topic.* (MIT_GTL_V_I-1; 11:33-12:35)
IK5: DMW als Mittler für mathemati-sche Inhalte	Erschließung mathe-matischer Begriffe o-der Verfahren mittels digitalen Mathematik-werkzeugs	*One fascinating example / linear equations. There are different ways to write down linear equations / such as ax+b (unv.) equals / or mx+n=y (.) It doesn't matter how you write / you are always able to type in and doublecheck the plot (..)*

		interpretation of a line / lines and intersections is always the same // it was a fascinating experience for me to see how visualization worked for the students. (MIT_GTL_V_I-4; 9:35-11:02)

Tab. C.1: *Übersicht zum Kategoriensystem mit Bezeichnung, Kurzbeschreibung und Ankerbeispielen.* Die Bezeichnung IK bezieht sich auf die induktive Kategorienbildung zur Analyse der vier Video-Transkripte und die Bezeichnung DK auf die induktiv-deduktive Prüfung zur Analyse der neun Interview-Transkripte (Müller, 2021b, S. 24).

Online-Fragebogenteile zu Unterschieden zwischen deutscher und US-amerikanischer Schulmathematik

FRIEDRICH-SCHILLER-
**UNIVERSITÄT
JENA**

MGU2019 → base   23.05.2019, 12:22
                                  Seite 01

Dear Sir or Madam,

In the following questionnaire, we would like to ask you for an assessment of mathematical notations and to ask about your attitude to mathematics.

The survey is conducted by the Department of Didactics of Mathematics and Computer Science at the University of Jena. If you have any questions, you can contact Dr. Matthias Müller (matthias.mueller.2@uni-jena.de). The evaluation of your data is anonymous. Data protection provisions are observed and no inference is drawn as to individual persons or institutions. Participation in the survey is voluntary. There are no disadvantages from not participating.

It will take you about 25 minutes to complete the questionnaire. Thank you very much for your effort.

Jena, January 20 2019

14. Imagine you have solved a difficult [AT01] **math problem. Why have you most likely succeeded? Because ...**

... you worked hard.

... you are very good at math.

... it was coincidence.

... the task was simple.

other reason.

15. How much do you agree with each [AT02] **statement?**

| | strongly disagree | disagree | agree | strongly agree | I don't know. |

I am very good at math.

I particularly enjoy challenging problems.

16. Imagine you could not solve a [AT03] **difficult math problem. Why have you most likely failed? Because ...**
Please mark just one answer.

... it was coincidence

.... you are not good at math.

... the task was very difficult.

... you did not work hard enough.

Abb. C.1: *Screenshots des Online-Fragebogens zu Unterschieden zwischen deutscher und US-amerikanischer Schulmathematik: Seite 1 (links) und den Items zum Selbstkonzept (15, rechts).*

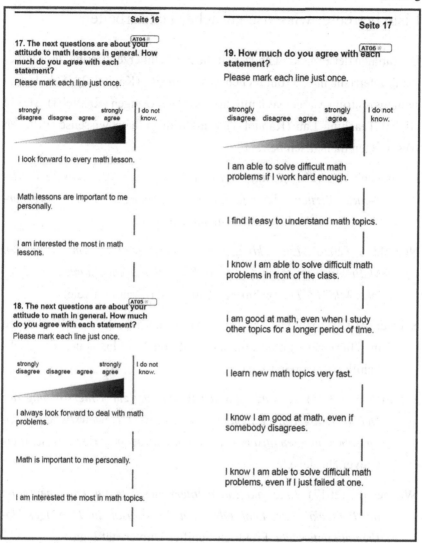

Abb. C.2: *Screenshots des Online-Fragebogens zu Unterschieden zwischen deutscher und US-amerikanischer Schulmathematik der Items zum Interesse am Mathematikunterricht und an Mathematik (17, 18, links) und zur Selbstwirksamkeit (19, rechts).*

Liste betreuter wissenschaftlicher Hausarbeiten

Im Rahmen der Projekte Langzeitstudie zur Schülerzentrierung im Mathematikunterricht mit verbindlichen CAS-Einsatz (Kapitel 2), Schülerforschungszentrum Mathematik mit digitalen Werkzeugen (Kapitel 3), MISTI Global Teaching Lab (Kapitel 4) wurden die folgen wissenschaftlichen Ausarbeiten thematisch betreut:

Breitsprecher, L. (2018). *Mathematische Experimente als Basis für Entdeckendes Lernen – Eine qualitative Erprobung des Schülerforscher-Guides*. Friedrich-Schiller-Universität Jena.

Neufeld, J. (2020). *Entwicklung einer Unterrichtshilfe zum bilingualen Mathematikunterricht an deutschen Schulen im Rahmen des Projekts MISTI GTL*. Technische Universität Braunschweig.

Scheler, A.-L. (2019). Die Entwicklung des Einsatzes digitaler Werkzeuge im Thüringer Mathematikunterricht von 1990 bis heute. Friedrich-Schiller-Universität Jena.

Schmidt, S. (2018). *Einsatz digitaler Werkzeuge zur Unterstützung der Denkprozesse von Lernenden – qualitative Interviewstudie exemplarischer mathematischer Problemstellungen*. Friedrich-Schiller-Universität Jena.

Wagner, E. (2017). *Eine qualitative Interviewstudie zur Dokumentation der Perspektive der Lehrenden zum CAS-Einsatz im Thüringer Mathematikunterricht*. Friedrich-Schiller-Universität Jena.

Walther, L. (2019). *Offenheit im Mathematikunterricht mit CAS-Taschenrechner – Erfahrungen von Thüringer Lehrkräften*. Friedrich-Schiller-Universität Jena.

Printed in the United States
by Baker & Taylor Publisher Services

Printed in the United States
by Baker & Taylor Publisher Services